Rainer Zitelmann

DIE KUNST, BERÜHMT ZU WERDEN

Genies der Selbstvermarktung von
Albert Einstein bis Kim Kardashian

Bibliografische Information der Deutschen Nationalbibliothek
Die Deutsche Nationalbibliothek verzeichnet diese Publikation in der Deutschen Nationalbibliografie. Detaillierte bibliografische Daten sind im Internet über http://dnb.d-nb.de abrufbar.

Für Fragen und Anregungen:
info@finanzbuchverlag.de

Originalausgabe, 1. Auflage 2020

© 2020 by FinanzBuch Verlag, ein Imprint der Münchner Verlagsgruppe GmbH
Nymphenburger Straße 86
D-80636 München
Tel.: 089 651285-0
Fax: 089 652096

Alle Rechte, insbesondere das Recht der Vervielfältigung und Verbreitung sowie der Übersetzung, vorbehalten. Kein Teil des Werkes darf in irgendeiner Form (durch Fotokopie, Mikrofilm oder ein anderes Verfahren) ohne schriftliche Genehmigung des Verlages reproduziert oder unter Verwendung elektronischer Systeme gespeichert, verarbeitet, vervielfältigt oder verbreitet werden.

Redaktion: Ansgar Graw
Korrektorat: Anja Hilgarth
Umschlaggestaltung: Marc-Torben Fischer
Umschlagabbildung: shutterstock.com/Denis Makarenko
Satz: Daniel Förster, Belgern
Druck: Florjancic Tisk d.o.o., Slowenien
Printed in the EU

ISBN Print 978-3-95972-350-3
ISBN E-Book (PDF) 978-3-96092-643-6
ISBN E-Book (EPUB, Mobi 978-3-96092-644-3

Weitere Informationen zum Verlag finden Sie unter

www.finanzbuchverlag.de

Beachten Sie auch unsere weiteren Verlage unter www.m-vg.de.

Inhalt

Einleitung
Genies der Selbstvermarktung 5

1. **Albert Einstein**
   Der Mann, der der Welt die Zunge rausstreckte 41

2. **Andy Warhol**
   Eine Suppendose begründete seinen Weltruhm 59

3. **Karl Lagerfeld**
   Die Marke »Ich« 79

4. **Stephen Hawking**
   »Master of the Universe« 97

5. **Muhammad Ali**
   »I am the Greatest!« 121

6. **Donald Trump**
   Trophy-Immobilien, Trophy-Frauen, Trophy-
   Präsidentschaft 145

7. Arnold Schwarzenegger
Bodybuilder, Schauspieler, Politiker –
drei Karrieren eines PR-Genies 167

8. Oprah Winfrey
Verkörperung des »American Dream« 191

9. Steve Jobs
Der Unternehmer als Künstler, Rebell und Guru 213

10. Madonna
»I won't be happy until I'm as famous as God!« 235

11. Prinzessin Diana
Königin der Herzen 257

12. Kim Kardashian West
Famous for being famous 277

Über den Autor 297

Anmerkungen 299

Literatur 325

Personenverzeichnis 329

Einleitung
Genies der Selbstvermarktung

Menschen, die ehrgeizig sind, die etwas Besonderes im Leben erreichen wollen und sich nicht mit einer Durchschnittsexistenz zufriedengeben, werden meist von einem dieser drei Motive getrieben: Sie wollen Geld oder Macht oder Ruhm. Nachdem ich darüber geforscht hatte, wie man reich wird, und mehrere Bestseller darüber geschrieben hatte, begann ich, mich auch dafür zu interessieren, wie es Menschen gelingt, berühmt zu werden. Ich habe Zehntausende Seiten von Biografien berühmter Menschen gelesen und analysiert und mir wurde immer deutlicher: Besondere Leistungen sind nur ein Aspekt, warum jemand berühmt wird. Ein anderer Faktor ist wichtiger, nämlich die Fähigkeit, sich selbst zu vermarkten.

Mehr über die Gesetze der Selbstvermarktung zu erfahren, ist nicht nur für Menschen wichtig, die berühmt werden wollen. Glaubenssätze wie »Qualität setzt sich von alleine durch« und »Bescheidenheit ist eine Zier« hindern viele Menschen daran, im Leben voranzukommen. Egal ob Sie Unternehmer, Freiberufler oder Selbstständiger sind: Wenn Sie nicht in der Lage sind, Ihre Leistungen ins rechte Licht zu rücken und dafür zu sorgen, dass die für Sie relevanten Zielgruppen davon erfahren, dann werden andere an Ihnen vorbeiziehen, die es besser verstehen, sich selbst zu vermarkten. Und als Angestellter müssen Sie erleben, dass andere, die für sich trommeln, befördert werden, während Sie auf der Stelle treten. Sie können darauf mit Verbitterung reagieren und sich darüber beschweren, wie ungerecht die Welt (oder Ihr Chef) ist. Sie können aber auch Ihre Glaubenssätze selbstkritisch überprüfen und von Menschen lernen, die es verstehen, sich selbst zu vermarkten. In diesem Buch finden Sie zwölf Porträts von Menschen, die alle eine Gemeinsamkeit hatten: Sie verstanden es, wie wichtig Selbstvermarktung ist, und waren (oder sind) Genies auf diesem Gebiet.

Diese Einleitung ist für ungeduldige Leser geschrieben, die schnell erfahren wollen, worauf es bei der Selbstvermarktung ankommt. Den Genießern unter den Lesern empfehle ich aber eher, zuerst die zwölf Porträts zu lesen und sich diese Einleitung erst am Schluss vorzunehmen, um noch einmal das Wichtigste zu wiederholen. Also: Es ist jetzt an Ihnen, ob Sie die folgenden Seiten überspringen und gleich mit dem ersten Kapitel beginnen, oder ob Sie es nicht mehr abwarten können, die wichtigsten Gesetze der Selbstvermarktung zu erfahren.

Die Persönlichkeiten, die in diesem Buch porträtiert werden, könnten unterschiedlicher nicht sein. Da steht Albert Einstein, der Nobelpreisträger und Erfinder der Relativitätstheorie, neben Kim Kardashian, die scheinbar außer einem ausgeprägten Po nichts Besonderes vorzuweisen hat. Und was verbindet einen Geistesriesen wie

Stephen Hawking mit Muhammad Ali, der bei Intelligenztests weit unterdurchschnittliche Ergebnisse erzielte, oder mit Prinzessin Diana, deren einzig erwähnenswerte Auszeichnungen in ihrer Schulzeit die »Beliebtestes Mädchen«-Trophäe und der Preis für das bestgehegte Meerschweinchen waren?

So unterschiedlich sie alle sind, so beherrschten sie in einem Maße die Kunst der Selbstvermarktung wie nur wenige Menschen auf diesem Planeten. Man mag einwenden, sie seien einfach deshalb so berühmt geworden, weil sie auf ihrem jeweiligen Gebiet die Besten der Welt oder, wie etwa Diana, besonders sympathische Zeitgenossen waren. Und in der Tat haben viele der in diesem Buch porträtierten Menschen außerordentliche Leistungen vollbracht. Aber wer sich genauer damit befasst, wird feststellen, dass nicht selten der Ruhm weit größer war, als es ihren Leistungen entsprach. Nehmen wir Stephen Hawking, der wohl berühmteste Wissenschaftler seiner Zeit. Er gab selbst zu: »Für meine Kollegen bin ich nur ein Physiker unter vielen anderen, doch für die Öffentlichkeit wurde ich womöglich zum bekanntesten Wissenschaftler der Welt.«[1] Der geniale Selbstvermarkter Hawking war bekannter als viele Nobelpreisträger, aber er selbst erhielt die adelnde Auszeichnung nie, und für seine Fachkollegen war er keineswegs der Ausnahme-Wissenschaftler, als den ihn die Öffentlichkeit wahrnahm. In einer Umfrage des Magazins »Physics World« um die Jahrtausendwende waren sie weit davon entfernt, ihn den zehn wichtigsten Physikern zuzuordnen.[2]

Einleitung

Donald Trump prahlt gerne mit seinen Leistungen als Immobilienprojektentwickler, doch tatsächlich gab es in New York viele Immobilienprojektentwickler, die weit erfolgreicher waren als er. Er prahlte mit seinem Reichtum, doch die Experten vom »Forbes«-Magazin, das die Listen der reichsten Amerikaner anlegt, kamen Jahr für Jahr zu dem Ergebnis, dass er bei Weitem nicht so reich ist, wie er selbst behauptet.

Bei Muhammad Ali sieht das schon etwas anders aus. Er war nicht nur der bekannteste Sportler des 20. Jahrhunderts, sondern gewann drei Mal den Titel des unumstrittenen Schwergewichtsweltmeisters im Boxen, zweifelsohne eine großartige Leistung. Aber seine Leistungen im Boxen waren nicht der ausschlaggebende Grund für seine Popularität. Cassius Clay – so sein Geburtsname – war bereits eine Berühmtheit, bevor er im Jahr 1964 seinen ersten Titelkampf gegen den Schwergewichtsweltmeister Sonny Liston gewonnen hatte. Schon ein Jahr vor diesem Sieg hob ihn das »Time«-Magazine auf seine Titelseite. Eine objektive Auswertung der von Ali bestrittenen Kämpfe zeigt, wie sein Biograf bilanziert: »Unter all diesen statistischen Gesichtspunkten war die Bilanz des Mannes, der sich selbst als ›den Größten‹ bezeichnete, während eines Großteils seiner Karriere unterdurchschnittlich.«[3]

Arnold Schwarzenegger, der berühmteste Bodybuilder aller Zeiten, war zweifelsohne ein Ausnahmetalent. Er gewann sieben Mal die höchste Auszeichnung im Bodybuilding, den »Mr. Olympia«. Doch andere Bodybuilder

Genies der Selbstvermarktung

zu seiner Zeit – beispielsweise Frank Zane – hatten einen harmonischeren Körperbau. Experten sind sich darüber einig, dass Schwarzenegger seinen siebten Mr.-Olympia-Titel nur seiner Popularität verdankte und nicht seiner Muskelentwicklung. Und nach Schwarzenegger gab es Bodybuilder mit deutlich mehr Muskelmasse wie etwa Ronnie Coleman, der acht Mal Mr. Olympia wurde. Aber wenn Sie nicht zufällig Bodybuildingexperte sind, werden Sie vermutlich Colemans Namen noch nie gehört haben, während Schwarzenegger fast jeder Bewohner dieses Planeten kennen dürfte. Der gebürtige Österreicher war in verschiedenen Lebensbereichen überaus erfolgreich, aber vor allem war er ein genialer Verkäufer. In seiner Autobiografie schreibt er: »Egal, was du tust, du musst es auch gut verkaufen ... Man kann die beste Arbeit abliefern, doch wenn die Leute nichts davon erfahren, ist alles umsonst! In der Politik ist es das Gleiche: Egal, ob man sich für den Umweltschutz oder Bildung oder das Wirtschaftswachstum einsetzt, das Allerwichtigste ist, dass die Menschen das auch merken.«[4]

Madonna ist eine großartige, außergewöhnliche Künstlerin. Im »Billboard«-Ranking wird sie als die erfolgreichste Solokünstlerin aller Zeiten geführt und rangiert in der Gesamtheit aller Künstler hinter den Beatles auf Platz 2.[5] Das »Time«-Magazin kürte sie gar zu einer der 25 mächtigsten Frauen des 20. Jahrhunderts.[6] Doch alle Experten sind sich einig, dass dieser ungewöhnliche Erfolg nicht mit überragenden Fähigkeiten als Sängerin erklärt werden kann. Camille Barbone, die in den ersten Jahren ihre Mentorin und Managerin war, meinte: »Begabt? Nein. Sie war keine Musikerin für die leisen Töne. Sie besaß gerade die Fähigkeiten, einen Song zu schreiben oder Gitarre zu spielen.«[7] 1995 wurde Madonna für die Hauptrolle des Films *Evita* ausgesucht. Die US-Amerikanerin – damals schon eine weltberühmte Sängerin und auf dem Höhepunkt ihrer Karriere – musste jedoch vor den Aufnahmen eine Stimmtrainerin engagieren, um ihre allenfalls durchschnittliche Gesangstechnik zu verbessern.[8]

Eine der in den sozialen Medien bekanntesten Personen ist heute Kim Kardashian West. Auf Instagram hat sie 162 Millionen Follower, mehr als Lionel Messi (144 Millionen), der seit 2009 mit sechs Titeln Rekordgewinner des »FIFA-Weltfußballer des Jahres« ist. Und auf Twitter folgen ihr mit 60 Millionen Usern fast so viele wie dem amerikanischen Präsidenten Donald Trump (74 Millionen)[9] und mehr als den »Breaking News« des Nachrichtensenders CNN (56 Millionen). Die bekannte amerikanische TV-Moderatorin Barbara Walters hielt Kim vor, in Wahrheit habe sie nie eine besondere Leistung erbracht: »Du bist keine Schauspielerin und kannst weder singen noch tanzen ... Sorry, du hast überhaupt kein Talent!«[10] In der Tat: Kim war als Schauspielerin, als Sängerin und als Tänzerin gescheitert. Aber wie kaum sonst jemand beherrscht sie die Kunst, sich selbst zu vermarkten.

Natürlich gibt es unter den in diesem Buch porträtierten Persönlichkeiten auch solche, die unabhängig von ihren Selbstvermarktungskünsten einzigartige Leistungen erbrachten. Vor allem ist hier Albert Einstein zu nennen, der Begründer der Relativitätstheorie. Doch können Einsteins wissenschaftliche Leistungen seinen Ruhm erklären? Natürlich nicht. Obwohl er die Massen begeisterte, die Zeitungen auf der ersten Seite über ihn berichteten und ihn jeder kannte, verstand kaum einer seine Theorie. Charlie Chaplin, mit dem Einstein gemeinsam auftrat, brachte es so auf den Punkt: »Mir applaudieren die Leute, weil alle mich verstehen, und Ihnen, weil Sie niemand versteht.«[11] In einem Gespräch mit einem Journalisten meinte Einstein: »Ob es einen lächerlichen Eindruck auf mich macht, die Aufgeregtheit der Menge für meine Lehre und meine Theorie, von der sie doch nichts versteht, zu beobachten? Ich finde es komisch und zugleich interessant, dieses Spiel zu beobachten. Ich glaube bestimmt, dass es das Geheimnisvolle des Nichtbegriffenen ist, das sie bezaubert.«[12]

Was viele nicht wissen: Einstein verwandte, so wie alle anderen in diesem Buch vorgestellten Persönlichkeiten, einen großen Teil seiner Zeit und ganz erhebliche Anstrengungen darauf, sich selbst zu vermarkten. Sein Ruhm flog ihm nicht zu und war gewiss kein Zufall. Und er lässt sich gewiss nicht durch seine Leistungen als Physiker erklären, die doch in Wahrheit kein Laie beurteilen kann.

Waren die Genies der Selbstvermarktung vielleicht nur die Kreaturen von geschickten PR-Strategen und Managern? Nein. Andy Warhol beispielsweise war eher bereit, Kunstwerke von seinen Assistenten anfertigen zu lassen, als das zu delegieren, was seine Kernkompetenz war: die Selbstvermarktung. Natürlich beschäftigten viele der hier porträtierten Personen auch PR-Fachleute (so etwa Schwarzenegger und Trump), aber diese waren nur beratend tätig, die Meister waren nicht sie, sondern ihre prominenten Auftraggeber. Berühmte Personen, die überwiegend das Werk ihrer Manager und Agenten waren – so wie etwa Elvis Presley oder vielleicht auch Greta Thunberg – habe ich daher nicht in diesen Band aufgenommen.

Die zwölf Genies der Selbstvermarktung, von denen dieses Buch handelt, wussten alle, wie sie sich richtig in Szene setzten und aus ihrer Persönlichkeit eine unverwechselbare Marke machten. So wie jede Marke, waren sie schon vom Äußeren her sofort zu erkennen und von anderen Menschen zu unterscheiden. Sie machten bestimmte äußere Merkmale zu unverwechselbaren Markenzeichen – wie bei einem Produkt.

Karikaturisten müssen nicht viel können, um Personen wie Donald Trump, Andy Warhol, Arnold Schwarzenegger, Kim Kardashian oder Karl Lagerfeld zu zeichnen. Lagerfeld machte im Laufe seines Lebens einprägsame Besonderheiten zu seinen Erkennungszeichen – die Marke Lagerfeld. Sie entstand nicht an einem Tag durch einen Entschluss, sondern wuchs im Laufe der Jahre. »Ich mache mich nicht wie Charlie Chaplin zurecht. Meine Frisur, meine Sonnenbrille, das ist mit der Zeit gekommen. Ich habe mich langsam, aber sicher zur Karikatur gemacht.«[13] Am Schluss ist jedoch ein unverwechselbares Markenzeichen entstanden: Die fingerlosen Handschuhe, der gepuderte Zopf, der Stehkragen, die Sonnenbrille, zeitweise gehörte ein Fächer dazu.

Auch Trump ist wegen seiner Frisur einfach zu karikieren. Die Frisur spiegelt seine Persönlichkeit wider: Sie ist nicht schön, aber sie ist unverwechselbar und fällt auf. »Natürlich kann man sich über seine sorgsam aufgebauschte Frisur und ihr artifizielles Glühen lustig machen«, meint sein Biograf D'Antonio, »doch sie hat einen unfehlbaren Wiedererkennungswert. Mit unauffälliger Haartracht würde er vielleicht vor dem Trump Tower stehen, ohne dass es jemand merkt. So aber wird er belagert. Sein Haar ist ein Hingucker, auch wenn er womöglich anfangs nicht die Absicht hatte, seinen Kopf als Leuchtreklame zu benutzen.«[14]

Albert Einstein kultivierte bewusst das Image des Wissenschaftlers, der wenig Wert auf Kleidung legte, Kragen und Krawatte hasste, sich die langen Haare nicht kämmte, keine Socken trug und die Hemden offen ließ. Er passte, wie sein Biograf Neffe schreibt, »perfekt ins Klischee des avantgardistischen Künstlers der Wissenschaft«[15] und war »das ideale Objekt für Fotografen und Reporter und alle anderen Priester der Popularität, mit denen er in einer seltsamen Symbiose lebte«.[16] Nach seinem Beruf gefragt, antwortete er: »Fotomodell«.[17] Gerüchten zufolge soll er, sobald sich Fotografen näherten, sein Haar mit beiden Händen aufgewühlt und so den typischen Einstein-Look aufgefrischt haben.[18]

Andy Warhol unterzog sich schon im Jahr 1957 einer Schönheitsoperation, was damals noch sehr ungewöhnlich war. Er begann Haartoupets und eine Sonnenbrille zu tragen. Auch als er schon gut verdiente und in der Lage war, sich teure Kleidung und Luxusartikel zu kaufen, bearbeitete er Anzüge und Schuhe, bevor er sie anzog, so lange, bis sie abgetragen aussahen und damit ins Bild des exzentrischen Künstlers passten.[19] Er trug ein schwarzes Lederjackett, enge schwarze Jeans (darunter Strumpfhosen), T-Shirts und hochhackige Stiefel. Die silbergraue Perücke passte zu seinem Atelier, der silbrigen »Factory« – Silber war die Farbenmarke, die er für die Selbstvermarktung gewählt hatte.[20]

Auch Steve Jobs legte Wert auf ein unverkennbares Äußeres. Bei seinen Produktpräsentationen trug er Shorts, Turnschuhe und einen schwarzen Rollkragenpullover. Den Pullover ließ er von dem berühmten Designer Issey Miyake entwerfen, der für ihn etwa 100 Stück herstellen ließ. Und Schwarzenegger machte die Bizepspose zu seinem Markenzeichen. Was bei ihm der Bizeps war, bei Karl Lagerfeld Zopf, Sonnenbrille und Stehkragen, bei Donald Trump, Andy Warhol und Albert Einstein das Haar, das ist bei Kim Kardashian der Po. Als sie im Juni 2011 die Auszeichnung »Entrepreneur of the Year« bei den Glamour Women of the Year Awards in London gewann, wurde ihr Po sogar geröntgt, um festzustellen, ob er echt sei oder Implantate enthielt.[21] Kim gelang es stets aufs Neue, durch spektakuläre Aufnahmen, in denen ihr Po im Mittelpunkt stand, Aufmerksamkeit zu erregen. Die seriöse Tageszeitung »Daily Telegraph« in London berichtete noch zwei Jahre danach über ein Foto, das besondere Aufmerksamkeit erregte: »Im September 2014 sorgte das Nischenblatt ›Paper Magazine‹ für eines der größten Kulturereignisse des Jahres, vielleicht sogar des Jahrzehnts, als es mithilfe einer nackten Kim Kardashian die Aktion ›Break The Internet‹ startete. Das Bild von Kim Kardashian mit einem Champagnerglas auf ihrem perfekt geformten Hinterteil neben dem Hashtag #BreakTheInternet löste eine riesige Sharing-Welle im Internet aus. Die Webseite verzeichnete über 50 Millionen Besuche an einem Tag – das entspricht 1 Prozent des gesamten Internet-Traffic in den USA an diesem Tag.«[22]

Im Selbstmarketing gilt das Gesetz: Man muss nicht *besser* aussehen, sondern *anders* als andere. Kim Kardashian und Madonna sehen sicher nicht schlecht aus, aber es gibt Zehntausende Amerikanerinnen, die schöner sind. Und Stephen Hawking gelang es sogar, seine Behinderung in einen Vorteil zu verwandeln. Auf die Frage, wie es ihm gelang, so bekannt zu sein, antwortete er: »Das liegt zum einen daran, dass Wissenschaftler, von Einstein abgesehen, keine gefeierten Rockstars sind. Zum anderen verkörperte ich das Klischee des behinderten Genies. Auch eine Perücke und eine dunkle Sonnenbrille würden mir nichts nützen – mein Rollstuhl ist einfach zu verräterisch.«[23] Der Verlag wusste um diese Marketingwirkung und wählte für das Cover von Hawkings Buch *A Brief History of Time* ein Foto, das ihn – wie Hawking es selbst formulierte – als »erbarmungswürdig«[24] im Rollstuhl mit Sternenhimmel zeigte. Das Buch stand 147 Wochen auf der Bestsellerliste der »New York Times« und mit einem neuen Rekord von 237 Wochen auf der der Londoner »Times«,[25] wurde in 40 Sprachen übersetzt und über zehn Millionen Mal verkauft.

Um aufzufallen muss man nicht unbedingt besser sein als alle anderen, aber mit Sicherheit muss man anders sein. Das gelingt durch massive und gezielte Provokationen, eine Kunst, die alle in diesem Buch porträtierten Personen beherrschten. Andy Warhol wurde durch Provokationen als Künstler bekannt. Im Jahre 1964 erhielt er den Auftrag, ein Wandbild für den Pavillon der USA auf der Weltausstellung in New York zu machen. Das Bild sollte die Vereinigten Staaten bei der Ausstellung vertreten, und Warhol zeigte Porträts der 13 meistgesuchten Verbrecher der Supermacht. Doch noch vor Beginn der Ausstellung erklärten Regierungsbehörden, dass man die USA nicht mit diesen Bildern repräsentieren wolle, und zwei Wochen vor der Eröffnung stellte Philip Johnson, der Architekt des Pavillons, Warhol ein Ultimatum, die Bilder binnen 24 Stunden zu entfernen. Warhol machte daraufhin einen Gegenvorschlag – die Porträts der Verbrecher durch 25 Porträts von Robert Moses, dem Präsidenten der World's Fair Corporation, zu ersetzen. Auch dieser Vorschlag wurde abgelehnt. Warhol entschloss sich, die Bilder der »13 Most Wanted Men« mit Aluminiumfarbe zu übersprühen – das sicherte der Aktion letztlich noch mehr Aufmerksamkeit.

Trumps Erfolg liegt auch darin begründet, dass er Sprachregelungen und Tabus der Political Correctness demonstrativ ignoriert, was von seinen Anhängern als befreiend empfunden wird. Obwohl Trump nachgewiesenermaßen sehr oft die Unwahrheit sagt, wird er von seinen Anhängern als ehrlich empfunden, weil er frei heraus das sagt, was er denkt: »Ich könnte eine Antwort geben, mit der alle zufrieden sind, es würde sich keiner darum scheren, niemand würde darüber schreiben. Oder ich kann eine ehrliche Antwort geben, die meterhohe Wellen schlägt ... Ich glaube, von politisch korrektem Gerede haben die Leute wirklich genug.«[26]

Muhammad Ali provozierte bewusst mit seinen Sprüchen und mit seiner lauten Angeberei. Er war der Meinung, dass viele Zuschauer nur kamen, um zu sehen, wie jemand diesem ›schwarzen Großmaul‹ die Fresse polierte. Er schloss sich der »Nation of Islam« an, einer Vereinigung, die – anders als etwa Martin Luther King – die Integration strikt ablehnte und dem weißen einen schwarzen Rassismus entgegensetzte. Er geriet in die Schlagzeilen, weil er den Kriegsdienst verweigerte und sich gegen den Vietnamkrieg engagierte. Seine bekannteste Äußerung zur Begründung für die Kriegsdienstverweigerung war: »Ich habe kein Problem mit dem Vietcong.« Dieser Satz wurde überall in Amerika zitiert und auf T-Shirts gedruckt – er wurde vielleicht eine der am häufigsten zitierten Äußerungen von Ali. So wurde er Teil der kritischen Generation, die in den 60er-Jahren weltweit gegen den Vietnamkrieg protestierte. Im Jahr 1965 wurde ihm die Boxlizenz durch die World Boxing Association und die New York State Athletic Commission entzogen, die übrigen Boxkommissionen des Landes schlossen sich an und ihm wurde sogar der Weltmeistertitel aberkannt.[27] Im Juni 1967 wurde Ali wegen Kriegsdienstverweigerung zu fünf Jahren Gefängnis verurteilt. Die Strafe musste er jedoch nie antreten und drei Jahre später wurde sie aufgehoben.

Auch Albert Einstein positionierte sich, so wie viele erfolgreiche Selbstvermarkter, als Rebell. Er provozierte und war nicht bereit, sich herrschenden Normen zu unterwerfen, wenn er sie als unsinnig betrachtete: »Er lehnt sich gegen jede Art von autoritärer Struktur auf, gegen die starren Gesetze in Schule und Universität, gegen das Regelwerk bürgerlicher Existenz, gegen Konventionen wie Kleiderordnungen, gegen Dogmatismus in Religion und Physik, gegen Militarismus, Nationalismus und Staatsideologie, gegen Chefs und Arbeitgeber.«[28]

Steve Jobs sprach nicht wie der CEO eines Unternehmens, sondern wie der Anführer einer revolutionären Bewegung. Allerdings sollte die Welt nicht durch die Politik verändert werden, sondern durch Technologie. Jobs sagte über die Käufer eines Apple-Computers: »Die Leute, die das tun, denken wirklich anders. Sie sind der kreative Geist in dieser Welt, und sie beabsichtigen, die Welt zu verändern. *Wir* machen die Werkzeuge für diese Leute ...

Genies der Selbstvermarktung

Wir werden anders denken und für diese Leute da sein, die unsere Produkte von Anfang an gekauft haben. Wir glauben ja, dass sie verrückt sind, aber wir erkennen das Genie in dieser Verrücktheit.«[29]

Madonna erkannte, dass gezielte Provokationen und Normverletzungen Schlüssel im Aufbau einer Markenidentität sind. »Ich ziehe es vor, den Leuten im Gedächtnis zu bleiben, statt in Vergessenheit zu geraten«, so lautete ihr Motto.[30] Während sich andere Menschen, die im Rampenlicht der Öffentlichkeit stehen, vor negativer Presse fürchten, sah Madonna – ähnlich wie Donald Trump –, dass kritische Artikel in den Medien sogar Positives bewirken und ihre Fanbasis erweitern könnten. »Sie war der Überzeugung, je mehr die Presse ihren Stil als ›trashig‹ bezeichnen und je vehementer Eltern gegen ihren Look vorgehen würden, desto mehr würde es rebellische Jugendliche dazu bewegen, ihr nachzueifern ... Ihr Erfolg zeigte sicherlich, dass Madonna mit ihrem Kindheitsplan, wie man Beachtung findet, richtiglag: etwas tun, das Leute schockiert und dich ins Gerede bringt, wenn es grell genug ist. Ihr war egal, was die Leute redeten, Hauptsache sie war im Gespräch.«[31]

Die Provokationen von Madonna waren meist mit Sex verbunden, oft auch mit einer Verbindung von Sex und Religion. In dem Video zu ihrem Song *Like a Prayer* sieht man eine Madonna, die einen schwarzen Christus küsst, die Stigmata hat, blutige Tränen vergießt und vor einem Feld voller brennender Kerzen tanzt. Das Video wurde in das

Nachtprogramm von MTV verbannt. Pepsi zog wegen der Veröffentlichung des Videos einen Werbeclip mit Madonna zurück, nachdem Kirchenführer ihre Gemeindemitglieder zum Boykott von Pepsi aufgerufen hatten.[32]

Bei ihren Bühnenshows simulierte die Sängerin Akte der Selbstbefriedigung und während einer Tournee durch Nordamerika drohte die Polizei von Toronto, Madonna wegen obszöner Darbietungen zu verhaften.[33] In Italien riefen katholische Gruppen zu einem Boykott ihrer Konzerte auf.[34]

Einen Höhepunkt erreichte die Aufregung über Madonna, als sie im Oktober 1992 einen Bildband mit dem Titel *SEX* herausbrachte. Der Band enthielt in Schrift und vor allem Bild erotische Fantasien von Madonna. Sie erklärte, warum sie auf Analsex stehe, Fotos zeigten sie beim Sex mit Frauen. Vor allem enthielt der Band zahlreiche Texte und Fotos, in der ihre Affinität zu SM-Sex zum Ausdruck kam. Überall in dem Buch gibt es Bilder von Masturbationsszenen. Der »Observer« nannte das Buch die »verzweifelte Schöpfung einer alternden Skandalsüchtigen«.[35] Die öffentliche Empörung über das Buch katapultierte es auf Platz 1 der Bestsellerliste der »New York Times«.[36]

Von Madonna kann man noch etwas anderes lernen: In einer Situation, in der die öffentliche Kritik immer schärfer wird, besteht die Gefahr, dass sich der Provokateur weiter selbst radikalisiert und trotzig wird. Hier zeigte sich jedoch das PR-Genie von Madonna, die genau wusste, wann sie einen Schritt zurück – oder besser: wieder einen Schritt auf ihr Publikum zugehen musste.[37] Nach dem Skandal um ihr Buch führte sie eine Tournee in vier Kontinenten durch, die sie »Girlie Show« nannte. »Wenn auch immer noch sexy, so war es eher eine unschuldige Parodie als ein eklatanter Versuch zu schockieren. Vorbei die Hardcore-S&M-Bilder und die blasphemische religiöse Ikonologie der vergangenen zwei Jahre.«[38]

Viele Selbstvermarkter wurden durch Skandale und anstößige oder provokante Themen bekannt, bemühten sich aber später, ihr Image zu korrigieren. Ein Beispiel dafür ist Oprah Winfrey. Populär wurde sie mit Talkshows über Sexthemen. Gerade im prüden Amerika bringen solche Themen hohe Quoten. Das fing bereits in ihren frühen Talkshows an und setzte sich in späteren Jahren fort. Einmal sprach sie über den Mann mit dem Micro-Penis, ein anderes Mal über den 30-Minuten-Orgasmus.[39] Der Fantasie in der Auswahl von Themen mit sexuellem Bezug war keine Grenze gesetzt: Männer, die vergewaltigt wurden; Frauen, die Kinder von ihrem eigenen Vater zur Welt brachten oder die während ihrer Schwangerschaft missbraucht wurden; weibliche Lehrer, die Sex mit Jungs hatten; eine Schönheitskönigin, die von ihrem Ehemann vergewaltigt wurde usw.[40]

Einmal lud sie Nudisten nackt in das Fernsehstudio ein, ein anderes Mal eine Frau, die während ihrer 18-jährigen Ehe nie einen Orgasmus hatte – zusammen mit einem Lehrer, der ihr Orgasmus-Lehrstunden gab. Und dann bat sie wiederum eine Frau vor die Kameras, die in einer Nacht 25 Männer in ihrem Bett hatte,[41] oder drei Porno-Stars, die sich über die Ejakulationen von Männern ausließen.[42]

Später versuchte sie jedoch von diesem Image wegzukommen und erklärte: »Früher war es besserer Sex und der perfekte Orgasmus. Dann waren es Diäten. Der Trend der Neunziger ist Familie und Erziehung.«[43] Sie brachte jetzt häufiger Themen wie »How to Have a Happy Step Family« oder »The Family Dinner Experiment«.[44]

Später äußerte sie sich sogar manchmal selbstkritisch über die Art der Sendungen, mit denen sie anfänglich so erfolgreich war: »Ich gebe zu: Ich habe Trash-Fernsehen gemacht und noch nicht einmal gedacht, dass es Trash war«, bekannte sie einmal.[45] Winfrey brachte zunehmend anspruchsvolle Themen – ein Schwerpunkt war beispielsweise die Vorstellung von Büchern.

Auch Muhammad Ali wurde in den späteren Jahren mit seinen politischen Äußerungen zunehmend moderater. Nur noch selten bezeichnete er die Weißen – so wie er das früher getan hatte – als blauäugige Teufel. Er blieb dem Anführer der »Nation of Islam«, Elijah Muhammad, treu ergeben, sagte das aber nicht mehr so oft wie früher.[46] Er wandte sich nicht mehr in Vorträgen gegen den Vietnamkrieg und hielt sich generell mit kritischen politischen Äußerungen deutlich zurück. »Er bot das Bild eines Mannes, der in allererster Linie froh darüber war, wieder ein Boxer zu sein.«[47]

Genies der Selbstvermarktung

Jetzt erklärte er, dass er zwar zu seiner Entscheidung stehe, sich der Einberufung zu widersetzen, aber: »Ich würde diese Sache über den Vietcong nicht mehr sagen. Mit der Wehrpflicht würde ich anders umgehen. Es gab keinen Grund dafür, so viele Leute wütend zu machen.«[48] Ali, der in den 60er-Jahren der Held der linken Studenten war, irritierte manche seiner früheren Anhänger, als er nun bei der Präsidentenwahl öffentlich den Republikaner Ronald Reagan unterstützte, die Hassfigur der Linken.[49] Die Versöhnung Alis mit Amerika wurde komplettiert, als er im Jahr 2005 von dem republikanischen Präsidenten George W. Bush die Presidential Medal of Freedom entgegennahm, die höchste zivile Auszeichnung des Landes.[50]

Ohne Ausnahme beklagten sich alle in diesem Buch porträtierten Selbstvermarkter über die negativen Auswirkungen der Publicity. Aber sie hatten diesen Weg selbst gewählt, und ihre Bekanntheit war kein Zufall. Ein Schlüssel zu ihrem Ruhm waren kreative PR-Ideen, die Medien Anlass zur Berichterstattung gaben.

Andy Warhol wurde mit seinen Bildern von überdimensionalen Suppendosen der Marke Campell bekannt. Als sie erstmals gezeigt wurden, an den Wänden aufgereiht wie Auslagen im Supermarkt, wurde er zunächst dafür verspottet. Seine Bilder seien Kunst, behauptete Warhol, doch sie sahen nicht danach aus. Eine konkurrierende Galerie stellte ihre Schaufenster voller Campell-Suppendosen, versehen mit dem Spruch: »Das Original – für nur 33 Cent pro Dose!« Warhol nahm daraufhin einen

Fotograf mit in den nächsten Supermarkt und ließ sich dabei fotografieren, wie er »das Original« signierte. Das Foto wurde von der führenden Nachrichtenagentur Associated Press übernommen und ging um die halbe Welt.[51]

Hawking hatte immer wieder gute PR-Ideen, um in die Medien zu kommen. Andere Wissenschaftler hätten sich vielleicht gar nicht mit Themen wie »Zeitreisen« befasst – und wenn, dann in wissenschaftlichen Aufsätzen in Fachzeitschriften. Hawking hatte jedoch eine andere Idee. Am 28. Juni 2009 veranstaltete er eine Party für Zeitreisende in seinem College in Cambridge, um einen Film über Zeitreisen zu zeigen. Der Raum war mit Luftballons, Häppchen und Transparenten mit der Aufschrift »Willkommen, Zeitreisende« hergerichtet. Damit nur echte Zeitreisende kämen, hatte er die Einladung erst nach der Party verschickt. »Am Tag der Party saß ich im College und hoffte, aber niemand kam. Ich war enttäuscht, aber nicht überrascht, denn ich hatte ja gezeigt, dass Zeitreisen nicht möglich sind, wenn die Allgemeine Relativitätstheorie stimmt und die Energiedichte positiv ist. Aber ich hätte mich riesig gefreut, wenn eine meiner Annahmen sich als falsch herausgestellt hätte.«[52]

Bei anderer Gelegenheit machte er Schlagzeilen durch die Wette mit dem Physiker Kip Thorne. Es ging darum, ob der Doppelstern Cygnus X-1 ein Schwarzes Loch enthalte oder nicht. Ungewöhnlich war nicht die Wette, sondern der ausgelobte Preis. Seinem Wettpartner versprach er, sollte dieser die Wette gewinnen, ihm ein Jahresabonnement für das Magazin »Penthouse« zu zahlen. »In den Jahren nach der Wette wurden die Belege für Schwarze Löcher so überzeugend, dass ich meine Niederlage eingestand und Kip das Penthouse-Abonnement zukommen ließ – sehr zum Missfallen seiner Frau.«[53]

Auch Muhammad Ali war überaus einfallsreich, wenn es darum ging, in die Zeitung zu kommen. Ein Beispiel war ein Zusammentreffen mit einem Fotografen, der ihn für die Zeitschrift »Sports Illustrated« fotografieren sollte. Ali fragte ihn, für welche Medien er noch arbeite, und war elektrisiert, als der Fotograf erwähnte, dass er häufig auch für »Life« fotografierte, damals das auflagenstärkste Magazin in den USA. Ali fragte den Fotografen, ob er ihn auch für »Life« fotografieren könnte, aber der entgegnete, dass er das nicht entscheiden könne und wohl kaum einen Auftrag dazu von der Redaktion erhalten werde. Der Boxer, damals noch als Cassius Clay in den Anfängen seiner Karriere, ließ jedoch nicht locker und löcherte den Fotografen, welche Fotos er sonst noch so mache. Nachdem der Fotograf erwidert hatte, dass er sich auf Unterwasserfotografie spezialisiert habe, meinte Clay: »Ich habe es niemals jemandem erzählt, aber Angelo und ich haben ein Geheimnis. Weißt du, warum ich der schnellste Schwergewichtler der Welt bin? Ich bin der einzige Schwergewichtler, der unter Wasser trainiert.« Er trainiere aus dem gleichen Grund im Wasser, aus dem manche Sportler beim Laufen schwere Schuhe tragen. »Tja, und ich gehe bis zum Hals ins Wasser und punche im Wasser, und wenn ich aus dem Wasser komme, dann bin ich blitzschnell, weil es keinen Widerstand mehr gibt.«[54] Der Fotograf war zunächst misstrauisch, aber Ali bot ihm an, ihn bei einem Training dieser Art zu begleiten und exklusiv für »Life« darüber zu berichten. Der Fotograf rief das Magazin an, erhielt schließlich den Auftrag für die Fotosession und »Life« brachte einen Artikel, wie der Box-Champion unter Wasser trainierte. Natürlich hatte sich Clay die ganze Geschichte nur ausgedacht, aber der Erfolg, nämlich der Bericht im auflagenstärksten Magazin der USA, schien ihn zu bestätigen.

Arnold Schwarzenegger hatte schon als Teenager einen ausgesprochenen Sinn für ungewöhnliche Methoden der Selbstvermarktung. Er lief an einem eiskalten Tag im November im Posingslip durch die Einkaufsstraße von München und sein Mentor Albert Busek rief ein paar befreundete Redakteure an: »Erinnerst du dich an Schwarzenegger, der im Löwenbräukeller das Steinheben gewonnen hat? Ja, inzwischen ist er Mister Universum und steht im kurzen Höschen am Stachus.«[55] Am nächsten Tag war in der Zeitung ein Bild zu sehen, wie der Bodybuilder in seinem Posingslip auf einer Baustelle stand, wo ihn die in der Kälte dicht beieinanderstehenden Bauarbeiter staunend betrachteten.

Unter der Präsidentschaft von George H.W. Bush wurde Schwarzenegger »Fitness-Beauftragter« des Präsidenten. Eigentlich war das keine besondere Position. Der Präsident hatte etliche Beauftragte, die nicht viel Aufsehen darum machten. Hier zeigte sich jedoch das PR-Genie

Genies der Selbstvermarktung

von Schwarzenegger. Er erklärte Präsident Bush, was er als seine »Hauptaufgabe ansähe, nämlich die Sache so öffentlichkeitswirksam wie möglich zu propagieren«. Bush war erstaunt, dass Schwarzenegger ihm erklärte, er werde in alle 50 Bundesstaaten reisen, um seine Aufgaben als Fitness-Beauftragter umzusetzen. »Ich reise gerne, lerne gern Menschen kennen, mache gern Werbung für eine gute Idee. Das kann ich am besten.«[56] Normalerweise hätte die Pressestelle des Weißen Hauses eine kurze Pressemitteilung über die Personalie des »Fitness-Beauftragten« verschickt, die im Wust vieler anderer Meldungen untergegangen wäre. Schwarzenegger schlug jedoch vor, dass Bush ihn im Oval Office empfange. Bei dem Treffen sollten Fotos gemacht werden, die an die Presse gehen, und danach sollte es eine Pressekonferenz geben, bei der Schwarzenegger erklärte, wie er sich seine Arbeit vorstellte, und der Präsident sagte, warum er genau der richtige Mann für diese Aufgabe sei.[57]

Bei den Public Relations geht es vor allem darum, mundgerechte Kernbotschaften für die Medien zu formulieren, die diese bereitwillig schlucken, und Ereignissen ein gewisses »Framing« zu geben. Steve Jobs war darin ein Meister, aber auch Prinzessin Diana beherrschte diese Kunst hervorragend. Ihr größter PR-Coup war ein Fernsehinterview zum Stand ihrer zerrütteten Ehe mit Prinz Charles, auf das sie sich wochenlang vorbereitet hatte. Als es am Abend des 14. November 1995 ausgestrahlt wurde, waren die Straßen von London wie leergefegt. 23 Millionen Briten saßen vor dem Fernseher[58] – und was sie sahen, war eine perfekte Inszenierung. Wie nach einem PR-Drehbuch hatte sie bestimmte Kernbotschaften herausgearbeitet, die ihre Wirkung nicht verfehlten:

»Ich möchte gerne die Königin der Herzen sein ... «

»In unserer Ehe waren wir zu dritt.« (Mit der dritten Person war Camilla gemeint.)

»Das Establishment, in das ich hineingeheiratet habe, hat beschlossen, dass ich eine Versagerin bin ... «[59]

(Über die Motive ihrer Gegner): »Ich glaube, es war Angst. Weil hier eine starke Frau war, die ihren Weg ging, und woher nahm sie die Stärke, diesen Weg fortzusetzen?«[60]

Jede betrogene Frau konnte sich mit Diana identifizieren. Auf ihre eigene Affäre angesprochen, vermied sie es, die sexuelle Beziehung zu ihrem Liebhaber zuzugeben, sondern formulierte geschickt: »Ja, ich habe ihn angehimmelt. Ja, ich war verliebt in ihn. Aber ich bin schwer enttäuscht worden.«[61] Auch alle »kleinen Leute«, der Normalbürger, konnten sich mit ihr identifizieren, wenn sie über das Establishment klagte, das »beschlossen« habe, sie als Versagerin zu sehen. Und obwohl sie ganz und gar keine Feministin war, hatte sie auch für Anhänger des feministischen Zeitgeistes die richtige Deutung parat, indem sie Kritik an ihr als Widerstand gegen eine eigenständige und starke Frau darstelle, »die ihren Weg ging«. Diese Botschaften kamen an. Am Mittwoch nach der Ausstrahlung des Interviews zeigte eine Umfrage des »Daily Mirror« eine Zustimmung von 92 Prozent zu ihrem TV-Auftritt.

Genies der Selbstvermarktung

Die Genies der Selbstvermarktung erkannten auch, wie wichtig es ist, ungewöhnliche Dinge zu sagen, die von den Zeitungen zitiert wurden. Arnold Schwarzenegger verglich in dem Film *Pumping Iron* das Aufpumpen der Muskeln beim Training mit einem Orgasmus: »Blut durchströmt deine Muskeln, das ist es, was wir pumpen nennen. Deine Muskeln bekommen dieses straffe Gefühl, als wärst du am Explodieren … Es ist für mich so befriedigend, wie wenn ich komme. Du weißt schon: Wie Sex mit einer Frau, und kommen.«[62] Später erklärte er: »Wenn man im Fernsehen etwas verkaufen will und hervorstechen will, muss man etwas Spektakuläres tun. Also habe ich mit diesen Bemerkungen angefangen, dass die Muskelarbeit viel besser ist als Sex.«[63]

Bei Interviews verhielten sich die hier porträtierten Personen oft gänzlich anders als andere Menschen, die sich den Fragen von Journalisten stellen. Andy Warhol beispielsweise war für Interviewer ein schwieriger Gesprächspartner und gerade deshalb besonders interessant. Er machte es sich zur Gewohnheit, Fragen nicht zu beantworten, manchmal wiederholte er als »Antwort« einfach die Frage. Nicht selten vertauschte er die Rollen und fing selbst an, den Interviewer zu befragen. Seine Antworten ergaben oft keinen Sinn, doch gerade dieses Ungewohnte, Rätselhafte, Überraschende machte ihn zu einem für die Medien gefragten Interviewpartner. Nicht selten antwortete Warhol auf Fragen einfach mit einem »I don't know«. Hier einige Beispiele:

»Was versucht die Pop-Art zu vermitteln?« – »Keine Ahnung.«

»Wie kam es dazu, dass Sie Filme gedreht haben?« »Uh ... keine Ahnung ... «

»Was ist Ihre Rolle, Funktion bei der Regie eines Warhol-Films?« »Keine Ahnung. Ich versuche, es herauszufinden.«[64]

Warhol machte unerwartete, verrückte und provokante Antworten in Interviews zu einem seiner Markenzeichen. In den 70er-Jahren wurden renommierte Künstler für einen Sammelband zur Einordnung anderer namhafter Künstler gefragt. Als Warhol die Bedeutung des abstrakten Expressionisten Barnett Newman beurteilen sollte, antwortete er: »Alles, was ich über Barney weiß, ist, dass Barney, so glaube ich, auf mehr Partys war als ich.«[65] Und als er über Picasso gefragt wurde, meinte er: »Der einzige Bezug, den ich zu ihm habe, ist seine Tochter Paloma ... ich bin einfach nur froh, dass er eine so wunderbare Tochter wie Paloma hatte.«[66]

Auch Einstein überraschte oft mit ungewöhnlichen Antworten. Auf eine Frage eines Reporters der »New York Times« zu seinem Buch: »Was ich über das Buch zu sagen habe, steht in dem Buch.«[67] Donald Trump provozierte mit seinen Äußerungen, weil er wusste, dass er so die Aufmerksamkeit der Medien für sich gewinnen konnte. »Ich habe vor allem eines über die Presse gelernt«, so Trump: »Sie sind immer scharf auf eine gute Story, je sensationeller, desto besser ... Der Punkt ist, wenn man etwas anders ist, ein wenig zu sehr aneckt oder mutige bzw. kontroverse Dinge tut, dann wird die Presse über einen schreiben. Ich habe Dinge stets ein wenig anders angepackt, scheue die Kontroverse nicht und meine Deals sind häufig etwas ambitioniert.«[68]

Auffällig ist, dass von vielen Genies der Selbstvermarktung Aphorismen oder kleine Gedichte überliefert sind. Sie kennen bestimmt Sprüche von Karl Lagerfeld wie zum Beispiel den oft zitierten Satz, wer in einer Jogginghose herumlaufe, habe die Kontrolle über seine Leben verloren. So unterschiedliche Personen wie der Geistesriese Albert Einstein und Muhammad Ali, der Schwierigkeiten beim Lesen und Schreiben hatte, veröffentlichen regelmäßig Gedichte und kurze Verse, um auf sich aufmerksam zu machen.

Ein besonderer PR-Gag von Ali war, dass er vor Wettkämpfen vorherzusagen pflegte, in exakt welcher Runde sein Gegner fallen werde. Das hatte kein Boxer vor ihm getan und sorgte allein schon für große Spannung. Ali begann früh, sich kurze Verse auszudenken, die später sein Markenzeichen wurden. So sagte er einem Reporter:

»This guy must be done,
I'll stop him in one.«[69]

Kritiker stießen sich daran, dass Ali zuweilen eine ganze Runde Leerlauf einlegte, nur um seine Vorhersage einlösen zu können. Ali jedoch »gefiel sein neuer Werbetrick, er genoss auch die zusätzliche Aufmerksamkeit, die ihm sein zunehmend forsches Verhalten einbrachte, und er war überzeugt davon, dass Publicity ihm schneller einen Titelkampf einbringen würde«.[70] Der Boxer trumpfte auf und machte die Vorhersagen, wann sein Gegner fallen werde, zu seinem USP: »Ich bin nicht der Größte. Ich bin der doppelt Größte. Ich knocke sie nicht bloß aus, ich bestimme auch die Runde. Ich bin heute der wildeste, der schönste, der überlegenste, der wissenschaftlichste und der fähigste Boxer im Ring. Ich bin der einzige Boxer, der von Ecke zu Ecke und von Club zu Club zieht und mit den Fans diskutiert. Ich habe mehr öffentliche Aufmerksamkeit bekommen als irgendein anderer Boxer in der Geschichte. Ich rede mit Reportern, bis deren Finger wund sind.«[71]

Die Selbstvermarkter sind, wie das Beispiel von Ali zeigt, nicht nur sehr von sich überzeugt, sondern haben auch keine Hemmungen, dies der Welt mitzuteilen. Wir alle kennen die angeberischen Sprüche von Trump, der behauptet, er sei der Größte auf fast allen Gebieten: »Sorry, Verlierer und Hasser, aber mein IQ ist einer der höchsten – und ihr alle wisst das! Bitte fühlt euch nicht so dumm oder unsicher, es ist nicht euer Fehler.«[72]

In ihrem Selbstlob stand Oprah Winfrey zuweilen einem Muhammad Ali oder Donald Trump kaum nach. In einem Interview erklärte sie beispielsweise: »Ich bin sehr stark ... sehr stark. Ich weiß, dass weder Sie noch sonst jemand mir etwas erzählen können, was ich nicht schon weiß. Ich habe diesen inneren Spirit, der mich leitet und führt ... Ich mag mich einfach, wirklich. Wenn ich nicht ich wäre, würde ich mich gern kennen.«[73] Lagerfeld begrüßte einmal einen Journalisten verständnisvoll mit der Bemerkung: »Auch ich war mal ein Mensch wie Sie.«[74]

Ein Mensch wie alle anderen, das vor allem wollten die hier Porträtierten niemals sein. Sie hielten sich von Anfang an für etwas Besonderes. Einer der engsten Mitarbeiter von Steve Jobs berichtete über ihn: »Er denkt, einige Leute seien eben etwas Besonderes – Leute wie er selbst und Einstein und Gandhi und die Gurus, die er in Indien gesehen hat –, und er sei einer davon.« Einmal habe er ihm gegenüber sogar angedeutet, er halte sich für erleuchtet.[75]

Dass die Menschen, die Sie in diesem Buch kennenlernen, berühmt wurden, war kein Zufall und schon gar keine unbeabsichtigte Nebenwirkung anderer Leistungen. Das Streben nach Ruhm war bei allen übergroß. Madonnas Freundin Erica Bell erinnert sich an eine Unterhaltung, in der sie sie fragte, was sie sich vom Leben erhoffe. »I want to be famous«, antwortete sie rasch. »I want attention.« Als ihre Freundin meinte, sie bekomme doch schon viel Beachtung, erwiderte Madonna: »Das reicht nicht. Ich will alle Beachtung der Welt. Ich will, dass mich jeder in der ganzen Welt nicht nur kennt, sondern mich liebt, *liebt, liebt.*«[76] Im Jahr 2000, als sie schon berühmt war, bekannte sie: »Mein Ziel ist das geblieben, was ich schon als kleines Mädchen hatte. Ich möchte die Welt beherrschen.«[77] Und bei anderer Gelegenheit hatte sie bekannt: »I won't be happy until I'm as famous as God.«[78]

Sie alle suchten immer wieder bewusst die Nähe anderer Prominenter, um noch bekannter zu werden. Albert Einstein ließ sich mit Charlie Chaplin ablichten, Schwarzenegger heiratete in den Kennedy-Clan ein und Kim Kardashian ehelichte Kanye West, einen der prägendsten Hip-Hop- und Popmusiker der Welt. Das Magazin »Time« hatte West bereits 2005 und erneut im Jahr 2015 in das Ranking der 100 einflussreichsten Menschen der Welt aufgenommen.

Warhol wollte selbst unbedingt berühmt werden, und das Thema »Ruhm und Prominenz« beschäftigte ihn wie kein anderes. Er wurde »zum Inbegriff eines Kults der Prominenz um ihrer selbst willen«, wie einer seiner Biografen schreibt.[79] Schon als Kind war er von berühmten Menschen fasziniert, hatte ein unersättliches Interesse an Filmzeitschriften und sammelte Autogrammkarten seiner Lieblingsfilmstars.[80] Es entwickelte sich eine sich selbst verstärkende Spirale: Er suchte systematisch die Umgebung berühmter Leute und sein aufkommender Ruhm machte ihm dies zunehmend leichter, was wiederum seinen eigenen Ruhm verstärkte.[81] Auch die Arbeit für berühmte Menschen mehrte seinen Bekanntheitsgrad. Beispielsweise entwarf er für die Plattenfirma seines Freundes Mick Jagger von den Rolling Stones das berühmte Logo, den roten Mund mit der herausgestreckten Zunge. Und er konzipierte für das Album *Sticky Fingers* die ungewöhnliche Hülle mit der Abbildung einer Jeans auf Vorder- und Rückseite, deren Reißverschluss sich öffnen ließ, sodass eine weiße Unterhose sichtbar wurde.»Virtuos machte sich Warhol den Prominentenstatus seiner Freunde und Auftraggeber für die eigene Publicity zunutze und bewies erneut sein beeindruckendes Talent zur Selbstvermarktung.«[82] Er bewegte sich immer mehr unter Prominenten – Filmschauspielern, Politikern, Modezaren, berühmten Musikern und anderen Stars. Zu Warhols Bekannten zählten Liz Taylor, Jackie Onassis, Shirley MacLaine, Paloma Picasso, Henry Kissinger, Jimmy Carter, Yves Saint Laurent, Diana Ross, Pierre Cardin und John Lennon.[83]

Sämtliche Meister der Selbstvermarktung verdienten eine Menge Geld. Auch wenn nicht jeder auch nur annähernd so reich wurde wie Oprah Winfrey, die die erste schwarze Selfmade-Milliardärin der Welt war, so verdienten sie doch alle weitaus mehr als ihre jeweilige Peergroup. Das trifft selbst für Personen wie Einstein oder Hawking zu, die natürlich bei Weitem nicht so vermögend wurden wie etwa Steve Jobs, Madonna oder Karl Lagerfeld.

Aber obwohl sie so reich und berühmt wurden, bemühten sie sich stets darum, volksnah zu erscheinen – und waren dies auch in vieler Hinsicht. Der Lektor, der Trumps Buch lektorierte, meinte: »Trump wollte unbedingt in aller Munde sein, also kultivierte er seinen Prominentenstatus. Aber sein Lebensstil war erstaunlich unglamourös ... Er war kein New Yorker Salonlöwe, ist es auch nie gewesen. Er genoss es einfach, nur nach oben zu gehen und fernzusehen. Er war an Starrummel und seinem Unternehmen interessiert – Bau, Immobilien, Wetten,

Wrestling, Boxen.«[84] Auch in seinen Vorlieben ist Trump in mancher Hinsicht näher beim einfachen Amerikaner als beim Bildungsbürger: Boxen und Wrestling statt Hochkultur, Reality-TV statt Bücher oder Theater. Viele Amerikaner aus der Unterschicht wollen im Grunde so bleiben wie sie sind, nur eben mit sehr viel mehr Geld. Genau dies verkörpert Trump, der ihre Sprache spricht und ihren Geschmack teilt – ganz anders als die Intellektuellen, die sich für etwas Besseres halten, weil sie anspruchsvolle Literatur lesen oder sich für Kunst und Kultur interessieren. Er interessiert sich nicht für Dinge, über die Intellektuelle sprechen, und weiß umgekehrt viel über Popkultur.

So wie Trump gelang es auch Winfrey, trotz ihres großen Vermögens und ihrer Berühmtheit immer den Anschein zu erwecken, als sei sie ganz nahe bei den Problemen der kleinen Leute, ja, als sei sie nach wie vor eine von ihnen.[85] Und bis zu einem gewissen Grad stimmte das auch, denn die Probleme, die Winfrey in ihrem Privatleben zu schaffen machten – vor allem mit ihrem Gewicht und Diäten, aber auch Beziehungsstress – waren auch die Probleme ihrer Zuschauerinnen.

Und sogar Lagerfeld, der oft unnahbar und arrogant wie ein Adliger aus einem vergangenen Jahrhundert wirkte, gelang der Spagat, exklusive Mode zu kreieren, aber zugleich für den schwedischen Modefilialisten H&M eine Modekollektion sowie ein Parfüm zu entwerfen. Er verband einen elitären Auftritt mit egalitären Werten: »Die oberen Zehntausend sind immer schon die Opfer ihres eigenen Snobismus gewesen. Nur das Teuerste ist für sie auch das Beste. Man darf aber die ›Masse‹ nicht verachten, man muss nur Vorschläge für Erschwingliches machen. Es besteht kein Grund, teuer das zu bekommen, was es auch preiswert geben kann.«[86] Auch Stephen Hawking hatte keine Probleme damit, in populären TV-Shows aufzutreten, und zur Verwunderung seiner Kollegen gab er gerne Boulevardzeitungen Interviews. Als er einen Verlag für sein Buch suchte, machte er zur Bedingung, der Verlag müsse ihm garantieren, dass man es an jeder Flughafenbuchhandlung kaufen könne.

Vielleicht lag ein Geheimnis, warum die Selbstvermarktungsgenies trotz ihres ausgeprägten Narzissmus und ihrer extremen Selbstbezogenheit nicht unsympathisch wirkten, darin, dass sie eine gewisse Selbstironie bewahrten und über sich lachen konnten – oder zumindest so taten. Über sich selbst könne er am besten lachen, behauptete etwa Lagerfeld. Das sei eine gute Therapie, wenn man wisse, wie sie funktioniert. »Man ist ja in gewissen Situationen grotesk. Wenn man darauf achtet, fällt es einem auch auf. Unter der Bedingung, man ist zu sich selbst ehrlich.«[87]

Viele der Porträtierten, so sagten zumindest die Menschen, die sie näher kennenlernten, blieben ihr Leben lang in gewisser Hinsicht wie Kinder und wurden nie richtig erwachsen. Das wurde über Albert Einstein ebenso gesagt wie über Steve Jobs, Madonna, Andy Warhol oder Muhammad Ali. Alle hatten einen ungeheuren Freiheitsdrang.

Sie wollten sich hemmungslos entfalten und waren nicht bereit, sich an gesellschaftliche Regeln anzupassen. Der »Spiegel« nannte Lagerfeld einen »Vorreiter eines Zeitalters, in dem Inszenierung und Optik alles sind. Radikal, frei und einzigartig.«[88] Aber das trifft nicht nur auf einen Karl Lagerfeld zu, sondern auch auf Steve Jobs, Andy Warhol oder Arnold Schwarzenegger.

Ich will Ihnen hier nicht noch mehr über die Geheimnisse der Selbstvermarktung dieser Menschen verraten: Lesen Sie selbst und entdecken Sie, was diese Menschen berühmt gemacht hat. Ich habe einige wichtige Geheimnisse in dieser Einleitung absichtlich aufgespart – wenn Sie sie in den nächsten zwölf Kapiteln entdecken, dann schreiben Sie sie auf. Denn wenn auch Sie berühmt werden wollen, dürfen Sie keine dieser Ausnahmepersönlichkeiten kopieren. Aber Sie können von allen eine Menge lernen.

Die Reihenfolge der Porträts habe ich nach dem Geburtsdatum geordnet – von dem 1879 geborenen Albert Einstein bis zu der 101 Jahre später geborenen Kim Kardashian. Vielleicht ist es ein Zufall, aber wahrscheinlich nicht: Die Porträts beginnen mit einem Menschen, dessen Leistungen auf seinem Gebiet (der Physik) größer waren als von allen anderen in diesem Buch dargestellten Menschen. Und sie enden mit Kim Kardashian, die die Kunst der Selbstvermarktung so weit perfektionierte, dass sie weitgehend von einer Leistung im herkömmlichen Sinne entkoppelt wurde.

Das Foto entstand bei Albert Einsteins 72. Geburtstag. Der Physiker schickte den Ausschnitt mit seinem Konterfei an Kollegen, Freunde und Bekannte. Angeblich wühlte er, sobald sich Fotografen näherten, sein Haar mit beiden Händen auf, um so den typischen Einstein-Look herzustellen. Quelle: Getty

1. Albert Einstein
Der Mann, der der Welt die Zunge rausstreckte

Einsteins Biograf Jürgen Neffe bezeichnet den Physiker als den »ersten globalen Popstar der Wissenschaft«.[1] Albert Einsteins Konterfei sei »bekannter als das irgendeiner anderen Person«.[2] Sein Name steht heute für »Genialität« – wenn wir jemanden als »Einstein« bezeichnen, meinen wir, er sei unübertrefflich intelligent. Doch die Genialität dieses Physikers bestand nicht nur darin, dass er die Relativitätstheorie formulierte, sondern auch darin, dass er die Kunst der Selbstvermarktung so beherrschte wie kein anderer Wissenschaftler seiner Zeit.

Die meisten Wissenschaftler sehen ihren Wirkungskreis nur oder ganz überwiegend im Kreise anderer Wissenschaftler. Sie sprechen auf Fachkongressen und publizieren in Fachzeitschriften. Wer darüber hinaus öffentlich wirksam wird, muss als Wissenschaftler mit dem Neid seiner Kollegen rechnen, und falls er auch noch versucht, verständlich zu schreiben, dann wird das abfällig als »Populärwissenschaft« bezeichnet. So ging es auch Einstein, der den Neid seiner Fachkollegen auf sich zog, denn »so ist von ihnen noch keiner gefeiert worden«.[3]

Oft sind die Dinge, mit denen sich ein Wissenschaftler beschäftigt, so kompliziert, dass die meisten Laien nicht einmal ansatzweise verstehen können, worum es geht. Letzteres war bei Einstein nicht anders. Obwohl er die Massen begeisterte, die Zeitungen auf der ersten Seite über ihn berichteten und ihn jeder kannte, verstand kaum einer seine Theorie. Charlie Chaplin, mit dem Einstein gemeinsam auftrat (auch eines der Mittel der Selbstvermarktung), brachte es so auf den Punkt: »Mir applaudieren die Leute, weil alle mich verstehen, und Ihnen, weil Sie niemand versteht.«[4]

In einem Interview mit der »New York Times« stellte Einstein sich selbst die Frage: »Woher kommt es, dass mich niemand versteht und jeder mag?«[5] In einem Gespräch mit einem anderen Journalisten gab er die Antwort: »Ob es einen lächerlichen Eindruck auf mich macht, die Aufgeregtheit der Menge für meine Lehre und meine Theorie, von der sie doch nichts versteht, zu beobachten? Ich finde es komisch und zugleich interessant, dieses Spiel zu beobachten. Ich glaube bestimmt, dass es das Geheimnisvolle des Nichtbegriffenen ist, das sie bezaubert.«[6] »Die Theorie bestach durch die wundersame Kombination aus ›*Huh?*‹ und ›*Wow!*‹, die die Fantasie der Öffentlichkeit beflügeln kann«, schreibt Einsteins Biograf Walter Isaacson.[7] Einstein machte sich darüber lustig und meinte, dass nun jeder Kutscher und jeder Kellner darüber diskutiere, ob die Relativitätstheorie richtig sei.[8]

An Einsteins 50. Geburtstag im Jahre 1929 kabelte der Berliner Korrespondent der »New York Herald Tribune«

das gesamte Manuskript seiner neuesten wissenschaftlichen Arbeit an die Redaktion, die es in voller Länge veröffentlichte.[9] Mit Sicherheit erschloss sich der Inhalt auch nur eines Absatzes kaum einem Leser, doch genau dies machte die Faszination der Sache aus. Für die meisten Menschen war die Tatsache, dass sie nicht verstanden, was Einstein sagte und schrieb, erst recht ein Beweis dafür, dass es sich bei ihm um ein Jahrtausendgenie handeln müsse.

Der Physiker gab sich amüsiert über seine Popularität und fragte sich in einem seiner Verse schon einmal, ob seine Bewunderer »Kälber« seien:[10]

»Wo ich geh und wo ich steh
Stets ein Bild von mir ich seh,
Auf dem Schreibtisch, an der Wand
Um den Hals am schwarzen Band.
Männlein, Weiblein wundersam
Holen sich ein Autogramm,
Jeder muss ein Kritzel haben
von dem hochgelehrten Knaben.
Manchmal frag in all dem Glück
Ich im lichten Augenblick:
Bist verrückt du etwa selber
Oder sind die anderen Kälber?«

Der Kult um Einstein begann im November 1919. Das war genau 14 Jahre, nachdem er seine Arbeit zur »Speziellen Relativitätstheorie« veröffentlicht hatte, und vier Jahre nach der Vollendung seiner Arbeit zur »Allgemeinen Relativitätstheorie«. Was bislang nur eine Theorie war, wurde erstmals am 29. Mai 1919 durch wissenschaftliche Messungen bestätigt: Sir Arthur Eddington maß während einer Sonnenfinsternis die Lichtablenkung und bestätigte damit empirisch Einsteins Theorie. Am 6. November wurden die Ergebnisse auf einer gemeinsamen Sitzung der Royal Society und der Royal Astronomical Society in London verkündet. »In dieser Stunde«, so der Biograf Jürgen Neffe, »wird Albert Einstein ein zweites Mal geboren: als Legende und Mythos, als Idol und Ikone eines ganzen Zeitalters.«[11]

Doch die wissenschaftliche Entdeckung allein, über die zuerst die Londoner »Times« am 7. November 1919 einer breiteren Öffentlichkeit berichtete, kann den Einstein-Kult, der sich in den folgenden Jahren entwickelte, nicht erklären. Einstein wurde nicht nur von den Medien bekannt gemacht, er selbst betrieb so aktiv Public Relations wie wohl nie ein Wissenschaftler zuvor. Und er erwies sich darin als Meister. »So wie ihn die Medien benutzen, so lernt er allmählich, sich deren Einfluss dienstbar zu machen – anfangs noch ziemlich ungeschickt, schließlich immer ausgefuchster ... Durch seinen souveränen Umgang mit Presse, Funk und Film schafft er etwas, das Werbestrategen heute wohl ›Markenzeichen‹ nennen würden.«[12]

Bezeichnend ist die Geschichte, wie das wohl bekannteste Einstein-Foto – das Bild mit der herausgestreckten

Zunge – entstand. Es wurde sein Markenzeichen und ein Pop-Motiv für Poster, Buttons und T-Shirts. Das Foto entstand an Einsteins 72. Geburtstag. Die ursprüngliche Aufnahme zeigt ihn zusammen mit zwei anderen Personen. Wie bewusst Einstein sich selbst vermarktete, sieht man daran, dass er einen Ausschnitt des Fotos mit seinem Kopf herstellen ließ und zahlreiche Abzüge an Freunde, Bekannte und Kollegen verschickte.[13]

Isaacson fragt: »Hätte er es auch dann zur prominentesten Vorzeigefigur der Wissenschaft gebracht, wenn da nicht dieser elektrisierende Heiligenschein aus Mähne und diesen stechenden Augen gewesen wären?«[14] Wäre er zur Kultfigur geworden, hätte er ausgesehen wie seine Physiker-Kollegen Max Planck oder Niels Bohr? Aber Einsteins Aussehen war eben kein Zufall, sondern Ergebnis einer genialen Selbstvermarktungsstrategie.

Er kultivierte bewusst das Image des Wissenschaftlers, der wenig Wert auf Kleidung legte, Kragen und Krawatte hasste, sich die langen Haare nicht kämmte, keine Socken trug und das Hemd offen ließ. Er passte, wie Neffe schreibt, »perfekt ins Klischee des avantgardistischen Künstlers der Wissenschaft«[15] und war »das ideale Objekt für Fotografen und Reporter und alle anderen Priester der Popularität, mit denen er in einer seltsamen Symbiose lebte«.[16] Nach seinem Beruf gefragt, antwortete er einmal: »Fotomodell«.[17] Gerüchten zufolge soll er, sobald sich Fotografen näherten, sein Haar mit beiden Händen aufgewühlt und so den typischen Einstein-Look aufgefrischt haben.[18]

Einmal besuchte Einstein den Häuptling eines Hopi-Stammes am Grand Canyon, der sich »The Great Relative« nennt, ein Wortspiel, das den Verwandten (»the relative«) und den Erfinder der Relativitätstheorie in einem Wort zusammenbringt. »Einstein posiert zum Dank im vollen Federschmuck. Futter für die Kameras der Fotografen.«[19] Einstein tat alles, um seine Bekanntheit zu fördern. Während andere Wissenschaftler vor allem auf Fachkongressen sprechen, hielt er weltweit Vorträge vor einem Massenpublikum. »In der Manier eines Religionsstifters«, so Neffe, »der auszieht, seine Lehre zu predigen und Anhänger zu sammeln, hält Einstein weltweit Vorlesungen in überfüllten Sälen und ausverkauften Häusern.«[20] Er war damit so erfolgreich, dass das Auswärtige Amt in Berlin sogar eine eigene Akte zum Thema »Vorträge des Professors Einstein im Auslande« anlegte.[21]

Über eine Japan-Reise Einsteins Ende 1922 berichtete der Botschafter beispielsweise: »Seine Reise durch Japan glich einem Triumphzug.« Nach dem Bericht »beteiligte sich das gesamte japanische Volk, vom höchsten Würdenträger bis zum Riksha-Kuli, spontan, ohne Vorbereitung und ohne Mache!«[22] Einsteins Vorträge dauerten bis zu fünf Stunden. »Jeder wollte dem berühmtesten Mann der Gegenwart wenigstens die Hand gedrückt haben«, so der Botschafter. »Die Presse war voll Einstein-Geschichten, von wahren und falschen ... Auch Karikaturen von Einstein gab es, bei denen seine kurze Pfeife und sein üppiges, kammtrotziges Haar eine Hauptrolle spielten und seine nicht immer mit Treffsicherheit der Gelegenheit angepasste Kleidung leicht angedeutet wurde.«[23]

Das »Berliner Tageblatt« berichtete über einen Besuch Einsteins in der französischen Hauptstadt: »Dieser Deutsche hat Paris erobert. Alle Zeitungen haben sein Bild gebracht, eine ganze Einstein-Literatur ist entstanden ... Einstein ist die große Mode geworden. Akademiker, Politiker, Künstler, Spießer, Schutzleute, Droschkenkutscher, Kellner und Taschendiebe wissen, wenn Einstein seine Vorlesungen hält ... Die Kokotten im Café des Paris erkundigen sich bei ihren Kavalieren, ob Einstein eine Brille trägt oder ein schicker Typ ist. Ganz Paris weiß alles und erzählt noch mehr, als es weiß, von Albert Einstein.«[24]

Besonders die Amerikaner feierten ihn mit grenzenloser Begeisterung. In New York City spielten sich erneut Szenen eines Starkults ab, Menschen streckten ihm die Hände zu, um ihn nur zu berühren. Er wurde gefeiert wie Sportidole und Filmstars.[25] Bei seinen Besuchen in Amerika gab es immer wieder Szenen wie später in den 60er-Jahren bei Konzerten der Beatles. Mädchen kreischten, als wollten sie dem Professor die Kleider vom Leib reißen »Einstein ... Einstein!« Hunderte aufgeregte junge Frauen bereiteten ihm bei der Einreise einen Empfang mit Trompeten, Rasseln, Gesängen, Cheerleadern und allem, was dazugehört. Reporter jagten ihn durch die Stadt. »Einer legt ihm ein Blatt mit Formeln vor, beobachtet ihn wie ein fremdartiges Tier, ob es den Happen frisst, oder wie einen Außerirdischen, der ganz anders reagiert.«[26]

Einstein selbst erklärte gegenüber Adolph Ochs, dem Besitzer der »New York Times«, das Interesse an seiner Person für »psycho-pathologisch«.[27] Aber er genoss den Rummel um seine Person und freute sich nach dem Besuch in einem Supermarkt, wo ihm seine Bewunderer offenkundig nicht ganz so direkt auf den Leib rückten: »Alle kennen mich auf den Straßen und schmunzeln mich an.«[28] Manchmal tat er allerdings so, als sei ihm der gesamte Rummel zu viel – und vermutlich war das auch so. In einem seiner Verse formulierte er dies so:

»Die Post bringt täglich hundert Sachen
Und jede Zeitschrift sperrt den Rachen –
Was tut der Mensch in solcher Pein?
Er schweigt und denkt: lasst mich allein.«[29]

Einstein wird mit Fanpost und mit Briefen von Spinnern, Weltverbesserern und Verschwörungstheoretikern überhäuft. Einer schreibt: »Mein Bruder, 16 Jahre alt, will sich nicht die Haare schneiden lassen. Er bewundert Sie und wehrt sich, indem er sagt, er werde vielleicht ein neuer Einstein.« Ein anderer schreibt: »Ich muss mit Ihnen unter vier Augen sprechen. Ich bin der Nachfolger Jesu Christi. Bitte beeilen Sie sich.« Oder: »Teilen Sie mir mit, ob man Physik studieren muss, um das Leben zu verlängern.«[30]

In der Presse fanden sich Geschichten, die ihn noch interessanter machen sollten. In der »New York Times« wurde behauptet, Einstein sei auf seine Relativitätstheorie gekommen, als er einen Mann vom Dach des Nachbarhauses herunterfallen sah. So sollte eine Analogie zu Newton gezogen werden: »Inspiriert wie Newton, aber nicht durch den Fall eines Apfels, sondern durch den Fall eines Mannes vom Dach.«[31] Einstein störte das nicht. Einem Freund schrieb er, dass Journalisten so arbeiten müssten – sie erfüllten mit dieser Art von Übertreibungen bestimmte Bedürfnisse ihrer Leserschaft.[32]

Die Publicity überkam Einstein nicht einfach, sondern er suchte sie bewusst. Sein Biograf Walter Isaacson analysierte: »Einsteins Aversion gegen Publicity existierte allerdings eher in der Theorie als in der Praxis. Es wäre ihm durchaus möglich, ja sogar einfach gewesen, alle Interviews, Erklärungen, Bilder und öffentlichen Auftritte zu vermeiden. Wer es wirklich scheut, im Licht der Öffentlichkeit zu stehen, erscheint nicht, wie die Einsteins, zusammen mit Charlie Chaplin bei einer von dessen Filmpremieren auf dem roten Teppich.«[33] Der Essayist C.P. Snow meinte, nachdem er Einstein kennengelernt hatte, dass dieser die Fotografen und die Massenempfänge genoss. »Er hatte etwas Exhibitionistisches und Schmierenkomödiantisches an sich. Ohne diesen Zug wären die Fotografen und die Menschenmengen nicht gekommen. Nichts ist leichter, als Publicity zu vermeiden. Wer sie wirklich nicht will, bekommt sie auch nicht.«[34]

Einstein verfügte als Genie der Selbstvermarktung über ungewöhnliche Fähigkeiten. Der Physiker Freeman Dyson konstatierte: »Um Kultstatus zu erlangen, müssen

Wissenschaftler nicht nur Genies, sondern auch Selbstdarsteller sein, sich in Szene setzen können und den öffentlichen Beifall genießen.«[35] Man muss wissen, dass es damals noch ungewöhnlicher und befremdlicher für seriöse Menschen – wie etwa für Wissenschaftler – schien, sich öffentlich feiern zu lassen und sich selbst zu vermarkten.

Einstein wurde immer wieder eindringlich von Freunden und Kollegen gewarnt und zu mehr Zurückhaltung aufgefordert – doch meist ignorierte er derartige Hinweise. Als ein Bekannter von Einstein, der sonst satirische Geschichten veröffentlichte, ein Buch herausbringen wollte, das auf Unterhaltungen mit Einstein basierte, warnte ein guter Freund den Physiker, er solle das unbedingt mit allen Mitteln unterbinden, das Buch könne als Bestätigung für den Vorwurf der Eigenwerbung ausgelegt werden.[36] Der Freund warf Einstein vor, er sei in solchen Angelegenheiten wie ein Kind und höre leider auf die falschen Berater (etwa auf seine Frau).[37]

Einstein rechtfertigte seinen Hang zur Selbstvermarktung damit, zwar sei Personenkult grundsätzlich immer schlecht, aber im Fall seiner Person habe er etwas Positives, denn in einer materialistischen Zeit sei es doch gut, wenn Menschen zu Helden würden, deren Ambitionen im intellektuellen und moralischen Bereich lägen.[38]

Seine Besessenheit mit der Selbstvermarktung führte zu einem ernsthaften Konflikt mit Abraham Flexner, der das Institute for Advanced Study an der amerikanischen Princeton University gegründet und Einstein, der nach Hitlers Machtergreifung nach Amerika emigriert war, dorthin eingeladen hatte. Einmal schrieb Flexner in einem scharfen Brief an Einsteins Frau: »Das ist genau das, war mir für Professor Einstein vollkommen unwürdig erscheint. Es wird seinem Ansehen bei den Kollegen schaden, denn sie werden glauben, dass er eine solche Publicity sucht. Und ich wüsste nicht, wie sie davon zu überzeugen wären, dass das nicht der Fall ist.«[39]

Flexner befürchtete auch, dass Einstein mit seinem Verhalten antisemitische Ressentiments befördern könne, denn im antisemitischen Stereotyp galten Selbstvermarktung und Eigenwerbung als angeblich typisch jüdische Eigenschaften. Flexner hatte Einstein nach Princeton eingeladen, damit er dort in Ruhe seine Forschungen betreiben konnte, und es irritierte ihn, dass der gelehrte Gast von dort weiter seine Selbstvermarktung sowie gesellschaftliche und politische Aktivitäten betrieb. Flexner schrieb sogar einen offiziellen Brief an den amerikanischen Präsidenten, in dem er betonte: »Ich sah mich heute Nachmittag dazu veranlasst, Ihrem Minister zu erklären, dass Professor Einstein nach Princeton gekommen ist, um dort ungestört seiner wissenschaftlichen Arbeit nachgehen zu können, und dass es völlig unmöglich ist, eine Ausnahme zu machen, die ihn unweigerlich ins Licht der Öffentlichkeit rücken würde.«[40]

Flexner ordnete schließlich sogar – ohne Einsteins Wissen – an, dass Einladungen nur noch über ihn erfolgen dürften. Als Einstein davon erfuhr, war er außer sich und schrieb einen fünf Seiten langen Beschwerdebrief dem ihm nahestehenden Rabbi Stephen Wise – als Absender vermerkte er darauf »Concentration Camp, Princeton«.[41]

Einstein positionierte sich selbst, so wie viele erfolgreiche Selbstvermarkter, als Rebell. Er provozierte und war nicht bereit, sich herrschenden Normen zu unterwerfen, wenn er sie als unsinnig betrachtete: »Er lehnt sich gegen jede Art von autoritärer Struktur auf, gegen die starren Gesetze in Schule und Universität, gegen das Regelwerk bürgerlicher Existenz, gegen Konventionen wie Kleiderordnungen, gegen Dogmatismus in Religion und Physik, gegen Militarismus, Nationalismus und Staatsideologie, gegen Chefs und Arbeitgeber.«[42]

Ein wichtiges Instrument in der Selbstvermarktung waren Hunderte Aphorismen und Verse Einsteins, die bis heute häufig zitiert werden. »Ein guter Aphorismus ist die Weisheit eines ganzen Buches in einem Satz«, sagte der deutsche Dichter Theodor Fontane. Einstein formulierte solche Sätze mit treffenden, überraschenden oder witzigen Formulierungen, in denen er seine Weltsicht zum Ausdruck brachte.

Einige Beispiele aus ganz unterschiedlichen Bereichen:

»Wer es in kleinen Dingen mit der Wahrheit nicht ernst nimmt, dem kann man auch in großen Dingen nicht vertrauen.«[43]

»Alle Wissenschaft ist nur eine Verfeinerung des Denkens des Alltags.«[44]

»Die Kinder benutzen nicht die Lebenserfahrungen der Eltern, die Nationen kehren sich nicht um die Geschichte. Die schlechten Erfahrungen müssen immer wieder aufs Neue gemacht werden.«[45]

»Die Ehe ist der erfolglose Versuch, einen Zufall zu etwas Dauerhaftem zu machen.«[46]

Zur Psychoanalyse: »Ich möchte gern im Dunkel des Nicht-Analysiertseins verbleiben.«[47]

Auf die Frage eines Reporters der »New York Times« zu einem Buch, dessen Co-Autor er war: »Was ich über das Buch zu sagen habe, steht in dem Buch.«[48]

Einstein war äußerst selbstbewusst. »Er war ein Gott, und er wusste es«, sagte sein Freund und Arzt Gustav Bucky.[49] Dieses Selbstbewusstsein hatte er schon, bevor er seine großen wissenschaftlichen Leistungen vollbrachte. Seine ersten wissenschaftlichen Gehversuche schickte er einem der bedeutendsten Physiker mit der Post zu, und einen anderen bekannten Physiker machte er »auf seine Irrtümer aufmerksam«[50] – Dinge, die sich für einen jungen Mann, der noch nicht einmal promoviert war, einfach nicht gehörten. Gleich beim ersten Versuch einer Doktorarbeit überwarf er sich mit dem Professor.[51] Seine »Spezielle Relativitätstheorie« erarbeitete er sozusagen nebenberuflich: Da er es schwer hatte, in der Wissenschaft Fuß zu fassen, verdiente er sein Geld beim Patentamt, wo er 48 Stunden in der Woche arbeitete.[52]

Viele Einstein-Kenner betonten, dass er – emotional gesehen – eigentlich nie richtig erwachsen geworden sei. Der Harvard-Psychologie-Professor Howard Gardner bezeichnete Einstein als »das ewige Kind« und der deutsch-amerikanische Psychoanalytiker Erik Erikson nannte ihn »das siegreiche Kind«.[53] Sein Biograf Neffe meint, Einstein habe sich zeitlebens ein Stück seiner Kindheit bewahrt – ein Wesenszug, den er mit anderen in diesem Buch porträtierten Meistern der Selbstvermarktung wie etwa Steve Jobs, Muhammad Ali oder Donald Trump teilt.

Im Verlauf seines Lebens betätigte Einstein sich zunehmend politisch. Er setzte sich insbesondere für den Pazifismus und den Zionismus ein. Auch als politischer Aktivist liebte er es, gegen den Strom zu schwimmen und mit kontroversen Ansichten zu provozieren. War der politische Aktivismus Teil seiner Selbstvermarktungsstrategie oder war die Selbstvermarktung nur Mittel zum Zweck, um Aufmerksamkeit für seine inhaltlichen Anliegen zu gewinnen?

Was seine wissenschaftlichen Erkenntnisse anlangt, so musste es Einstein klar sein – und es war ihm klar –, dass es ihm trotz aller Vorträge und Interviews nicht gelingen konnte, diese den Laien zu erklären. Die Menschen hatten zum Teil völlig absurde Vorstellungen von der »Relativitätstheorie« und verbanden mit diesem Begriff meist Dinge, die in Wahrheit nicht das Geringste damit zu tun hatten. Oftmals kannten sie nicht mehr als den Begriff »Relativitätstheorie«. Die Theorie, die kaum jemand verstand, wurde von manchen bekämpft, von anderen als neue Heilslehre gefeiert und als vermeintliche Bestätigung ihrer eigenen politischen und philosophischen Bekenntnisse und Theorien herangezogen. Einstein war zu klug, um nicht zu erkennen, dass es aussichtslos gewesen wäre, breiten Bevölkerungsschichten den Inhalt seiner Theorie zu vermitteln. Daher kann man ausschließen, dass die Selbstvermarktungsstrategie primär dazu diente, seine wissenschaftlichen Erkenntnisse zu erklären.

Aber wie steht es mit seinen kontroversen politischen Botschaften? Es würde Einstein nicht gerecht, wenn man diese primär als Instrumente deuten würde, um noch mehr Aufmerksamkeit für seine Person zu gewinnen. Insbesondere der Einsatz für Frieden, für »soziale Gerechtigkeit« und für die zionistische Sache waren Einstein wirkliche Herzensanliegen. Dennoch hatten seine Aktivitäten in diesem Bereich zugleich auch zum Ergebnis, sein Markenimage weiter zu schärfen und seine Bekanntheit zu erhöhen. Umgekehrt half seine Bekanntheit dabei, die politischen Botschaften zu verbreiten. Beides befruchtete sich also gegenseitig: die Selbstvermarktung und die politische Mission Einsteins.

Instrumente der Selbstvermarktung, die Einstein nutzte:

1. Weltweite Vorträge. Einstein reiste in zahlreiche Länder und hielt dort Vorträge zu seinen wissenschaftlichen Theorien und zu politischen Themen.

2. Aktive Pressearbeit: Einstein pflegte einen sehr engen Kontakt zu den Medien und nutzte sie für die Öffentlichkeitsarbeit und seine Selbstvermarktung. »Wie bei dem Mann im Märchen alles zu Gold wurde, was er berührte, so wird bei mir alles zum Zeitungsgeschrei«, schrieb er in einem Brief an seinen Freund Max Born.[54]

3. Gezielte Provokation und Normenverletzung: Einstein provozierte gern mit ungewöhnlichen Ansichten und schwamm gegen den Strom. Dadurch bekam er hohe Aufmerksamkeit.

4. Markenimage der äußeren Erscheinung: Einstein pflegte ein bestimmtes Image in seinem äußeren Erscheinungsbild, das zum Klischee vom genialen Professor zu passen schien. Dazu gehörten beispielsweise das nicht ordentlich gekämmte lange Haar und die bewusst nachlässige Kleidung (meist trug er zum Beispiel keine Socken).

5. Fotos: Einstein bezeichnete sich selbst scherzhaft als Fotomodell. Er setzte Fotos bewusst zur Markenbildung ein. Ein Beispiel ist das Bild mit der herausgestreckten Zunge, das er überall verteilte, weil darin seine Positionierung als Provokateur zum Ausdruck kam.

6. Aphorismen: Ein wichtiger Teil der Kommunikation waren für ihn Aphorismen und Verse, die er dichtete. Diese wurden in den Medien aufgegriffen und waren ein Teil seiner Selbstvermarktung.

Selbstporträt von Andy Warhol, 1986. Der Pop-Art-Künstler wurde »zum Inbegriff eines Kults der Prominenz um ihrer selbst willen«, wie einer seiner Biografen schreibt. Quelle: Alamy

2. Andy Warhol
Eine Suppendose begründete seinen Weltruhm

Andy Warhol gehört laut der Analyse des »Ranking-Teams« von Google zu den 500 berühmtesten Personen aller Zeiten und ist der einzige wirklich berühmte Maler aus den vergangenen 60 Jahren.[1] Bereits zu seinen Lebzeiten waren seine Werke Spitzenreiter, was die Ergebnisse bei Auktionen anging.

Der Durchbruch für Warhol als Künstler, der ursprünglich als Werbegrafiker gearbeitet hatte, kam mit der Ausstellung der »32 Campbell's Soup Cans« im Sommer 1962 in der Ferus Gallery in Los Angeles. Seine Kunst war von Anfang an verbunden mit einem untrüglichen Sinn für kreative PR: Als die Bilder mit den überdimensionalen Suppendosen erstmals gezeigt wurden, an den Wänden aufgereiht wie Auslagen im Supermarkt, wurde Warhol zunächst dafür verspottet. Seine Bilder sahen nicht nach Kunst aus – und doch behauptete Warhol, sie seien Kunst. Eine konkurrierende Galerie stellte ihre Schaufenster voller Campbell-Suppendosen, versehen mit dem Spruch: »Das Original – für nur 33 Cent pro Dose!« Warhol nahm daraufhin einen Fotografen mit in den nächsten Supermarkt und ließ sich dabei fotografieren, wie er »das Original«, also echte Suppendosen, signierte. Eines der Fotos wurde von der führenden Nachrichtenagentur Associated Press übernommen und ging um die halbe Welt.[2]

Warhols PR-Genie zeigt sich auch darin, dass die Suppendosen-Bilder schon Gesprächsstoff waren, bevor sie überhaupt ausgestellt wurden. Im Magazin »Time« wurde am 11. Mai 1962 ein Artikel über die neuen Pop-Art-Maler (Roy Lichtenstein, James Rosenquist und Warhol) veröffentlicht. Bebildert war der Artikel mit einem Foto von Warhol, der, vor dem riesigen Bild einer Suppendose stehend, aus einer Original-Campbell's-Suppendose löffelt. Seine Biografin Annette Spohn bemerkt dazu: »Ein Marketing-Gag erster Güte, der einmal mehr erkennen lässt, dass Warhol die Gesetze der Werbung bestens kannte und für seine eigenen Zwecke zu nutzen wusste.«[3] Acht Jahre später, 1970, erzielte eines seiner Bilder, die Campbell's Suppendosen zeigten, den höchsten bis dahin jemals gezahlten Preis für das Werk eines lebenden amerikanischen Künstlers.[4]

Der bedeutende Kunstkritiker John Perrault schrieb: »Für Millionen ist Warhol die Personifizierung eines Künstlers. Seine geisterhafte Blässe, das silbrige Haar, die Sonnenbrille und das schwarze Lederjackett tragen zu seinem denkwürdigen Image bei, vor allem in Verbindung mit sensationellen Schlagzeilen … einige behaupten sicher, dass Warhols größtes Kunstwerk ›Andy Warhol‹ ist.«[5] Warhol hat es wie kaum ein anderer Künstler verstanden, aus sich selbst eine Marke zu machen. Das war die Kunst, die er am besten beherrschte.

Er glaubte an die Allmacht der Medien und verstand es meisterhaft, sie zu nutzen. In einem Interview erklärte Warhol: »Niemand entkommt den Medien. Die Medien beeinflussen jeden. Sie sind eine sehr mächtige Waffe. George Orwell prophezeite die Macht der Medien mit dem Satz ›Big Brother is watching you‹ in seinem visionären Roman ›1984‹.«[6]

Warhol konzentrierte sich auf das Wesentliche, und das hieß für ihn: sich selbst zu vermarkten. Seine Kunstwerke ließ er häufig von Assistenten herstellen und setzte dann nur seinen Namen darunter. Seine Biografin Annette Spohn schreibt: » ... im Delegieren von Arbeit war er ein fast ebenso großes Genie wie in der Kunst der Vermarktung.«[7] Oft war es schwer zu sagen, wer überhaupt ein »Warhol«-Kunstwerk gemacht hat – er oder einer seiner zahlreichen Assistenten. Da verfuhr Warhol nicht anders als der deutsche Renaissance-Künstler Lucas Cranach der Ältere oder Leonardo da Vinci. Die »Andy Warhol Foundation for the Visual Art« musste eine eigene Kommission einberufen, um zu klären, wann ein Kunstwerk ein »Warhol« war. Ergebnis: »Wenn Warhol sich etwas ausgedacht hat und dann jemand anderen angewiesen hat, das Sieb herzustellen, wenn er den Produktionsprozess überwacht hat und wenn er gesagt hat: ›Das ist gut, das ist, was ich wollte‹, dann hat Warhol dieses Werk ›geschaffen‹.«[8] Das war jedoch keineswegs immer so, wenn »Warhol« auf einem seiner Kunstwerke stand. In Interviews behauptete er selbst, andere hätten seine Bilder für ihn gemalt.[9]

Ein Kunstwerk, so beteuerte er verschiedentlich, brauche durchaus nicht vom Künstler selbst geschaffen zu sein. Es reiche, wenn er seine Signatur daruntersetze, nachdem man es vom Fließband genommen habe.¹⁰ Er nannte sein Atelier daher »Factory«. Die Ausführung einzelner Produktionsschritte, einzelner Werkteile oder gesamter Werke überließ er regelmäßig Assistenten. »Warhol autorisierte auch Werke, die er lediglich konzipiert und nach Fertigstellung abgenickt hatte, und knüpfte damit an eine Praxis der Kunstproduktion an, die seit der Renaissance ihren guten Ruf weitgehend eingebüßt hatte.«¹¹

Sein Vorbild war jedoch nicht das Ateliersystem der Renaissance, sondern eine moderne Variante, das Studiosystem Hollywoods. Sein Biograf Gary Indiana vergleicht ihn mit dem Filmproduzenten Irving Thalberg, der den Fortschritt der Arbeiten und das Ergebnis kontrollierte, aber sich aus dem eigentlichen Produktionsprozess heraushielt.¹² Warhols Biograf Wayne Koestenbaum bezeichnet ihn denn auch treffend als Mischung von Picasso und Henry Ford: »Warhols Produktivität stieg sprunghaft an, nachdem er entdeckt hatte, dass er noch mehr Geld machen konnte, wenn er seine Arbeit Assistenten überließ, während er neue Aufträge hereinholte. Hinter dieser Bequemlichkeit lag eine Erkenntnis, die ihn zu einer Mischung aus Picasso und Henry Ford werden ließ – dass man das Atelier des Künstlers in eine Fabrik umwandeln kann, indem man die Kunstdrucke mechanisiert und die

Handarbeit minimiert.«[13] Selbst die Ideenfindung, also was er beispielsweise malen solle, überließ er häufig anderen Menschen. »Ich war nie verlegen, jemanden zu fragen: Was soll ich malen?«, so Warhol.[14]

Was für seine Gemälde galt, galt auch für seine Filme. Einer seiner »Superstars« schilderte die Stimmung am Set so: »Es spielte wirklich keine Rolle, wer die Kamera gehalten oder ›Regie‹ geführt hat, sobald Andy im Raum war, war das Andys Film.« Nur ein einziges Mal habe ihm Andy eine Regieanweisung ins Ohr geflüstert: »Nicht so viel Handlung!«[15] Mancher Warhol-Film bestand nur daraus, dass bei starrer, unveränderter Kameraeinstellung eine schlafende Person über viele Stunden zu sehen war.

Warhol erweckte immer wieder den Eindruck, er wolle sich selbst überflüssig machen. Nicht selten ließ er sich bei öffentlichen Auftritten von einem Doppelgänger vertreten, dem Schauspieler Allen Midgette. Als er zu einer Reihe von Gastvorträgen eingeladen wurde, kam er nicht selbst, sondern der Schauspieler; bei anderer Gelegenheit ließ er verlauten, er werde sich durch einen Roboter ersetzen lassen. »Die Idee, sich zu klonen oder seine öffentlichen Auftritte einem Double zu überantworten, passte perfekt zu Warhols oft wiederholter Bemerkung, es sei nichts dabei, jeder könne seine Bilder machen, und man könne alles über ihn erfahren, wenn man sich nur an die Oberfläche seiner Arbeiten halte, und dass es dahinter nichts oder niemanden zu entdecken gäbe – sein berühmter Ausspruch, er wolle eine Maschine sein, passte perfekt zu den Techniken der mechanischen Vervielfältigung, mithilfe derer er seine Kunstwerke herstellte.«[16] Natürlich flog die Sache mit dem Doppelgänger auf, und das hatte das PR-Genie Warhol sicherlich auch einkalkuliert, denn so gab es eine neue Story für die Medien.

Warhol verstand es blendend, sich ins Gespräch zu bringen. Eine der Methoden war die gezielte Provokation. Einmal erhielt er den Auftrag, ein Wandbild für den USA-Pavillon auf der Weltausstellung in New York im Jahr 1964 zu machen. Das Bild sollte die USA bei der Ausstellung vertreten, und Warhol zeigte Porträts der 13 meistgesuchten Verbrecher der USA. Doch noch vor Beginn der Ausstellung erklärten Regierungsbehörden, dass man die USA nicht mit diesen Bildern repräsentieren wolle, und zwei Wochen vor der Eröffnung stellte Philip Johnson, der Architekt des Pavillons, Warhol ein Ultimatum, die Bilder binnen 24 Stunden zu entfernen. Ein Grund war angeblich, dass Nelson Rockefeller, der Gouverneur von New York, befürchtete, die Fotos der Verbrecher (die überwiegend italienischer Abstammung waren) würden bei einer für ihn wichtigen Wählergruppe auf Ablehnung stoßen. Warhol machte daraufhin einen Gegenvorschlag – die Porträts der Verbrecher durch 25 Porträts von Robert Moses, dem Präsidenten der World's Fair Corporation, zu ersetzen. Doch auch dieser Vorschlag wurde abgelehnt. Warhol entschloss sich, die Bilder der »13 Most Wanted« mit Aluminiumfarbe zu übersprühen, was natürlich für noch mehr Aufmerksamkeit sorgte.

Schon in den ersten Jahren seiner Karriere als Künstler hatte Warhol entdeckt, dass er mit Provokation Aufmerksamkeit erregen konnte. Für die Ausstellung der Pittsburgh Associated Artists reichte er 1949 ein Bild eines Jungen ein, der in der Nase bohrt. Der Titel des Bildes lautete: »The Broad Gave Me My Face, but I Can Pick My Own Nose« (»Das Gesicht hab ich von dieser Tussi, aber in meiner Nase bohre ich«). Die Jury, die über die Aufnahme zu befinden hatte, konnte sich nicht einigen, ob sie das Werk »bedeutend« oder einfach nur abstoßend finden sollte. Später wurde dieses Ereignis als »Warhols erster Kunstskandal« bezeichnet.[17]

Warhol war ein PR-Genie und bei jedem Ereignis überlegte er, wie er eine Mediengeschichte daraus machen könnte. Am 3. Juni 1968 wurde Warhol Opfer eines Attentates. Eine militante Frauenrechtlerin zog zwei Pistolen und schoss mehrfach auf ihn. Zu Protokoll gab sie, sie habe auf ihn geschossen, »weil er zu viel Macht über mein Leben hatte«.[18] Warhol wurde lebensgefährlich verletzt und war schon für klinisch tot erklärt worden, überlebte aber nach einer mehrstündigen Operation. Doch kaum war er aus dem Krankenhaus entlassen, überlegte er sich, wie er das Attentat und seine Folgen mediengerecht vermarkten könnte. Sein Körper war von zahlreichen Narben gezeichnet und Warhol entschloss sich, ihn von dem berühmten Porträtfotografen Richard Avedon ablichten und von der Porträtistin Alice Neel malen zu lassen. Legendär ist sein Kommentar zu den Verletzungen: »Ich sah aus wie ein Dior-Kleid, nein, wie ein Yves-Saint-Laurent-Kleid, lauter Nähte.«[19]

Warhol war ein Exzentriker und pflegte dieses Image nach besten Kräften. »Wann immer jemand in die Factory kam«, so berichtet er, »ganz egal, wie normal er aussah, bat ich ihn, seine Hosen auszuziehen, damit ich seinen Schwanz und seine Eier fotografieren konnte. Es war schon erstaunlich, wer es mich tun ließ und wer nicht.«[20] Er ließ andere Männer dabei zuschauen und manchmal entwickelte sich daraus ein Dreier.

So wie andere Künstler der Selbstvermarktung achtete er darauf, durch die Kleidung und das Äußere eine wiedererkennbare und von anderen unterscheidbare Marke zu werden. Schon in seiner frühen Karriere begann diese Selbstinszenierung. Er trug stets dunkle Rollkragenpullover, die seine blasse Gesichtshaut und die markante rote Nase sehr betonten.[21] 1957 unterzog er sich einer Schönheitsoperation, was damals noch sehr ungewöhnlich war. Er begann Haartoupets und eine Sonnenbrille zu tragen. Auch als er schon gut verdiente und in der Lage war, sich teure Kleidung und Luxusartikel zu kaufen, bearbeitete er neue Anzüge und Schuhe, bevor er sie anzog, so lange, bis sie abgetragen aussahen und damit ins Bild des exzentrischen Künstlers passten.[22]

Warhol trug ein schwarzes Lederjackett, enge schwarze Jeans (darunter Strumpfhosen), T-Shirts und hochhackige Stiefel. Die silbergraue Perücke passte zu seiner silbrigen »Factory« – Silber war die Farbenmarke, die er für die

Selbstvermarktung gewählt hatte. Manchmal unterstrich er seine slawischen Gesichtszüge und seine Blässe noch durch Make-up.[23] Später wandelte sich sein Outfit. Er trug nun Samtjacketts, schicke Hemden, Krawatten und hochhackige Stiefel. »Alle wollen sich wieder schön anziehen. Mit dem Hippie-Look ist es vorbei«, lautete die neue Devise.[24]

Anders als andere in diesem Buch porträtierten Selbstvermarkter – wie etwa Muhammad Ali oder Arnold Schwarzenegger – war Warhol indes nicht der laute, extrem extravertierte Typus. Oft wird er sogar als besonders schüchtern beschrieben. Mitbewohner und Freunde aus seinen frühen Jahren charakterisierten ihn als »skurril, entrückt, süß und bezaubernd – aber schrecklich schüchtern. Er brachte den Leuten um ihn herum gegenüber kaum mehr als ein geflüstertes ›Hi!‹ über die Lippen, auch wenn er stundenlang in irgendeinem Appartement saß und wie ein Roboter zeichnete, während alle anderen sich unterhielten ... Er war ein schweigsamer, gänzlich nonverbaler junger Mann.«[25] Sein Assistent Vito Giallo berichtet: »Obwohl Andy manchmal scheu und geistesabwesend war, wollten sich alle mit ihm unterhalten. Und er hörte einfach nur zu. So war er immer. Er gab keine Kommentare ab, hatte nicht viel zu bieten, und trotzdem mochten ihn alle.«[26] Doch die Beschreibung als »schüchtern« trifft allein nicht. Koestenbaum brachte es treffender auf den Punkt, wenn er den Kontrast und die Dualität von Schüchternheit und Exhibitionismus als charakteristisch für Warhol beschrieb: »Auf einige Beobachter wirkte Warhol ruhig, passiv, katatonisch – als ob er seine wahre Persönlichkeit zurückhalten würde. Andererseits machte er sich einen Sport aus exzessiven Enthüllungen (durch die Vermittlung von Komplizen). Interviews in Warhols Umgebung vermittelten mir einen ständigen Kontrast zwischen Schüchternheit und Exhibitionismus, und mir wurde zunehmend klar, dass dies die Dualität von Andys eigenem Charakter widerspiegelte.«[27]

Diese Widersprüchlichkeit war charakteristisch für ihn. In der Öffentlichkeit, im Gespräch von Angesicht zu Angesicht, gab der Künstler sich oft maulfaul, »doch das konnte ihn nicht daran hindern, wie ein Besessener all das, was er niemandem ins Gesicht und nicht einmal am Telefon gesagt hätte, aufzuschreiben und umgehend als Buch in Druck zu geben«.[28] Dieses Widersprüchliche, die eigenartige Verbindung von Schüchternheit und Exhibitionismus, trug zu dem Image des Rätselhaften bei, das Warhol bewusst pflegte. Andere Künstler bemühten sich wortreich, ihre Kunstwerke zu erklären und den Menschen mitzuteilen, was sie sich dabei gedacht hätten. Warhol lehnte dies ab. Das Neue, was er zur Kunst beitrug, war unter anderem, dass er Konsumgüter des täglichen Lebens – so etwa eine Suppendose oder eine Colaflasche – zu Objekten seiner Kunst machte. Die Menschen rätselten, ob er damit Liebe oder Abscheu zu diesen Produkten ausdrücken wollte, ob er ein linker Kritiker der amerikanischen Konsumgesellschaft oder ob er fasziniert von ihr sei – oder vielleicht beides zugleich. »Was er der Öffentlichkeit präsentierte, war ein eiskaltes Mysterium«, so Gary Indiana.[29]

Warhol betonte immer wieder, seine Kunst spreche für sich. Es gäbe nichts hineinzudeuten und hineinzuinterpretieren. »Andere Vertreter der Pop-Art«, so Indiana, »waren nur allzu bereit, sich und ihre künstlerischen Absichten zu erklären. Indem er der Öffentlichkeit Erklärungen dieser Art vorenthielt – oder, genauer gesagt, indem er anstelle hochtrabender Selbstexegesen knappe, witzige, widersprüchliche Slogans von sich gab –, wurde Warhol zum gefragtesten und bekanntesten Vertreter der Pop-Art und ihrem einzigen, der zu nationalem, schließlich internationalem Ruhm gelangte.«[30] Alles, was in Warhols Kunst hineininterpretiert wurde, waren bloße Zuschreibungen des Betrachters. Warhol bestand indes darauf, dass seine Kunstwerke nichts ausdrücken, nichts bedeuten sollten – »ein in der Geschichte der Malerei bis dahin einmaliger Fall«.[31]

Warhol wollte nicht nur in elitären Schichten bekannt werden, die darüber philosophierten, was der Künstler wohl mit seinem Kunstwerk sagen wolle, welche geheimen Botschaften es enthalte oder was es über seine Psyche verrate. Warhol verstand, dass er einfacher zu Ruhm und zu Geld kommen konnte, wenn er Kunstwerke anfertigte, die für sich selbst sprachen. Der Betrachter sollte Freude daran haben, sie zu betrachten, ohne nach einem tieferen »Sinn« fragen zu müssen. »Wenn sie überhaupt etwas zu besagen hatten, dann, dass auch die Suppendose, die man vom Supermarktregal herabholt, schön sein kann, so wie sie ist, in all ihrer monumentalen Banalität.«[32]

Für Interviewer war er ein extrem schwieriger Gesprächspartner und gerade deshalb besonders interessant. Er machte es sich zur Gewohnheit, Fragen nicht zu beantworten, manchmal wiederholte er anstelle einer Antwort einfach die Frage. Nicht selten vertauschte er die Rollen und befragte seinerseits den Interviewer. Seine Antworten ergaben oft keinen Sinn. Doch gerade dieses Ungewohnte, Rätselhafte, Überraschende, machte ihn zu einem für die Medien gefragten Interviewpartner. In der von Kenneth Goldsmith herausgegebenen Sammlung von Interviews »I'll be your mirror« gibt der Herausgeber zahlreiche Beispiele für unerwartete Verläufe von Interviews. Nicht selten antwortete Warhol auf Fragen einfach mit einem »I don't know«. Hier einige Beispiele:

»Was versucht die Pop Art zu vermitteln?« – »Keine Ahnung.«

»Wie kam es dazu, dass Sie Filme gedreht haben?« »Uh ... keine Ahnung ... «

»Was ist Ihre Rolle, Funktion bei der Regie eines Warhol-Films?« »Keine Ahnung. Ich versuche, es herauszufinden.«[33]

Warhol machte unerwartete, verrückte und provokante Antworten in Interviews zu einem seiner Markenzeichen. In den 70er-Jahren wurden renommierte Künstler für einen Sammelband zur Bedeutung und Einordnung anderer namhafter Künstler gefragt. Als Warhol zur Bedeutung des abstrakten Expressionisten Barnett Newman gefragt wurde, antwortete er: »Alles, was ich über Barney weiß, ist, dass Barney, so glaube ich, auf mehr Partys war als ich.«[34] Als er auf Picasso angesprochen wurde, meinte er: »Der einzige Bezug, den ich zu ihm habe, ist seine Tochter Paloma ... ich bin einfach nur froh, dass er eine so wunderbare Tochter wie Paloma hatte.«[35] Und zu Jasper Johns, dem Wegbereiter der Pop Art, fiel ihm nur ein: »Ohhh, uh, er kann so gut kochen. Er hat da so eine tolle Zubereitung für Hähnchen. Er füllt das Hähnchen mit Petersilie.«[36] Manchmal nutzte er Interviews auch, um mit dem Interviewer zu flirten oder ihm sogar direkt sexuelle Avancen zu machen.[37]

Seine Weigerung, sich auf irgendwelche Regeln einzulassen, entsprach einer kindlichen Seite von Warhol. So wie viele andere Genies der Selbstvermarktung war er im Grunde ein Kind geblieben, wie seine Biografen festhalten: »Warhols hellwacher Intellekt war getrübt von den Launenhaftigkeiten eines achtjährigen Kindes. Seine Weitsicht und sein Scharfsinn waren so bestechend wie seine Unreife ermüdend; seine kühl kalkulierende Menschenkenntnis ging Hand in Hand mit der totalen Unfähigkeit, erwachsene Beziehungen zu führen.«[38] Noch als Erwachsener habe er es vermieden, sich aus seinen infantilen Bindungen zu lösen – und habe sich damit in einem Zustand »ewiger Präadoleszenz« eingerichtet.[39]

Übrigens lebte er bis zum Tode seiner Mutter mit ihr zusammen in einer Wohnung.

Warhol wollte selbst unbedingt berühmt werden, und das Thema »Ruhm und Prominenz« beschäftigte ihn wie kein anderes. Er wurde »zum Inbegriff eines Kults der Prominenz um ihrer selbst willen«, wie einer seiner Biografen schreibt.[40] Schon als Kind war er von berühmten Menschen fasziniert, hatte ein unersättliches Interesse an Filmzeitschriften und sammelte Autogrammkarten seiner Lieblingsfilmstars.[41] So entstand eine sich selbst verstärkende Spirale: Er suchte systematisch die Umgebung berühmter Leute und sein aufkommender Ruhm machte es ihm zunehmend leichter, Prominente zu treffen, was wiederum seinen eigenen Ruhm verstärkte. Partys spielten eine entscheidende Rolle in seinem Leben. »Zum einen ließ sich anhand der Einladungen ablesen, wie beliebt und angesagt man in der Szene war, und zum anderen waren sie für ihn die Möglichkeit, Prominente zu treffen – sein großer Jugendtraum und immer der Fokus seines Lebens.«[42]

Die Arbeit für berühmte Menschen mehrte seinen eigenen Ruhm. Ein Beispiel sind seine Arbeiten für die Plattenfirma seines Freundes Mick Jagger von den Rolling Stones. Er entwarf das berühmte Logo, den roten Mund mit der herausgestreckten Zunge. Und er konzipierte für das Album *Sticky Fingers* die ungewöhnliche Hülle mit der Abbildung einer Jeans auf Vorder- und Rückseite, deren Reißverschluss sich öffnen ließ, sodass eine weiße Unterhose sichtbar wurde. »Virtuos machte sich Warhol den Prominentenstatus seiner Freunde und Auftraggeber für die eigene Publicity zunutze und bewies erneut sein beeindruckendes Talent zur Selbstvermarktung.«[43]

Er bewegte sich immer häufiger unter Prominenten – Filmschauspielern, Politikern, Modezaren, berühmten Musikern, Stars aller Art. Zu seinen Bekannten zählten Liz Taylor, Jackie Onassis, Shirley MacLaine, Paloma Picasso, Henry Kissinger, Jimmy Carter, Yves Saint Laurent, Diana Ross, Pierre Cardin und John Lennon.[44] Einerseits war Warhol einer von ihnen, aber andererseits wahrte er immer eine gewisse Distanz. Meist hatte er eine Kamera und einen Kassettenrekorder dabei, um Bild- und Tonaufnahmen zu machen.

Bei der Wahl der Motive für seine Kunst achtete er stets darauf, wie viel Aufmerksamkeit er damit erzielen konnte. In seiner ersten großen Ausstellung in New York zeigte er Bilder von Marilyn Monroe, Elvis Presley und von Unglücken (zum Beispiel von Verkehrsunfällen). Für Monroe und Presley entschied er sich, weil sie Idole für Millionen von Amerikanern waren und jeder sie kannte. Er wählte geschickt den Zeitpunkt für solche Porträts. Nur wenige Tage nach Marilyn Monroes Tod am 4. August 1962 erwarb er das Pressefoto der Schauspielerin aus den 1950er-Jahren. Er schnitt kurzerhand die untere Partie des Brustbildes weg und ließ von dieser Vorlage, die er nicht weiter veränderte, eine Siebdruckvorlage herstellen.

Später in seiner Karriere fing er an, massenweise Porträts von berühmten Personen herzustellen, die dafür bezahlen mussten. Der Preis von 25.000 Dollar erscheint aus heutiger Sicht nicht allzu hoch, aber inflationsbereinigt wären dies heute immerhin 165.000 Dollar pro Bild. Ab Beginn der 70er-Jahre fertigte er etwa 50 bis 100 Porträts dieser Art pro Jahr an. Viele der Personen waren zwar berühmt, aber wenn jemand den Betrag bezahlen konnte, fertigte er auch Porträts unbekannter Auftraggeber an.[45]

Zunehmend wurde er in der Kunstwelt dafür kritisiert. Kritiker sahen in Warhols endlosen Variationen, in seinen ständigen Serien nichts als künstlerischen Stillstand. »Zu groß [war] die Zahl der Auftragsarbeiten, die lieblos zusammengeschustert wirkten und in ihrer abstoßenden Hässlichkeit, ihren leblosen Farbflächen, ihrem achtlos auf das Bild geworfenen Gestrichel den Eindruck vermittelten, als habe Warhol jedes künstlerische Gespür verloren.«[46] Und in der Tat verlor er nach dem Attentat viel von seiner Kreativität. Sein Rang als Künstler ist immer wieder infrage gestellt worden, doch »Warhols Platz im kulturellen Gedächtnis war nie gefährdet«.[47]

Eine Suppendose begründete seinen Weltruhm

Instrumente der Selbstvermarktung, die Warhol nutzte:

1. Radikale Verletzung aller Regeln: Er malte große Suppendosen und behauptete einfach, dass sie Kunst seien.

2. Kreative PR-Ideen: Als eine konkurrierende Galerie Original-Suppendosen ausstellte, um Warhols Kunst lächerlich zu machen, bestellte er Fotografen und signierte im nächsten Supermarkt die Original-Suppendosen. Die Fotos gingen um die Welt.

3. Der Künstler als Maschine, ein Atelier als Fabrik: Warhol ließ viele seiner Kunstwerke von Assistenten anfertigen und unterzeichnete sie nur. Er fokussierte sich auf seine Kernkompetenz, sich selbst als Marke aufzubauen.

4. Wenn er zu Vorträgen und Partys eingeladen wurde, engagierte er manchmal einen Doppelgänger, der für ihn auftrat – und kam so erst recht ins Gespräch.

5. Provokation: Als er beauftragt wurde, für den US-Pavillon der Weltausstellung Kunst anzufertigen, hängte er Bilder der 13 meistgesuchten Verbrecher der USA auf. Als es zum Eklat kam, ließ er alle in Silberfarbe übersprühen und wurde damit erneut zum Gesprächsthema.

6. Alles wird zum Selbstmarketing, sogar seine Narben: Nach einem Attentat war sein ganzer Körper von Narben gezeichnet. Warhol entschloss sich, seinen vernarbten Körper von einem berühmten Porträtfotografen ablichten und von der Porträtistin Alice Neel malen zu lassen.

7. Warhol war besessen von Prominenten, suchte ihre Gesellschaft und steigerte damit seine eigene Bekanntheit.

8. Regelverletzungen in Interviews: Warhol gab meist völlig überraschende Antworten in Interviews. Manchmal begann er selbst den Interviewer zu interviewen oder machte ihm sexuelle Anträge. Oder gab einfach unsinnige Antworten.

9. Auch äußerlich machte er sich selbst zu einer Marke, indem er beispielsweise eine Perücke mit der von ihm gewählten Farbenmarke Silber trug.

10. Warhol pflegte das Image des Undurchschaubaren, Rätselhaften, Widersprüchlichen: der Mann, der jeden Sonntag in die Kirche ging und Pornofilme drehte, der Künstler, der behauptete, seine Kunstwerke hätten andere gemacht.

11. Die eigenartige Verbindung von extremer Schüchternheit und hemmungslosem Exhibitionismus machte ihn zur unverwechselbaren Marke.

Karl Lagerfeld im Oktober 2011 auf der Fashion Week: Der gepuderte Zopf, Stehkragen, Sonnenbrille und fingerlose Handschuhe waren seine Markenzeichen. »Ich bin ja selbst nicht mehr menschlich. Ich bin eine Abstraktion. Eine Marionette, die von mir selbst manipuliert wird.« Quelle: Getty

3. Karl Lagerfeld
Die Marke »Ich«

Viele Menschen definieren sich durch ihren Beruf, Karl Lagerfeld nannte sich sogar selbst eine »Berufsperson« – im Gegensatz zu einem »Freizeitmenschen«.[1] Doch er hatte so viele Berufe, dass es unzulässig ist, ihn mit einem davon zu identifizieren. Einmal meinte er in einem Interview, eine Berufsbezeichnung für ihn gäbe es nicht und müsse erst erfunden werden. »Sein Berufsbild wechselt wie bei einem Chamäleon«, heißt es in Paul Sahners Lagerfeld-Buch. »Modeschöpfer, Entdecker von Topmodels, Fotograf, Innenarchitekt, Parfümproduzent, Unternehmer, Stummfilmer, Schlossherr, Galerist, Autor, Porzellansammler, Werbewunder, PR-Mann, Verleger, Buchhändler.«[2] Lagerfeld war Lagerfeld. Wie kaum ein anderer Mensch hat er sich selbst zur Marke gemacht und den Narzissmus zu seiner Religion. »Me, myself and I« sei sein Motto gewesen, so Sahner.[3] Im Laufe seines Lebens, so erklärte er selbst, habe er sich zur Karikatur gemacht, zur Abstraktion: »Ich bin ja selbst nicht mehr menschlich. Ich bin eine Abstraktion. Eine Marionette, die von mir selbst manipuliert wird. Will ich auch sein. Ich habe mit irdischen Problemen wenig zu tun.«[4] Verständnisvoll begrüßte er einen Journalisten mit der Bemerkung: »Auch ich war mal ein Mensch wie Sie.«[5] Doch genau das wollte er nicht sein – ein Mensch wie andere Menschen: »Ich fühle mich selbst nicht mehr menschlich.«[6]

Solche Sätze muteten befremdlich an, wenn andere Menschen sie formulierten. Bei Lagerfeld wurden sie akzeptiert, und einer der Gründe war wohl seine Selbstironie. Er war stolz, eine Diät zu machen, bei der er 40 Prozent seines Gewichts verlor, aber er sagte danach auch: »Unangezogen sagt mir der Spiegel, dass da jemand vor ihm steht, der ein bisschen an die Skelette im Anatomiesaal für Medizinstudenten erinnert.«[7] Über sich selbst könne er am besten lachen, behauptete Lagerfeld. Das sei eine gute Therapie, wenn man wisse, wie sie funktioniert. »Man ist ja in gewissen Situationen grotesk. Wenn man darauf achtet, fällt es einem auch auf. Unter der Bedingung, man ist zu sich selbst ehrlich.«[8]

Er musste auch nicht fürchten, dass man ihn kritisch mit einer seiner früheren Äußerungen konfrontierte oder auf Widersprüche aufmerksam machte. Er immunisierte sich gegen Kritik, indem er immer wieder betonte, was er sage, sei nur gültig, wenn er es gerade gesagt habe. »Nehmen Sie das, was ich sage, bitte nicht so ernst. Wenn ich jetzt etwas sage, kann ich mich vielleicht morgen daran nicht mehr erinnern. Morgen bin ich schon ein ganz anderer Mensch.«[9]

Ob Lagerfeld wirklich wollte, dass man ihn nicht so ernst und seine Meinungen nicht so wichtig nahm, daran kann man zweifeln. Die vermeintliche Selbstironie war bei ihm eher eine Strategie in der Selbstvermarktung. Sie erlaubte es ihm, Arroganz oder Snobismus in einer Penetranz an den Tag zu legen, wie man sie einem anderen nicht verziehen hätte: Sollte er einmal eine Autobiografie schreiben (er hat es nie getan), dann wolle er sie auf Englisch verfassen und akzeptiere auch keine Übersetzung: »Wenn die Leute in Frankreich oder in Deutschland meine Autobiografie lesen wollen, aber kein Englisch können, sage ich: ›Dann ist das Buch nicht geeignet für sie!‹«[10] Bei einer anderen Gelegenheit erklärte er, da die meisten seiner Reisen von Firmen bezahlt würden, nehme er stets ein Privatflugzeug. »Ich finde, wenn ich jemandem keinen Privatjet wert bin, muss ich auch nicht hin zu dem. Das nehme ich mir heraus, auch um die Gewissheit zu haben, dass die Firmen großen Wert auf mich und meine Arbeit legen.« Sonst bleibe er lieber zu Hause und lese ein Buch oder fröne dem Nichtstun.[11]

Wer war Karl Lagerfeld? Er wurde 1933 in Hamburg geboren, gab aber später andere Jahre als sein Geburtsjahr an. Schon als Kind sei ihm gesagt worden, so berichtet er: »Du bist einmalig«. »Und dann habe ich wahrscheinlich daran auch geglaubt.«[12] Als Schüler wollte er sich von seinen Mitschülern unterscheiden, auch wenn diese ihn dafür hänselten. »Hast du schon mal in den Spiegel geguckt? Du bist doch selbst schuld!«, sagte seine Mutter, wenn er sich über das Gespött der Mitschüler beschwerte. Lagerfeld: »Sie hatte recht. Die anderen Jungen hatten Bürstenhaarschnitt, ich machte auf exotische Blüte, mit langen Haaren und großen Locken.«[13] Er wollte schon vom Äußeren anders sein als seine Mitschüler, die in der Nachkriegszeit mit abgetragenen Kleidern zum Unterricht kamen. Lagerfeld dagegen erscheint in der Schule mit maßgeschneiderten Jacketts, tadellosem Hemd mit gestärktem Kragen und seidener Krawatte.[14] Aus einer wohlhabenden Fabrikantenfamilie stammend, kann er sich dieses Auftreten leisten. Später treibt er Bodybuilding, posiert mit seinem durch das Training wohlgeformten Körper am Strand.[15]

Weil er so gerne Süßes isst, nahm er in einer späteren Phase seines Lebens stark zu und wog irgendwann über 100 Kilo. Seine Abmagerungskur – er verlor in 13 Monaten 42 Kilo Gewicht[16] – zelebrierte er als öffentliches Ereignis und ließ die ganze Welt daran teilhaben. Nichts tut er im Verborgenen, alles ist nach außen gerichtet, bis hin zu seiner Diät. Er entschließt sich, zusammen mit seinem Arzt ein Buch über seine Diät zu verfassen. Sein Studioleiter Arnaud Maillard wundert sich: »Ich weiß nicht, was seine wahre Intention ist: einen Bestseller schreiben oder sich zum Thema der Medien machen? Ich kann mir einfach nicht vorstellen, dass sich ein Modeschöpfer seines Formats für die Idee begeistert, Details über seine Diät zu veröffentlichen.«[17] Sein Buch wird ein Bestseller, die Journalisten reißen sich um Interviews mit ihm – über seine Diätformel. »Er stöhnt der Form halber, stürzt sich aber dennoch in die mediale Flut«, so Maillard, der 15 Jahre für ihn arbeitete.[18]

Die Marke »Ich«

So wie manche Selbstvermarktungsgenies tut Lagerfeld so, als seien ihm die Medien lästig, und oft behauptet er, es sei ihm völlig gleichgültig, was die Leute über ihn sagen. Das stimmt natürlich nicht. Er kauft und liest alle Zeitungen, die Artikel über ihn enthalten. Und er hofiert Journalisten, wie das nur wenige Prominente tun. Paul Sahner, damals Chefredakteur der »Bunten«, berichtet, wie Lagerfeld ihn nach Biarritz einlud und wie beeindruckt er war, als ihm der Chauffeur, der ihn vom Flughafen abholte, einen handgeschriebenen Brief auf eidottergelbem Papier in die Hand drückte: »Dass Karl, der Vielbeschäftigte, Zeit findet, mich so herzlich auf meinen Aufenthalt bei ihm einzustimmen, beweist seine außergewöhnlichen Gastgeberqualitäten. Er denkt an alles, perfekt wie ein Zeremonienmeister am Hofe des Sonnenkönigs – wobei er beide Rollen selbst erfüllt.«[19]

Im Laufe seines Lebens machte er bestimmte äußere Merkmale zu einem Erkennungszeichen – die Marke Lagerfeld. Sie entsteht nicht an einem Tag durch einen Entschluss, sondern wächst im Laufe der Jahre. »Ich mache mich nicht wie Charlie Chaplin zurecht. Meine Frisur, meine Sonnenbrille, das ist mit der Zeit gekommen. Ich habe mich langsam, aber sicher zur Karikatur gemacht.«[20]

Am Schluss ist ein unverwechselbares Markenzeichen entstanden: die fingerlosen Handschuhe, der gepuderte Zopf, der Stehkragen, die Sonnenbrille, zeitweise gehörte ein Fächer dazu. Ein Karikaturist muss nicht viel können, um Lagerfeld zu zeichnen. Doch nicht nur das Äußere gehört zur Marke, sondern vor allem auch seine frechen Sprüche und seine Sprechweise. Lagerfeld, so Sahner, ist der Großmeister der stakkatohaften Melodik. »Er spricht die Wörter rasant aus, wechselt die Tempi zwischen hastig und träge. Mal tanzen seine Sätze Bossanova, mal klingen sie pastoral.«[21]

Anfang der 50er-Jahre zog Lagerfeld nach Paris und war bei Modefirmen wie Balmain, Patou und Chloé beschäftigt. In den 80er-Jahren hatte er den großen Durchbruch als Kreativdirektor und Chefdesigner von Chanel. Der Firma, die von Coco Chanel gegründet worden war, haftete damals ein etwas verstaubtes Image an. Er verschaffte dem Label ein sagenhaftes Revival und machte das Unternehmen zu einem internationalen Milliardenkonzern. »Ich erst habe Chanel zu dem gemacht, was es ist«, so Lagerfeld. »Ohne mich wäre das Haus längst geschlossen. Der letzte Erbe, der mich geholt hat, sagte mir: ›Entweder Sie steigen ein, oder ich mache dicht.‹«[22]

Doch es wäre viel zu kurz gegriffen, ihn auf die Rolle des Modedesigners für Edelmarken zu reduzieren. Wollte man all die Aktivitäten Lagerfelds aufzählen, dann würde dies das Kapitel sprengen. Er entwarf einen Steiff-Teddybären und Stifte für Faber-Castell ebenso wie eine limitierte Edition von Coca-Cola-light-Flaschen, Armreifen, Halsketten und Broschen für die Firma Swarovski, das berühmte Parfüm *Chloé for Women* oder eigene Parfüms unter seinem Namen. Er war als Kostümbildner für Theater und Oper tätig und als Fotograf, er entwarf Werbekampagnen für die Champagnermarke Dom Pérignon und für das Phaeton-Modell von Volkswagen, er gründete einen eigenen Verlag und machte sich einen Namen mit seiner Büchersammlung, die 300.000 Werke umfasste. Ihm gelang der Spagat, exklusive Mode zu kreieren, aber zugleich für den schwedischen Modefilialisten H&M eine Modekollektion sowie ein Parfüm zu entwerfen. Er verband einen elitären Auftritt mit egalitären Werten: »Die oberen Zehntausend sind immer schon die Opfer ihres eigenen Snobismus gewesen. Nur das Teuerste ist für sie auch das Beste. Man darf aber die ›Masse‹ nicht verachten, man muss nur Vorschläge für Erschwingliches machen. Es besteht kein Grund, teuer das zu bekommen, was es auch preiswert geben kann.«[23]

Freiheit war für Lagerfeld der wichtigste Wert. Schon früh in seiner Karriere schaffte er, was kaum einer sonst schafft, nämlich zugleich für mehrere Firmen tätig zu sein. »Schnell wird er zum Mann, der mit allen kann. Eine beneidenswerte Eigenschaft, die nur wenigen vergönnt ist«, schreibt Sahner. »Ein Kamelhaarmantel für Max Mara, ja gerne, ist mein Lieblingsmaterial. Ein Pelzmantel für Fendi, wunderbar, ich liebe Kuscheltiere. Eine Kollektion für Patou, gut, das gibt es auch als Golfmode. Ein Kostüm für die Dame, die Chloé favorisiert, fabelhaft, gleich ist es fertig.«[24]

Er schafft so viel, weil es ihm durch sein Geschäftsmodell gelingt, sich auf das zu konzentrieren, was er wirklich kann – zu entwerfen. Alles andere überlässt er anderen. Und verdient auf diese Weise sehr viel mehr, als er ausschließlich mit einer eigenen Marke verdient hätte oder gar als exklusiv nur für ein Unternehmen tätiger Designer. »Mit einer Unzahl von Verträgen und Lizenzen sowie Kreuz-und-quer-Verbindungen schafft er es, dass die anderem ihm die Last abnehmen, während er selbst die Lust an der Arbeit behält. Er entwirft Taschen, Schuhe, Stoffe, Tapeten, Brillen, Strickwaren, Pelze, teure Fummel, billige Klamotten – manchmal unter seinem Namen, oft aber nicht.«[25]

Für ihn, so Lagerfeld, sei es völlig natürlich, kreativ zu sein. »Je mehr man macht, umso mehr fällt einem ein. Wie bei einem Klavierspieler, je mehr er spielt, umso besser kann er improvisieren. Wenn ich ständig zeichne, finde ich leichter neue Ideen.«[26] Einerseits fällt es ihm zu, aber andererseits verlässt er sich nicht darauf. Er erklärte einmal, wie er nach einer neuen Idee für einen Badeanzug suchte. Er habe sich hingesetzt und sich den Befehl gegeben, so lange nicht aufzustehen, bis er 50 neue Badeanzüge entworfen habe. Nach drei Stunden lagen die 50 Entwürfe vor, aber er machte dennoch weiter.[27]

Disziplin und ein hohes Arbeitsethos werden zu einem seiner wichtigsten Markenzeichen. Das ist umso bemerkenswerter, als er in einer hedonistischen Welt lebt, voll von Verführungen und Versuchungen. Lagerfeld gibt diesen Versuchungen nicht nach. Er raucht nicht, nimmt keine Drogen, trinkt fast nie. Vielleicht braucht er diese Disziplin auch, weil er spürt, dass er von seinem Wesen her ein Suchtmensch ist. So trinkt er zeitweise mehrere Liter Cola light am Tag und isst Unmaßen von Süßigkeiten. Der Modedesigner Wolfgang Joop meinte über Lagerfeld: »Einen Ratschlag von ihm konnte man wirklich beherzigen: Man muss seine eigenen Gefühle und seine Süchte im Zaum halten, weil man sonst zum Opfer der Szene wird. Viele um ihn herum sind ja auch Opfer geworden ... Wie man mit Disziplin umgeht, Haltung bewahrt, das hat er *par excellence* vorgeführt. In dieser Hinsicht ist er das größte Phänomen, das ich je getroffen habe. Genial.«[28]

Viele seiner Freunde starben an Aids, andere litten unter den Folgen exzessiven Drogenkonsums. Er beobachtete das und enthielt sich mit eiserner Disziplin. Wenn er andere Menschen lobte, dann lobte er gerne deren Selbstbeherrschung. Über das von ihm entdeckte Model Claudia Schiffer beispielsweise sagte er, sie habe im Unterschied zu vielen anderen Models eine »eiserne Disziplin« gehabt. »Die anderen hatten *more fun*, aber weniger Disziplin.«[29]

Diese Disziplin wurde immer stärker zu einem zentralen Merkmal der Marke Lagerfeld. Man kann sich ihn nicht leger vorstellen, und sein Ausspruch in einer Talkshow, wer in einer Jogginghose herumlaufe, habe die Kontrolle über seine Leben verloren, wurde wohl so oft zitiert wie kein anderes der vielen Lagerfeld-Bonmots. »Die Leute sagen mir: ›Sie sind Deutscher, Sie haben viel Disziplin.‹ ... Ich bin viel schlimmer. Ich bin Autofaschist, ein Diktator, der sich selbst unter Druck setzt. Ich dulde, wenn es um mich selbst geht, keine Demokratie. Es wird nicht diskutiert, ich gebe mir Befehle. Da leide ich auch nicht besonders darunter. Befehl ist Befehl, basta.«[30]

Und doch wäre es ein großer Irrtum, Lagerfelds große Disziplin in dem Sinne zu verstehen, dass er sich zur Arbeit habe zwingen müssen. Die Disziplin brauchte er, um den Versuchungen zu widerstehen, um seine Diät durchzuziehen – und er achtete darauf, dass in seinem Studio straffe Disziplin herrschte. In seinem Atelier wurde alles mit paramilitärischer Strenge kontrolliert. Eine Studioleiterin achtete auf die strikte Einhaltung aller Anweisungen von Lagerfeld, der Termindruck war knüppelhart.[31]

Über seine Entwürfe meinte er gleichwohl, sie seien ihm stets aus der Hand geflossen. »Stress kenne ich auch nicht. Ich kenne nur Strass. Ich bin in der Modebranche.«[32] Wenn Disziplin heißt, sich zu Dingen zu zwingen, die einem im Grunde keine Freude machen, dann brauchte Lagerfeld bei der Arbeit keine Disziplin. »Wir tun ohnehin den ganzen Tag, was uns Spaß macht«, bekundete er. »Entwerfen ist für mich so selbstverständlich wie Atmen.«[33] Er denke noch im Schlaf an seine Arbeit, träume davon und schreibe sich die Gedanken beim Aufstehen auf. So berichtet er, wie er eine ganze Kollektion nachts geträumt habe. »Ich habe sie am nächsten Morgen komplett aufzeichnen können und es hat alles gepasst.«[34]

Was trieb Lagerfeld an? War es Geld, wie manche meinten? Schließlich wurde er zu einem der reichsten Männer in Paris, und er hat sich stets offen dazu bekannt, dass er gerne Geld verdient. Oder war es das Streben nach Ruhm, nach Anerkennung?« »Ich werde mehr gefeiert als Galliano und all die anderen. Keiner hat so einen Erfolg wie ich. Keiner kann mithalten. Ich kann nicht mehr über die Straße gehen. Und wie mich erst die Autogrammjäger bedrängen. Aus der ganzen Welt kommt Post mit Signaturwünschen. Das ist ja unglaublich.« Doch dann fügt er hinzu, was in ähnlicher Form die meisten berühmten Menschen sagen: Er finde das »zum Heulen« und er könne es sich nicht erklären, warum das so sei.[35]

Glaubwürdig ist das bei Lagerfeld so wenig wie bei all den anderen Genies der Selbstvermarktung. Maillard erinnert sich, wie er mit Lagerfeld in einen Diesel-Store ging und sich alle Blicke auf ihn richteten. »Schließlich wagt sich eine Gruppe lächelnder Japaner heran, die Hand auf dem Mund und den Kugelschreiber in der Hand. Schnell folgen weitere, etwas eingeschüchterte Kunden. Karl zwinkert mir kurz zu: ›Sieh mal, selbst die jungen Leute kennen mich! Nicht schlecht, oder?‹«[36]

Ja, jedem Star wird der Rummel um die eigene Person und der damit verbundene Verlust an Privatsphäre manchmal zu viel. Aber diese Nebenwirkungen nimmt ein Lagerfeld in Kauf, denn die Alternative dazu, das wäre für ihn unerträglich: als Unbekannter in der Masse unterzugehen, nicht unterscheidbar zu sein von all den anderen. Er begründet sogar seine Entscheidung, keine Kinder zu haben, damit, dass er sich selbst schon immer für ein absolutes Unikat gehalten habe und daher nicht das geringste Bedürfnis verspüre, »diese Einmaligkeit zu klonen«.[37]

Um im Gespräch zu bleiben, ging er bewusst Risiken ein und provozierte. 1993 ließ er Claudia Schiffer über den Runway laufen, auf der Brust trug sie Verse aus dem Koran. Es gab harsche Proteste, denn Muslims sahen dadurch den Koran und das Leben des Propheten verunglimpft. Um die Wogen der Entrüstung zu glätten, wurde zwar eine Entschuldigung formuliert, doch Lagerfeld meinte dazu: »Skandale schaden nur dem, der keine hat.«[38]

Während er einerseits gerne mit provokanten Äußerungen Aufsehen erregt, trifft er andererseits mit seiner Mode den Zeitgeist – und prägt ihn auch selbst. Wer immer nur gegen den Strom schwimmt, wird nicht erfolgreich, nicht im Geschäftsleben, und erst recht natürlich nicht in der Modewelt. Aber wer immer mit dem Strom schwimmt, wird es auch nicht. Die Kunst liegt darin, anderen ein wenig voraus zu sein, sich weiterzuentwickeln – und dabei zugleich doch einen unverwechselbaren Markenkern beizubehalten. »Das fordert heraus, die eigene Persönlichkeit zu behalten, sich aber gleichzeitig im Zeitgeist mitzuentwickeln. Die Erneuerung zu schaffen, ohne sich zu wiederholen, ist noch interessanter.«[39]

»Der Spiegel« brachte es im Nachruf auf den Punkt: »Er hat sich selbst erfunden, zur Kunstfigur gemacht, bis er eine Weltmarke war.« Er war der »Vorreiter eines Zeitalters, in dem Inszenierung und Optik alles sind. Radikal, frei und einzigartig.«[40]

Es störte ihn nicht, wenn man ihn einen Narzissten nannte, und er versuchte auch kaum, diesen Narzissmus zu verstecken. Maillard berichtet, Lagerfeld habe seine Mitarbeiter oft nicht einmal angeschaut, wenn er mit ihnen sprach. Wenn er antwortete, habe er sich selbst über die Schultern seiner Gesprächspartner hinweg im Spiegel angeschaut. Selbst während der Fittings habe er sich zunehmend nur noch für sich interessiert. »Sein Adlerauge benötigt nur einen Bruchteil einer Sekunde, um über ein Modell zu entscheiden. Leider. Denn trotz seiner überragenden Professionalität vermittelt der Couturier den Eindruck, als interessiere er sich neben seiner eigenen Erscheinung für nichts und niemanden.« Jedes Shooting habe er zum Anlass genommen, Porträts von sich selbst zu schießen, und nach jedem Fototermin habe ein neues Selbstporträt auf dem Schreibtisch seiner Kommunikationsverantwortlichen gethront, das sie an alle Journalisten weitergeben sollte.[41]

Als er gefragt wurde, ob er daran denke, vielleicht eine Stiftung zu gründen, antwortet er, davon habe er ja nichts, denn: »Alles, was ich bin, beginnt und endet mit mir.«[42] Vermutlich hätte man andere Menschen als rücksichtslose Egoisten gescholten, wenn sie bekundeten, was Lagerfeld wie selbstverständlich formulierte: »Ich möchte ein angenehmes Leben haben. Ohne Probleme. Ich bin mein Anfang und mein Ende. Und was ich erreichen möchte, bestimme ich selbst. Ich muss auf niemanden Rücksicht nehmen, keine Verantwortung für niemanden übernehmen.«[43] Vielleicht verziehen ihm die Menschen solche Sätze, weil sie insgeheim ähnlich dachten und fühlten, es aber nie gewagt hätten, dies so offen auszusprechen? Vielleicht dachten manche auch, das könne er in Wahrheit gar nicht so gemeint haben und es handle sich nur um eines seiner bewusst provokanten Bonmots, die man nicht so ernst und schon gar nicht wörtlich nehmen dürfe.

Lagerfelds Lebenskonzept lässt sich in zwei Maximen zusammenfassen: grenzenlose Freiheit und der unbändige Drang, sich stets weiterzuentwickeln. »Das Glück«, so meinte er, »ist eine Frage des Willens. Ich bin das Ergebnis von all dem, was ich mir vorgestellt, vorgemalt, ausgedacht habe. Was ich beschlossen habe zu sein.«[44]

Wie schaffte er es, dass die Menschen seiner trotz der Omnipräsenz nicht überdrüssig wurden, wie es vielen anderen Prominenten geht? Eine Erklärung dafür ist, dass er sich immer wieder neu erfand und so nicht langweilig wurde. Ihn trieb die Kraft der produktiven Unzufriedenheit, oder, um es mit seinen eigenen Worten zu sagen: »Ich bin nie zufrieden, ich glaube immer, ich ... könnte es noch besser machen. Eine bessere Show, eine bessere Kollektion, alles geht immer besser.«[45]

Eine andere Erklärung ist, dass es ihm gelang, trotz all der Interviews, die er bereitwillig gab, etwas Geheimnisvolles zu behalten. Die Sonnenbrille stand auch dafür, dass niemand wirklich in ihn hineinschauen konnte. Der Mann, der überall Spiegel aufstellte, um sich selbst darin zu betrachten, verbarg seine Augen, die der Volksmund ja auch den »Spiegel der Seele« nennt. Er ließ sich weder auf eine bestimmte Rolle festlegen – jede Berufsbezeichnung ist unzutreffend – noch auf bestimmte Ansichten, die er im gleichen Moment relativierte, wenn er sie aussprach. Andere Menschen beginnen, je älter sie werden, umso mehr von der Vergangenheit zu sprechen. Lagerfeld fand das deprimierend und meinte, dann könne man sich ja gleich umbringen, wenn man glaube, die besten Zeiten habe man hinter sich. »Ich befasse mich nur mit der Zukunft. Das hängt mit meinem Beruf zusammen. Ich weiß nicht, welche Kleider ich gestern gemacht habe, interessiert mich auch nicht.«[46]

Instrumente der Selbstvermarktung, die Lagerfeld nutzte:

1. Als Designer designte er auch sein eigenes Image, wozu die äußere Erscheinung gehörte: fingerlose Handschuhe, der gepuderte Zopf, der Stehkragen, die Sonnenbrille, zeitweise ein Fächer. Er meinte selbst, er habe sich zur Karikatur gemacht.

2. Seine Bonmots und seine ungewöhnlichen Sprüche (»Wer eine Jogginghose trägt, hat die Kontrolle über sein Leben verloren«) haben einen hohen Wiedererkennungswert.

3. Er schämte sich nicht für seinen Narzissmus, sondern zelebrierte ihn regelrecht. Durch die Kombination mit (vielleicht nur scheinbarer) Selbstironie macht er grenzenlosen Egoismus und Selbstliebe akzeptabel.

4. Die stakkatohafte Melodik seiner Sprechweise wurde zum unverwechselbaren Markenzeichen.

5. Lagerfeld zelebrierte radikale Freiheit und Individualismus. Die Freiheit, niemandem gehorchen zu müssen, verband er mit extremer Selbstdisziplin.

6. Er behielt immer etwas Geheimnisvolles – dafür steht die Sonnenbrille, mit der er seine Augen verbarg.

7. Er verband ein extrem elitäres Auftreten, das an einen Adligen aus einem früheren Jahrhundert erinnert, mit einer großen Offenheit für die Massenkultur (so entwarf er günstige Produkte für H&M).

Stephen Hawking nannte in seiner Autobiografie als einen Grund für seine Popularität: »Zum anderen verkörperte ich das Klischee des behinderten Genies. Auch eine Perücke und eine dunkle Sonnenbrille würden mir nichts nützen – mein Rollstuhl ist einfach zu verräterisch.« Quelle: Getty

4. Stephen Hawking
»Master of the Universe«

1959 begann Stephen Hawking in Oxford, seinem Geburtsort, ein Studium in Mathematik und Physik, 1962 machte er seinen Bachelor-Abschluss. In seinem letzten Jahr in Oxford merkte er, dass irgendetwas nicht stimmte. Zweimal war er ohne erkennbaren Grund gestürzt. Besorgt ging er zum Arzt, der jedoch nur meinte: »Lassen Sie das Biertrinken.« Nach dem Abschluss in Oxford wechselte er nach Cambridge, um seine Doktorarbeit in Kosmologie zu schreiben. Hawking erinnerte sich: »Als ich über Weihnachten auf dem See bei St. Albans Schlittschuh lief, fiel ich hin und konnte nicht wieder aufstehen. Meine Mutter bemerkte die Probleme und brachte mich zu unserem Hausarzt. Dieser überwies mich an einen Facharzt, und kurz nach meinem 21. Geburtstag ging ich ins Krankenhaus, um mich untersuchen zu lassen.«[1]

Wochenlang wurde der Sohn eines Tropenmediziners und einer Wirtschaftswissenschaftlerin immer neuen Tests unterzogen. Die Ärzte sagten ihm zwar nicht genau, woran er litt, aber er begriff, dass er eine unheilbare Krankheit hatte, an der er wahrscheinlich in ein paar Jahren sterben würde.

Schließlich teilte man ihm mit, dass er an der Amyotrophen Lateralsklerose (ALS) leide, einer Krankheit, bei der die Nervenzellen des Gehirns und des Rückenmarks zuerst verkümmern und dann vernarben oder sich verhärten. Er erfuhr, dass Menschen mit dieser Erkrankung allmählich die Fähigkeit verlieren, ihre Bewegungen zu steuern, zu sprechen, zu essen und schließlich zu atmen. Die Ärzte gaben ihm damals nur zwei Jahre – tatsächlich lebte er noch weitere 50 Jahre.[2]

Natürlich war die Nachricht von der Krankheit ein Schock. Hawking verfiel zunächst in schwere Depressionen, die durch stundenlanges Anhören von Wagner-Opern in voller Lautstärke noch vertieft wurden. »Er verkroch sich in seinem Zimmer in Cambridge, hörte Musik, las Science-Fiction-Romane, kämpfte gegen seine Albträume und zeigte wenig Interesse an seinem Studium.«[3] Aber aus der Rückschau betrachtet hatte die Nachricht über seine Krankheit für ihn auch etwas sehr Positives bewirkt. »Meine Träume«, so erinnerte sich Hawking, »waren damals ziemlich wirr. Bevor meine Krankheit erkannt worden war, hatte mich mein Leben gelangweilt. Nichts schien mir irgendeiner Mühe wert zu sein. Doch kurz nachdem ich aus dem Krankenhaus heraus war, träumte ich, ich solle hingerichtet werden. Plötzlich begriff ich, dass es eine Reihe wertvoller Dinge gab, die ich tun könnte, wenn mir ein Aufschub gewährt würde.«[4]

Zu seiner großen Überraschung stellte er fest, dass er das Leben jetzt mehr genoss als früher. Das lag auch daran, dass er sich frisch verliebt hatte. Wenn er heiraten wollte, musste er eine Stellung finden und seine Promotion abschließen. »Deshalb begann ich zum ersten Mal in meinem Leben richtig zu arbeiten. Zu meiner Überraschung stellte ich fest, dass es mir gefiel.«[5]

Während seines Studiums in Oxford war Hawking ziemlich faul gewesen, wie er bekannte. Er fand das Studium leicht, die Dinge fielen ihm zu. Doch nun, nach der Diagnose der Krankheit, kniete er sich richtig in die Forschung. Die Forschung und seine Frau Jane, die er 1965 geheiratet hatte, halfen ihm, einen Sinn im Leben zu entdecken.

Hier wird schon eine Eigenschaft von Hawking deutlich, die er mit vielen großen Persönlichkeiten teilte, nämlich Schlechtes in Gutes zu verwandeln und aus großen Krisen Energie zu schöpfen. Statt sich selbst zu bemitleiden und über seine Behinderung zu klagen, sah er sie bald sogar als großen Vorteil. »Ich brauchte keine Vorlesungen zu halten und keine Studienanfänger zu unterrichten, und ich musste nicht an langweiligen und zeitraubenden Institutssitzungen teilnehmen. Auf diese Weise konnte ich mich uneingeschränkt meiner Forschung hingeben.«[6] Seiner Meinung nach sollten sich behinderte Menschen »auf die Dinge konzentrieren, die ihnen möglich sind, statt solchen hinterherzutrauern, die ihnen nicht möglich sind«.[7] Seine Biografen Michael White und John Gribbin meinen, es stehe fest, dass Hawking niemals so rasch derart schwindelnde Höhen erklommen hätte, wenn er seine Zeit in Ausschüssen, Konferenzen oder mit der Durchsicht von Bewerbungsunterlagen hätte verbringen müssen.[8]

Hawking machte sich in der Wissenschaft rasch einen Namen. 1974 entwickelte er das Konzept, das nach ihm als »Hawking-Strahlung« benannt wurde. Im gleichen Jahr wurde er zum Mitglied der angesehenen Royal Society gewählt – damals war er noch nicht einmal Professor, sondern nur Forschungsassistent. Schon drei Jahre später wurde er zum Professor berufen. »Meine Arbeit über Schwarze Löcher hatte in mir die Hoffnung geweckt, wir könnten eine *Theorie von Allem* entdecken.«[9] Es folgten weitere bedeutende Entdeckungen, für die er zahlreiche wissenschaftliche Ehrungen erhielt.

Hawking war ein großer Wissenschaftler, aber er bekannte selbst: »Für meine Kollegen bin ich nur ein Physiker unter vielen anderen, doch für die Öffentlichkeit wurde ich womöglich zum bekanntesten Wissenschaftler der Welt.«[10] Das kann allein mit seinen wissenschaftlichen Entdeckungen nicht erklärt werden, zumal deren wahre Bedeutung – so wie bei Einstein – von einem breiten Publikum natürlich gar nicht verstanden wurde. Hawking war viel bekannter als viele Nobelpreisträger – er selbst bekam den Nobelpreis vermutlich deshalb nicht, weil laut den Richtlinien für die Preisverleihung eine Entdeckung durch Experimente oder Beobachtungen bestätigt werden musste, was bei Hawking nicht möglich war. Es handelte sich um mathematisch abgeleitete Theorien, die jedoch nicht empirisch verifiziert werden konnten.

»Master of the Universe«

Und was Hawking sagte, ist richtig: Für seine Fachkollegen war er keineswegs der Ausnahme-Wissenschaftler, als den ihn die Öffentlichkeit wahrnahm. In einer Umfrage des Magazins »Physics World« um die Jahrtausendwende waren sie weit davon entfernt, ihn den zehn wichtigsten lebenden Physikern zuzurechnen.[11]

Die Öffentlichkeit – und vermutlich auch er selbst – sah Hawking dagegen wohl eher so wie in einer Folge der Serie »Raumschiff Enterprise«, wo er als Gaststar an einer virtuellen Pokerrunde mit Isaac Newton und Albert Einstein teilnahm.[12]

Wie wurde Hawking, der selbst meinte, für seine Kollegen sei er nur ein Physiker unter vielen anderen gewesen, dennoch der berühmteste Wissenschaftler seiner Zeit? Hawking selbst gibt in seiner Autobiografie diese Antwort: »Das liegt zum einen daran, dass Wissenschaftler, von Einstein abgesehen, keine gefeierten Rockstars sind. Zum anderen verkörpere ich das Klischee des behinderten Genies. Auch eine Perucke und eine dunkle Sonnenbrille würden mir nichts nützen – mein Rollstuhl ist einfach zu verräterisch.«[13]

Doch kein Wissenschaftler, gleichgültig wie wichtig seine Forschung ist, wird ohne eigenes Zutun zu einer weltweit gefeierten Persönlichkeit, auch nicht, wenn er im Rollstuhl sitzt oder eine seltene Krankheit hat wie Hawking. Hierfür bedarf es des eigenen, aktiven Zutuns – so wie wir das bei Einstein gesehen haben.

Zunächst hatte sich Hawking sein Forschungsgebiet intelligent ausgesucht. Er begründete die Wahl so: Die

Teilchenphysik war damals ein viel beachtetes Forschungsfeld, das sich rasch entwickelte und die meisten begabten Physiker anlockte. Dagegen verharrten Kosmologie und Allgemeine Relativitätstheorie immer noch auf dem Stand der 30er-Jahre.[14] Hawking erkannte, dass er hier leichter Aufmerksamkeit mit neuen Forschungen gewinnen konnte. Bald schon positionierte er sich als Experte zu einem Thema, das die Fantasie der Menschen anregte – Schwarze Löcher im Universum. Ein Schwarzes Loch ist eine bodenlose Vertiefung in der Raumzeit, aus der weder Licht noch Materie oder Informationen entweichen können. Es entsteht, wenn ein massereicher Körper – eine sehr große Sonne – infolge seiner Gravitationskraft zu einem Punkt von unvorstellbarer Dichte komprimiert wird. Physiker sprechen von einer zentralen Singularität.

Hawkings Biografen Michael White und John Gribbin schreiben: »Man machte ihn zum Kosmonauten der Schwarzen Löcher, gefangen in einem verkrüppelten Körper, zu einem zweiten Einstein, der die Geheimnisse des Universums mit seinem Geist durchdrang und in Regionen vorstieß, die selbst den Engeln nicht geheuer seien. Als Schwarze Löcher allmählich auch in Laienkreisen ein Begriff wurden, begann der Nimbus, der sich in Cambridge seit dem Ende der sechziger Jahre um Hawking gebildet hatte, über die engen Grenzen der Physikergemeinschaft hinauszugreifen. Schwarze Löcher wurden zu einem Thema für die Massenmedien, und Stephen

»Master of the Universe«

Hawking galt als der Mann, der darüber etwas zu sagen wusste.«[15] So wie bei Einstein war es das Geheimnisvolle, für den Laien im Grunde nicht Verständliche, das die Medien und die Öffentlichkeit inspirierte. Hinzu kam, dass die Botschaften von einem Mann verkündet wurden, der an einer geheimnisvollen Krankheit litt und in einer eigenartigen Weise, mit einer Computerstimme, mit den Normalsterblichen kommunizierte.

Infolge seiner Krankheit wurde es für Hawking immer schwieriger, sich seinen Mitmenschen mitzuteilen. Sogar seine Kinder hatten Schwierigkeiten, ihn zu verstehen. Nach einer Lungenentzündung wurde bei ihm ein Luftröhrenschnitt notwendig, andernfalls wäre er gestorben. Von da an konnte er gar nicht mehr sprechen. Seine einzige Kommunikationsmöglichkeit bestand zunächst darin, Wörter zu buchstabieren – einen Buchstaben nach dem anderen, indem er die Augenbrauen hochzog, wenn jemand auf den richtigen Buchstaben einer Buchstabierkarte zeigte.[16] Später nutzte er ein Computerprogramm und einen Sprachsynthesizer. Mit einem Gerät wählte er Wortbausteine und Buchstaben aus, die von einem Sprachsynthesizer in gesprochene Worte umgewandelt wurden. Im Laufe der Zeit beherrschte er das System immer besser, und obwohl es maximal nur 15 Wörter pro Minute generierte, konnte er sich sogar besser verständigen als vor dem Luftröhrenschnitt.[17] Hawkings synthetische Stimme wurde zu seinem Markenzeichen und er ließ sie sogar urheberrechtlich schützen.[18]

Er kommunizierte zuweilen auch auf andere Weise. Hawking, der für seine Unduldsamkeit bekannt war, fuhr seinem Gesprächspartner einfach mit dem Rollstuhl über die Zehen, wenn dieser etwas sagte, was ihn ärgerte. Und wenn er das Gefühl hatte, jemand stehle ihm seine Zeit, vollführte er mit seinem Rollstuhl eine Kehrtwendung und fuhr abrupt aus dem Zimmer.[19]

Dass Hawking berühmt wurde, geschah nicht ohne und erst recht nicht gegen seinen Willen. Im Gegenteil. Er bastelte an seiner eigenen Legende und war – so wie Einstein – ein Genie der Selbstvermarktung. So betonte er immer wieder, dass sich exakt am Tag seiner Geburt, dem 8. Januar 1942, Galileis Tod zum 300. Mal gejährt hätte. Er fügte zwar hinzu, dass vermutlich noch ungefähr 200.000 andere Kinder an diesem Tag geboren wurden, aber dieser Geburtstag war Teil seiner selbst entwickelten Legende.[20]

Schon bei seinen ersten Büchern, die Fachbücher waren und nicht – wie später – populärwissenschaftliche Werke, verhielt er sich für einen Wissenschaftler ungewöhnlich. Er stritt heftig mit dem Verlag über den Umschlag des Buches *Superspace and Supergravity*, weil er wollte, dass der Verlag eine Zeichnung an der Tafel in seinem Büro fotografierte und als Motiv für den Schutzumschlag der gebundenen Ausgabe und den Einband des Taschenbuches verwendete.[21] Der Verlag lehnte das mit der Begründung ab, er habe noch nie einen Vierfarbenumschlag für ein Buch dieser Art angefertigt. Und angesichts der begrenzten Verkaufszahlen für ein wissenschaftliches Buch ließen sich die Kosten nicht rechtfertigen, zumal der Umschlag gewiss keinen Einfluss auf die Verkaufszahlen haben würde. Hawking drohte daraufhin, wenn der Umschlag nicht so gemacht werde, wie er es fordere, werde das Buch eben gar nicht erscheinen. Damit setzte er sich durch.[22]

Nach den ersten wissenschaftlichen Veröffentlichungen entschloss Hawking sich, populärwissenschaftliche Bücher zu schreiben. Angeblich hätten finanzielle Motive, nämlich die Kosten für seine Pflege, eine wichtige Rolle gespielt.[23] Vermutlich ist das richtig. Doch wichtiger war wahrscheinlich, dass Hawking weltberühmt werden wollte, und zwar nicht nur in den Kreisen der Wissenschaft, sondern weit darüber hinaus: »Wenn ich schon die Zeit und Mühe auf mich nahm, ein Buch zu schreiben, sollte es auch so viele Menschen wie möglich erreichen.«[24]

Hawking nahm sich vor, einen Bestseller zu schreiben. Seinem Agenten erklärte er, dass er ein Buch schreiben wolle, das in Flughafenbuchhandlungen verkauft werde. Der Agent erwiderte, das sei völlig unmöglich. Man könne es vielleicht an Wissenschaftler und Studenten verkaufen, aber ein solches Buch könne es niemals in die Regionen von Romanautoren wie Jeffrey Archer schaffen.[25]

Anders als viele andere Wissenschaftler hörte Hawking genau auf den Rat von Lektoren. Schon ganz am Anfang erklärte ihm der Lektor seines Verlages: »Es ist immer noch viel zu mathematisch, Stephen. Sehen Sie die Sache einfach so: Jede Gleichung halbiert die Verkaufszahlen.«

Hawking, der den ganzen Tag mit mathematischen Formeln zubrachte, verstand das zunächst nicht und verlangte eine Begründung, um die der Lektor nicht verlegen war: »Ganz einfach, wenn die Leute sich ein Buch im Laden anschauen, blättern sie es rasch durch, um zu entscheiden, ob sie es lesen wollen oder nicht. Sie bringen praktisch auf jeder Seite Gleichungen. Wenn die Leute das sehen, sagen sie: ›In dem Buch wimmelt es ja nur so von Formeln‹, und stellen es ins Regal zurück.«[26] Der Lektor hatte Hawking überzeugt, der sich jedoch letztlich entschied, das Buch nicht in seinem bisherigen Verlag – dem Wissenschaftsverlag Cambridge University Press – herauszubringen, sondern in einem größeren Verlag, der ein breiteres Publikum erreichen und einen höheren Vorschuss auf das Honorar zahlen konnte. Hawking bzw. sein Agent hatte mit mehreren Verlagen verhandelt und wurde schließlich mit dem amerikanischen Bantam-Verlag einig. Entscheidend war die Zusicherung dieses Verlages, das Buch werde in jedem amerikanischen Flughafenkiosk erhältlich sein. »Der Gedanke gefiel Hawking. Ihn faszinierte die Vorstellung, dass sein Buch bei einem der größten Verlage der Welt erscheinen sollte.«[27]

Die meisten Autoren lassen sich nicht gerne von einem Lektor hereinreden und schon gar nicht, wenn dieser verlangt, dass sie ihr Buch komplett umschreiben sollten. Im Fall von Hawking, der ja nicht so rasch Wörter zu Papier bringen konnte wie gesunde Menschen, war dieses Umschreiben besonders mühevoll. Doch Hawking wollte

»Master of the Universe«

unbedingt einen Bestseller schreiben und nahm dafür alle Mühen auf sich. Der Lektor veranlasste ihn, sein Buch so umzuschreiben, dass es auch für Nichtwissenschaftler wie ihn verständlich wurde. »Jedes Mal«, so berichtet Hawking, »wenn ich ihm ein neu verfasstes Kapitel schickte, bekam ich es prompt mit einer langen Liste von Fragen und Einwänden zurück, die er geklärt haben wollte. Zwischenzeitlich dachte ich, wir würden nie zu Rande kommen. Aber er hatte recht: Am Ende kam dabei ein viel besseres Buch heraus.«[28]

Der Lektor seines Wissenschaftsverlages, in dem das Buch nun nicht erscheinen konnte, hatte Hawking gewarnt: »Machen Sie sich klar, dass Sie nicht sehr heikel in Bezug auf die Vermarktungsmethoden sein dürfen, wenn es Ihnen ums Geld geht und Sie möglichst viele Bücher verkaufen wollen.« Auf Hawkings Frage, was er damit meine, antwortete er: »Ich traue denen glatt zu, dass sie den Leuten das Buch unter dem Motto: ›Sind Krüppel nicht wunderbar?‹ anpreisen. Machen Sie sich da keine Illusionen.«[29]

Das Buch, das zuerst in den USA unter dem Titel *A Brief History of Time* erschien, wurde jedoch auch ohne solche primitiven Marketingmaßnahmen ein Bestseller und übertraf noch weit die Erwartungen des Verlages. 147 Wochen war es auf der Bestsellerliste der »New York Times« und sogar mit einem neuen Rekord von 237 Wochen auf der der Londoner »Times«[30], in Deutschland war es 41 Wochen lang auf der »Spiegel«-Bestsellerliste.

Es wurde in 40 Sprachen übersetzt und über zehn Millionen Mal verkauft.

Warum wurde das Buch so erfolgreich? Hawking selbst meinte, die meisten Kritiken, obwohl positiv, seien wenig erhellend gewesen. In der Regel folgten sie alle dem gleichen Schema: Stephen Hawking leidet an einer schweren Krankheit, sitzt im Rollstuhl und kann kaum die Finger bewegen. Trotzdem hat er ein Buch über die größte Frage aller Zeiten geschrieben: Woher kommen wir und wohin gehen wir? Wenn Hawking recht habe und wir eine vollständige, vereinheitlichte Theorie fänden, würden wir Gottes Plan wirklich kennen, hieß es in Rezensionen. In den Druckfahnen, so Hawking, hätte er den letzten Satz des Buches, der eben lautete, dass wir dann Gottes Plan kennen würden, beinahe gestrichen. Doch: »Hätte ich es getan, hätten sich die Verkaufszahlen möglicherweise halbiert.«[31]

Hawking strich den Satz nicht und bewies damit seinen Sinn für Marketing und Verkauf. Er räumte ein, dass die »Human-Interest-Geschichte, wie es mir gelang, trotz meiner Behinderung theoretischer Physiker zu werden, zum Verkaufserfolg beigetragen« habe.[32] Ausdrücklich setzte er sich in seiner Autobiografie mit dem Vorwurf auseinander, der Verlag habe seine Krankheit schamlos ausgenutzt und er hätte sich daran beteiligt, weil er es erlaubt habe, dass ein Bild auf dem Buchumschlag erschien, das ihn – wie er es selbst formulierte – als »erbarmungswürdig«[33] im Rollstuhl mit Sternenhimmel zeigte.

»Master of the Universe«

Er wies den Vorwurf mit dem Hinweis zurück, der Verlag habe ihm kein Mitspracherecht bei der Umschlagsgestaltung eingeräumt. »Allerdings konnte ich den Verlag überreden, anstelle des erbarmungswürdigen, veralteten Fotos auf der amerikanischen Ausgabe für die britische ein besseres Foto zu nehmen. Das Bild auf dem amerikanischen Buchumschlag wird Bentam jedoch nicht verändern, weil, so die Verantwortlichen, das amerikanische Publikum das Foto jetzt mit dem Buch identifiziert.«[34]

Das klingt nicht sehr glaubwürdig. Hätte Hawking den ursprünglichen Umschlag nicht gut gefunden, dann hätte er mit Sicherheit dagegen gekämpft. Er hatte ja – wie erwähnt – schon bei einem wissenschaftlichen Werk seinem damaligen Verlag damit gedroht, das Projekt scheitern zu lassen, wenn der von ihm präferierte Umschlag nicht genommen würde. Hawking war ausgesprochen durchsetzungsstark und verfolgte seine Interessen in harten Verhandlungen. Es ist bezeichnend, dass er in seiner Autobiografie auch *nicht* behauptet, der Verlag habe den Umschlag gegen seinen Willen gebracht. Und er berichtet *nicht* davon, dass er versucht habe, den Verlag davon abzubringen, das Rollstuhl-Foto als Buchcover zu verwenden. Er verweist nur auf die – in fast allen Verlagsverträgen übliche – juristische Formulierung, die dem Verlag das Recht gibt, über den Umschlag zu entscheiden.

Der Verlagslektor meinte denn auch zu den Vorwürfen, der Verlag habe Hawking ausgenutzt, indem er das Rollstuhl-Foto auf dem Cover brachte: »Der Mann kennt

Stephen schlecht, wenn er glaubt, man könnte ihn ausnutzen. Niemand kann das. Stephen kann sehr gut auf sich selbst aufpassen.« Bei anderer Gelegenheit sagte er: »Für einen Menschen in Hawkings körperlichem Zustand ist es ein beispielloser Triumph, auf dem Titelblatt des eigenen Buches zu erscheinen.«[35]

Hawking setzte sich auch mit der Behauptung auseinander, viele Menschen hätten das Buch gekauft, es jedoch nicht gelesen. Dagegen führte er Zuschriften von Lesern an, die erkennen ließen, »dass die Briefschreiber es gelesen, wenn auch vielleicht nicht immer vollständig verstanden« hätten. Zudem führt er als Gegenargument an, er werde manchmal von Fremden auf der Straße angesprochen, die ihm sagten, wie gut ihnen das Buch gefallen habe. Dies ließe darauf schließen, »dass ein großer Teil der Menschen, die das Buch kaufen, es auch wirklich lesen«.[36] Nun, für einen Wissenschaftler ist diese Argumentation nicht gerade schlüssig. So wie jeder Autor wollte Hawking natürlich, dass seine Bücher nicht nur gekauft, sondern auch gelesen und verstanden würden. Aber die ganze Geschichte um seine *Kurze Geschichte der Zeit* beweist vor allem Hawkings Sinn für Selbstvermarktung.

Die meisten Wissenschaftler schreiben keine populärwissenschaftlichen Bücher – erst recht gilt dies für Mathematiker und Physiker. Das Buch wurde auch nicht zufällig ein Bestseller, sondern Hawking war bereit, alles dafür zu tun, damit dies auch gelingen möge: Er brach mit seinem bisherigen Wissenschaftsverlag und entschied sich für einen Publikumsverlag, der ihm zusicherte, dass das Buch in allen amerikanischen Flughafenbuchhandlungen erhältlich sein werde. Immer wieder schrieb er das Buch um, obwohl das für ihn außerordentlich mühevoll war. Er vermied alles, was die Lesbarkeit für ein nichtwissenschaftliches Publikum vermindern könnte. Und er akzeptierte auch den Umschlag, der ihn im Rollstuhl zeigte.

Hawking beteiligte sich sehr aktiv an der Marketingkampagne für das Buch. Manche staunten darüber, dass er bereit war, mit Boulevardzeitungen wie dem »Sunday Mirror« zu sprechen.[37] Nach dem Erscheinen des Buches begannen die Menschen, Hawking auf der Straße anzusprechen, was er sehr genoss.[38] »Ich freue mich, dass ein naturwissenschaftliches Buch sich mit den Memoiren von Popstars messen kann«, erklärte er.[39]

Hawking veröffentlichte nach der *Kurzen Geschichte der Zeit* zwölf weitere populärwissenschaftliche Werke – unter anderem ein Kinderbuch, das er zusammen mit seiner Tochter verfasste –, die zwar Bestseller wurden, aber nicht an den beispiellosen Erfolg des ersten Buches anknüpfen konnten.[40]

Der Rummel um seine Person und das Buch hatte auch eine Kehrseite. Mehrere seiner Physiker-Kollegen kritisierten, Hawking habe allgemein akzeptierte und bewiesene Theorien mit seinen eigenen umstrittenen Spekulationen vermischt, ohne dem Laien die Grenze zwischen beidem deutlich zu machen. Andere bezeichneten es als anmaßend, dass er das Buch mit Kurzbiografien über Galilei,

Newton und Einstein beendete, weil er sich dadurch in eine Reihe mit diesen Personen haben stellen wollen.[41]

Die Vermengung wissenschaftlicher Erkenntnisse mit Spekulationen und persönlichen Meinungen des Autors und die Neigung Hawkings, sich zu Themen von allgemeinem Interesse zu äußern, waren auch das Erfolgsmodell weiterer Veröffentlichungen. In dem Buch *Brief Answers to the Big Questions* äußerte sich Hawking beispielsweise ausführlich zu diesen Themen:

- Gibt es einen Gott?
- Gibt es intelligentes Leben im Universum?
- Sind Zeitreisen möglich?
- Werden wir auf der Erde überleben?
- Sollten wir den Weltraum besiedeln?
- Wie gestalten wir unsere Zukunft?

Die Antworten auf viele dieser Fragen hatten wenig mit wissenschaftlichen Erkenntnissen zu tun. Sein Argument, dass wir auf der Erde nicht dauerhaft überleben würden, weil beispielsweise der Einschlag eines großen Meteoriten irgendwann dem Leben auf unserem Planeten ein Ende bereiten würde, ist nicht neu und mehr oder minder Allgemeingut. Daraus leitete er die Forderung ab, andere Himmelskörper zu besiedeln.

Hawking spekulierte zudem darüber, dass Forscher durch gentechnische Veränderungen einen »Übermenschen« züchten könnten. In der Folge würde es erhebliche politische Probleme mit den Menschen geben, die nicht verändert und verbessert wurden und folglich nicht mehr konkurrenzfähig seien. »Sie werden vermutlich aussterben oder zur Bedeutungslosigkeit verurteilt sein. Ein Geschlecht von Lebewesen wird den Ton angeben, das sich selbst designt und sich in immer rascherem Tempo optimiert.«[42] Diese Mischung aus Science und Science-Fiction trug wesentlich dazu bei, Hawkings Popularität zu erhöhen – und brachte ihn und seine Bücher in die Schlagzeilen.

Oft äußerte Hawking sich – so wie Einstein – politisch, wobei er Meinungen vertrat, die allgemein zum linksgrünen Zeitgeist passten: »Die Erde wird zu klein für uns. Unsere Ressourcen wie beispielsweise die Bodenschätze erschöpfen sich mit rasanter Geschwindigkeit. Wir haben unserem Planeten das katastrophale Geschenk des Klimawandels beschert.«[43]

Der Zeitraum für die Apokalypse wurde bei Hawking immer kürzer. 2016 erklärte er, dass eine Katastrophe in den kommenden 1.000 oder 10.000 Jahren nahezu gewiss sei. 2017 warnte er, der Klimawandel könne die Erde innerhalb der nächsten 600 Jahre in einen Feuerball mit einer Temperatur von 250 Grad und schwefelsaurem Regen verwandeln. Im folgenden Jahr verkürzte er den Countdown auf nur mehr ein Jahrhundert – mehr Zeit habe die Menschheit nicht, darum müsse sie einen anderen Planeten besiedeln.[44] Schon in den 90er-Jahren hatte Hawking Weltuntergangsszenarien entworfen, wobei die Gründe für die apokalyptischen Warnungen wechselten – mal waren es Computerviren oder die Genmanipulation, dann ein Atomkrieg oder ein Asteroideneinschlag, schließlich die Aggressivität Künstlicher Intelligenz (KI).

Zu diesen Themen hatte Hawking niemals geforscht, aber wenn solche düsteren Prophezeiungen von einem renommierten Wissenschaftler geäußert wurden, hatten sie stärkeres Gewicht und fanden besondere Aufmerksamkeit. Aus den gleichen Gründen finden entsprechende Statements und Aktivitäten von Hollywood-Schauspielern und anderen Prominenten große Aufmerksamkeit. Die Medien berichten wegen deren Prominenz gerne und groß darüber, obwohl diese Stars keine besondere Kompetenz haben, sich zu solchen Themen zu äußern.

Hawking hatte immer wieder gute Marketing-Ideen, um auf seine Thesen aufmerksam zu machen. Andere Wissenschaftler hätten sich vielleicht gar nicht mit Themen wie »Zeitreisen« befasst – und wenn, dann in wissenschaftlichen Aufsätzen in Fachzeitschriften. Hawking hatte eine andere Idee. Am 28. Juni 2009 veranstaltete er eine »Party für Zeitreisende« in seinem College Gonville & Caius in Cambridge, um einen Film über Zeitreisen zu zeigen. Der Raum war mit Luftballons, Häppchen und Transparenten mit der Aufschrift »Willkommen, Zeitreisende« hergerichtet. Damit nur echte Zeitreisende kämen, hatte er die Einladung erst nach der Party verschickt und in seiner Fernsehsendung im Jahr 2010 verkündet. »Am

Tag der Party saß ich im College und hoffte, aber niemand kam. Ich war enttäuscht, aber nicht überrascht, denn ich hatte ja gezeigt, dass Zeitreisen nicht möglich sind, wenn die Allgemeine Relativitätstheorie stimmt und die Energiedichte positiv ist. Aber ich hätte mich riesig gefreut, wenn eine meiner Annahmen sich als falsch herausgestellt hätte.«[45]

Bei anderer Gelegenheit machte er Schlagzeilen durch die Wette mit dem Physiker Kip Thorne. Es ging darum, ob der Doppelstern Cygnus X-1 ein Schwarzes Loch enthalte oder nicht. Ungewöhnlich war nicht die Wette, sondern der ausgelobte Preis. Seinem Wettpartner versprach er, sollte dieser die Wette gewinnen, ihm ein Jahresabonnement für das Männermagazin »Penthouse« zu zahlen. »In den Jahren nach der Wette wurden die Belege für Schwarze Löcher so überzeugend, dass ich meine Niederlage eingestand und Kip das ›Penthouse‹-Abonnement zukommen ließ – sehr zum Missfallen seiner Frau.«[46]

Selbst dann, wenn er sich geirrt hatte, gelang es Hawking noch, das Eingeständnis eines Irrtums als großen medialen Auftritt zu inszenieren, der seine Popularität erhöhte. Während einer Konferenz im Jahr 2003 verglich sein wissenschaftlicher Kontrahent Leonard Susskind ihn mit einem Soldaten, der im Dschungel umherirrt und noch nicht bemerkt hat, dass der Krieg vorbei ist. Das war eine Anspielung auf die seit mehr als 20 Jahren andauernde Kontroverse zwischen den beiden Physikern über das Schicksal von Informationen, die in ein Schwarzes Loch fallen. »Im folgenden Jahr äußerte er sich dazu – ein öffentlicher Widerruf für viele. Mit dem für ihn typischen Showeffekt teilte Hawking vorab mit, dass er sein Statement bei der Dublin-Konferenz abgeben werde, worauf die globalen Medien den Veranstaltungsort stürmten.« Im Grunde räumte er ein, dass seine Kritiker recht hatten, und überreichte seinem Wettkontrahenten bühnenreif eine Baseball-Enzyklopädie als Wettgewinn. Doch da er dem Eingeständnis ein »Aber« hinzufügte, empfanden manche Kollegen seinen Auftritt »bestenfalls rätselhaft und schlimmstenfalls eine Showeinlage, um der Konferenz seinen Stempel aufzudrücken und sich in den Medien zu profilieren«.[47] Auch dies zeigte die Genialität von Hawking als Selbstvermarkter: Sogar aus einem wissenschaftlichen Irrtum machte er eine mediale Show, in deren Mittelpunkt er stand.

Hawking wurde immer mehr zu einem medialen Superstar. Den Großteil seiner Zeit verbrachte er nicht mehr mit wissenschaftlicher Arbeit, sondern mit populären Inszenierungen. Nach 2000 benutzte er fast ausschließlich einen Privatjet, weil er unablässig unterwegs war. Großes Aufsehen erregte er 2007 mit einem Parabelflug, der es ihm, der sonst an den Rollstuhl gefesselt war, ermöglichte, vier Minuten lang Schwerelosigkeit zu genießen.[48] Auftritte in weltweit ausgestrahlten Fernsehshows machten ihn zum »bekanntesten und berühmtesten Wissenschaftler unseres Planeten« – ein Status,

»Master of the Universe«

der ihn zum Objekt etlicher Dokumentarfilmer machte. Sein Name taucht in acht Dokumentationsfilmen oder -serien auf, unter anderem in *Stephen Hawking: Master of the Universe*, der 2008 ausgestrahlt wurde. In einer Biografie heißt es, Hawking »mag nicht der größte Kosmologe seit Einstein sein oder der ersten Liga der modernen Physiker angehören«, aber »er stürmte mit seinen Büchern die Bestsellerlisten, traf auf Päpste und Präsidenten, füllte Konzerthallen wie ein Rockstar. Er bereiste die Welt, genoss Schwerelosigkeit im Flugzeug und Fahrten im Heißluftballon, hatte Gastauftritte in Fernsehserien und wurde von Schauspielern auf der Kinoleinwand verkörpert.«[49] Ein Genie war er zweifelsohne – ein Genie der Selbstvermarktung.

Instrumente der Selbstvermarktung, die Hawking nutzte:

1. Hawking suchte sich ein Feld, wo es nicht so viel Wettbewerb gab und er leichter Aufmerksamkeit erzielen konnte. Die Teilchenphysik lockte damals die meisten begabten Physiker an, er entschied sich hingegen für Kosmologie und Allgemeine Relativitätstheorie, zwei Gebiete, auf denen wesentlich weniger Wissenschaftler arbeiteten.

2. Hawking machte aus einem Nachteil – seiner Behinderung – einen Vorteil. Auf dem Cover seines Bestsellers prangte ein Bild, das ihn im Rollstuhl zeigte, und seine synthetische Computerstimme ließ er sogar urheberrechtlich schützen. Er nutzte die »Human Interest«-Story über seine Behinderung gezielt für die Selbstvermarktung und die Pressearbeit.

3. Hawking war es egal, wenn seine Fachkollegen ihn beneideten und ihm vorwarfen, »populärwissenschaftlich« zu sein. Er wollte populär sein und gab sich viel Mühe, ein wissenschaftliches Buch allgemeinverständlich zu schreiben, damit es ein Bestseller wurde. Er machte zur Bedingung, dass der Verlag das Buch in jeder Flughafenbuchhandlung verkaufte.

4. Hawking legte großen Wert auf aktive Öffentlichkeitsarbeit, gab sogar Boulevardzeitungen gerne Interviews und trat als Gaststar in Fernsehfilmen und Shows auf.

5. Hawking war keineswegs bescheiden: Er nahm in sein Buch Kurzbiografien von Galilei, Newton und Einstein auf und gab immer wieder zu erkennen, dass er sich in einer Reihe mit diesen berühmtesten Wissenschaftlern der Geschichte sah. In der Serie

Raumschiff Enterprise nahm er als Gaststar an einer Pokerrunde mit Newton und Einstein teil. Und er betonte immer wieder, dass sein Geburtstag der 300. Todestag von Galilei war.

6. Hawking entwickelte viel Fantasie, um gute Storys für die Medien zu produzieren. So lud er zu einer öffentlichen Party für Zeitreisende ein, verschickte die Einladung aber erst, nachdem die Party stattgefunden hatte, damit nur echte Zeitreisende kämen. Und natürlich kündigte er das im Fernsehen an. Er machte öffentliche Wetten mit Physiker-Kollegen und erzielte Aufmerksamkeit mit einem ungewöhnlichen Preis, nämlich einem Jahresabonnement von »Penthouse«.

7. Niederlagen in PR-Siege verwandeln: Selbst wenn Hawking in einer wissenschaftlichen Kontroverse unrecht behielt, macht er aus seinem entsprechenden Eingeständnis noch eine große Show und ein mediales Ereignis.

Cassius Clay, der sich später Muhammad Ali nannte, mit 20 Jahren. Der Boxer, so erinnert sich der Fotograf Neil Leifer, der ihn oft fotografierte, »war der Traum eines Fotografen ... Ali wusste, wie man posiert. Ich denke, es war die Eitelkeit, die ihn sich auf die Kamera konzentrieren ließ ... Ein Fotograf konnte mit Ali nichts falsch machen. Er machte deinen Job zu einem Erfolg, nur indem er auftauchte.« Quelle: Getty

5. Muhammad Ali
»I am the Greatest!«

Er wurde vom meistgehassten zu einem der am meisten bewunderten Sportler der USA, zu einer nationalen Ikone. Muhammad Ali war der bekannteste Sportler des 20. Jahrhunderts und gewann drei Mal den Titel des unumstrittenen Schwergewichtsweltmeisters im Boxen. Seine Leistungen in dieser schon immer prestigeträchtigen Disziplin waren überragend, aber nicht der ausschlaggebende Grund für seine Popularität. Vor allem war er ein Genie der Selbstvermarktung.

Cassius Clay – so sein Geburtsname – war bereits eine Berühmtheit, bevor er im Jahr 1964 seinen ersten Titelkampf gegen den Schwergewichtsweltmeister Sonny Liston erfolgreich bestritten hatte. Schon ein Jahr vor diesem Sieg hob ihn die Zeitschrift »Time« (die damals eine Auflage von zehn Millionen hatte) auf ihre Titelseite. Eine Zeichnung zeigte ihn mit herausfordernd gehobenem Kopf und offenem Mund; über Clays Kopf umfasste ein paar Boxhandschuhe einen Gedichtband – eine Anspielung auf seine Gewohnheit, kurze Verse zu dichten. In der Titelgeschichte war zu lesen: »Cassius Clay ist Herakles, der seine zwölf Arbeiten vollbringt. Er ist Jason auf der Jagd nach dem Goldenen Vlies. Er ist Galahad, Cyrano,

D'Artagnan. Wenn er mürrisch blickt, erzittern starke Männer, und wenn er lächelt, schmelzen die Frauen dahin. Die Rätsel des Universums sind seine Bauklötze. Er lässt den Donner grollen und schleudert den Blitz.«[1] Als diese Zeilen erschienen, war Clay noch in den Anfängen seiner Karriere. Aber schon damals ließ er die Welt wissen, dass er der Größte und der Schönste sei und dass niemand ihn schlagen könne.

Eine Computeranalyse der Filmaufzeichnungen seiner Kämpfe ergab, dass er in der ersten Phase seiner Karriere, von 1960 bis 1967, 61,4 Prozent aller Treffer erzielte. In der zweiten Phase seiner Karriere ab 1970 erzielte er nur noch 50 Prozent der Treffer in einem Kampf. Computeranalysen vergleichen die Prozentzahl der gelandeten Treffer eines Boxers im Vergleich zur Prozentzahl der Treffer, die ihre Gegner landen können. Die Differenz dieser beiden Werte betrug bei dem Weltergewichtler Floyd Mayweather jr. 25,2 Prozentpunkte, bei Joe Frazier 18,9 Prozentpunkte, während bei Muhammad Ali die Differenz sehr viel schlechter war und minus 1,7 Prozentpunkte betrug. Selbst wenn man weitere Faktoren einbezieht, wie etwa die Zahl der schweren Treffer, schaffte es Ali nicht unter die besten Schwergewichtler der Boxgeschichte.

Sein Biograf Jonathan Eig bilanziert: »Unter all diesen statistischen Gesichtspunkten war die Bilanz des Mannes, der sich selbst als ›den Größten‹ bezeichnete, während eines Großteils seiner Karriere unterdurchschnittlich.«[2] Und Eig fragt denn auch: »Sprachen ihm die Punktrichter unberechtigte Rundengewinne zu, weil er über einen auffälligen Kampfstil verfügte und von den Schlägen seiner Gegner scheinbar nie gezeichnet wurde? Gewann er Runden einfach nur, weil er der große Muhammad Ali war?«[3] In der Tat waren einige seiner Siege umstritten. Dass Kampfrichter nicht unbeeindruckt von der Berühmtheit und dem Charisma eines Sportlers urteilen, wissen wir auch von anderen Superstars. Schon die Tatsache, dass er die Chance erhielt, einen Titelkampf zu bestreiten, war ein Ergebnis seines PR-Genies. »Wäre Clay ein gewöhnlicher Boxer mit einer Kampfbilanz von 17 Siegen in Serie ohne eine Niederlage gewesen, mit Siegen gegen Boxer, die allesamt nicht (oder nicht mehr) zur Spitzenklasse gehörten, wäre er für einen Titelkampf nicht infrage gekommen«, so Eig. Aber Clay war anders als alle anderen Boxer. Sein großes Mundwerk sowie seine Angewohnheit, genaue Vorhersagen darüber zu machen, in welcher Runde seine Gegner fielen, waren ebenso ein Faktor wie sein gutes Aussehen. Aber allem voran nennt Eig die Tatsache, dass er sich schon früh »zu einem äußerst geschickten Werbefachmann in eigener Sache entwickelte«.[4]

Clay war nicht gebildet, tat sich schwer im Lesen wie im Schreiben. Im Jahr 1957 unterzog er sich einem Intelligenztest und erzielte ein unterdurchschnittliches Ergebnis. Sein Abschlusszeugnis von der High School bestand aus einem »certificate of attendance« (Teilnahmebescheinigung), dem schlechtesten von der Schule vergebenen Abschluss.[5] In dem 391 Schüler starken Abschlussjahrgang belegte er Platz 376.⁶ Beim Intelligenztest für die Aufnahme in die Armee fiel er zunächst zweimal durch und erreichte später die Mindestpunktzahl nur, weil die US-Army sie wegen des Vietnamkrieges gesenkt hatte.⁷ Später in seinem Leben bekannte er, dass er niemals ein Buch gelesen habe.⁸

Das Einzige, was ihm an der Schule gefiel, war das Publikum, das er dort hatte. »Die Aufmerksamkeit auf sich ziehen, öffentliches Auftreten, das gefiel mir am besten«, erinnerte sich Clay. »Und bald war ich der bekannteste Junge in der Schule.«⁹

Für eine Zeitungskolumne, die man in vier bis fünf Minuten lesen konnte, brauchte er 20 bis 30 Minuten,¹⁰ aber er hatte ein unglaubliches Talent für PR und erklärte schon als junger Mann detailliert seine Medienstrategie, also wie er mit einzelnen Zeitungen und Journalisten umging.¹¹

Ein Beispiel für seinen Einfallsreichtum im Umgang mit den Medien war ein Zusammentreffen mit einem Fotografen, der Clay für die Zeitschrift »Sports Illustrated« fotografieren sollte. Der ambitionierte Sportler fragte ihn, für welche Medien er noch arbeite, und war elektrisiert, als der Fotograf erwähnte, dass er häufig auch für »Life« fotografierte, damals das auflagenstärkste Magazin in den USA. Auf Clays Frage an den Fotografen, ob er ihn auch für »Life« fotografieren könnte, entgegnete dieser, das könne er nicht entscheiden und er werde wohl kaum einen Auftrag dazu von der Redaktion erhalten. Clay, noch in den Anfängen seiner Karriere, ließ jedoch nicht locker und fragte den Fotografen aus, welche Fotos er sonst noch so mache. Nachdem der Fotograf erwidert hatte, dass er sich auf Unterwasserfotografie spezialisiert habe, meinte Clay: »Ich habe es niemals jemandem erzählt, aber Angelo und ich haben ein Geheimnis. Weißt du, warum ich der schnellste Schwergewichtler der Welt bin? Ich bin der einzige Schwergewichtler, der unter Wasser trainiert.« Er trainiere aus dem gleichen Grund im Wasser, aus dem manche Sportler beim Laufen schwere Schuhe tragen. »Tja, und ich gehe bis zum Hals ins Wasser und punche im Wasser, und wenn ich aus dem Wasser komme, dann bin ich blitzschnell, weil es keinen Widerstand mehr gibt.«[12] Der Fotograf war zwar erst misstrauisch, aber Ali bot ihm an, ihn bei einem Training dieser Art zu begleiten und exklusiv für »Life« darüber zu berichten. Der Fotograf rief das Magazin an und erhielt schließlich den Auftrag für die Fotosession, und »Life« brachte einen Artikel, wie der Box-Champion unter Wasser trainierte. Natürlich hatte sich Clay die ganze Geschichte nur ausgedacht, aber der Erfolg, nämlich ein Porträt im auflagenstärksten Magazin der USA, bestätigte ihn.

Ali, so erinnert sich Neil Leifer, der ihn oft fotografierte, »war der Traum eines Fotografen ... Ali wusste, wie man posiert. Ich denke, es war die Eitelkeit, die ihn sich auf die Kamera konzentrieren ließ ... Ein Fotograf konnte mit Ali nichts falsch machen. Er machte deinen Job zu einem Erfolg, nur indem er auftauchte.«[13] Nach Einschätzung von

Dick Schaap, damals einer der bekanntesten Sportreporter der USA, hat Clay mehr Interviews gegeben »als irgendjemand sonst in der Geschichte ... Ich kann mir keinen Politiker und keine Figur aus dem Showgeschäft denken, die so viele Male und so lang mit so vielen Menschen geredet hat, wie er es getan hat.«[14]

Mike Katz, ein bekannter Sportjournalist, der vor allem für die »New York Times« arbeitete, glaubt nicht, »dass es einen anderen Sportler in der Geschichte gab, der den Medien so viel von sich gab wie Ali. Er mochte die Aufmerksamkeit, sie ließ ihn aufblühen.« Katz fügte hinzu, wenn keine Menschen in der Nähe wären, würde Ali wahrscheinlich die Aufmerksamkeit einer Katze in Anspruch nehmen. »Aber er arbeitete auch kooperativ mit den Medien zusammen und verstand sie besser als jeder, den ich kenne.« Selbst für die kleinsten Medien habe er sich viel Zeit genommen. »Ali verwandte ebenso viel Zeit auf ein Gespräch mit einem Zehntklässler von der örtlichen Highschool-Zeitung wie für den Boxsport-Reporter der ›New York Times‹«, so Katz.[15]

Laut Ed Schuyler von der führenden Nachrichtenagentur »Associated Press« hat es niemals einen Sportsuperstar gegeben, »der für die Medien zugänglicher war als Ali. Sein Trainingscamp war immer offen. Man konnte 24 Stunden am Tag über ihn berichten ... Sobald er ein Mikro sah, oder wenn zwei oder drei von uns Notizen machten, war es, als hätte jemand einen Schalter umgelegt und ein Licht ginge an.«[16]

»I am the Greatest!«

Schon in der Anfangsphase seiner Profilaufbahn trug Clay weiße T-Shirts, auf die in roter Schrift sein Name gedruckt war. Andere Boxer trugen ihren Namen auf dem Rückenteil des Bademantels, aber das galt nur für die Kampfabende. »Es war vielleicht das erste Mal überhaupt, dass ein amerikanischer Sportler den eigenen Namenszug als Gestaltungselement für Alltagskleidung verwendete. Hier zeigte er sich bereits als einer der geschicktesten Selbstvermarkter der gesamten Sportszene.«[17]

Clay dachte sich immer neue PR-Gags aus. Lange vor seinem ersten Titelkampf ließ er sich in einer Ladenpassage in New York am Time Square eine Zeitung ausdrucken mit einer selbst ausgedachten Schlagzeile: »Cassius fordert Patterson heraus«. »Zu Hause«, so Clay, »glaubten sie, das ist echt«.[18] Er war bekannt für seine prahlerischen Sprüche (»I am the Greatest«) und sein Selbstlob, aber einmal erschien er zum Wiegen mit einem Streifen Klebeband über dem Mund – ein Gag, der sogar seinem Gegner ein Lächeln abrang.[19]

Vor seinem ersten Weltmeister-Titelkampf gegen Sonny Liston fuhr er mit einem Bus, an dessen Außenseite er große Schilder angebracht hatte: »The Greatest«, »World's Most Colorful Fighter« und »Sonny Liston will go in eight«.[20] Er rief ein paar Zeitungen und Radiokanäle an und fuhr dann mitten in der Nacht mit dem Bus vor das Haus von Liston. Er krakelte auf dem Rasen vor dem Haus des Schwergewichtsweltmeisters herum und kündigte an, wie er ihn verprügeln würde.[21]

Ein besonderer PR-Gag von Clay war, dass er begann, vor den Wettkämpfen genau vorherzusagen, in welcher Runde sein Gegner fallen werde. Das hatte kein Boxer vor ihm getan und sorgte allein schon für große Spannung. Clay begann früh, sich kurze Verse auszudenken, die später sein Markenzeichen wurden. So sagte er einem Reporter:

»This guy must be done,
I'll stop him in one.«[22]

Bei einem anderen seiner frühen Kämpfe sagte er voraus, sein Gegner werde in der sechsten Runde fallen. Kritiker stießen sich daran, dass Clay zuweilen eine ganze Runde Leerlauf einlegte, nur um seine Vorhersage einlösen zu können.

Clay jedoch »gefiel sein neuer Werbetrick, er genoss auch die zusätzliche Aufmerksamkeit, die ihm sein zunehmend forsches Verhalten einbrachte, und er war überzeugt davon, dass Publicity ihm schneller einen Titelkampf einbringen würde«.[23] Er trumpfte auf und machte die Vorhersagen, wann sein Gegner fallen werde, zu seinem USP: »Ich bin nicht der Größte. Ich bin der doppelt Größte. Ich knocke sie nicht bloß aus, ich bestimme auch die Runde. Ich bin heute der wildeste, der schönste, der überlegenste, der wissenschaftlichste und der fähigste Boxer im Ring. Ich bin der einzige Boxer, der von Ecke zu Ecke und von Club zu Club zieht und mit den Fans disku-

»I am the Greatest!«

tiert. Ich habe mehr öffentliche Aufmerksamkeit bekommen als irgendein anderer Boxer in der Geschichte. Ich rede mit Reportern, bis deren Finger wund sind.«[24]

Clay trat einerseits aggressiv und extrem großsprecherisch auf, aber andererseits meist auch mit einem Augenzwinkern und einer Dosis Humor. Das machte ihn beliebt. Vor dem Kampf mit Liston sagte er: »Ich will nicht nur Weltmeister werden, sondern auch Meister des gesamten Universums. Wenn ich erst mal Sonny Liston den Arsch versohlt habe, werde ich den kleinen grünen Männchen vom Jupiter und Mars den Arsch versohlen. Und deren Anblick dürfte mich auch nicht schrecken, weil die einfach nicht hässlicher als Sonny Liston sein können.«[25]

Als es dann zum gemeinsamen Wiegen mit Liston vor dem Kampf kam – bis dahin eher eine langweilige Routineangelegenheit –, drehte Clay regelrecht durch, schrie, schimpfte und hämmerte mit einem afrikanischen Spazierstock auf dem Boden herum. Sechs starke Männer, so schien es zumindest, mussten ihn festhalten, damit er nicht schon während des Wiegens auf Liston losging. Die meisten Beobachter dachten, er sei in völliger Hysterie gefangen, und viele glaubten, in dieser Verfassung sei er nicht fähig, einen Kampf durchzustehen. Einer, der das Geschehen genauer beobachtete, merkte jedoch, dass auch das nichts anderes als eine exakt inszenierte Show war und die meisten Sachen vorhergeplant erschienen.[26]

Ähnlich wie es in den 8oer-Jahren Arnold Schwarzenegger schaffte, Bodybuilding zu popularisieren – zuerst in den USA und dann weltweit –, so gelang dies Clay in den 60er-Jahren mit dem Boxsport. Doch er verstand sich nicht nur als Sportler, sondern mehr noch als Star im Entertainment-Geschäft. Schon in seiner frühen Karriere meinte er: »Ich habe nicht mehr das Gefühl, dass ich im Boxgeschäft bin. Es ist Showbusiness.«[27] Clay war, so sein Biograf Eig, »der größte Selbstvermarkter, den man im Boxsport jemals erlebt hatte«.[28]

1963 brachte er sogar eine Platte heraus, die aus seinen Monologen und Gedichten bestand und deren hauptsächlicher Inhalt Selbstlob war: »Ich bin so großartig, ich bin sogar selbst von mir beeindruckt ... Es ist hart, bescheiden zu sein, wenn man so groß ist, wie ich es bin ... Alle müssen in der Runde verlieren, die ich auswähle ... Ich bin ein perfektes Vorbild für Kinder: Ich sehe gut aus, bin anständig, kultiviert und bescheiden.«[29]

Bei vielen der in diesem Buch beschriebenen Persönlichkeiten nahmen Menschen, die sie kannten, einen ausgeprägten Narzissmus wahr und beobachteten, dass sie in emotionaler Hinsicht nie richtig erwachsen geworden seien. Das trifft auch für Clay zu. So beobachtete Jerry Izenberg, damals einer der berühmtesten Sportreporter der USA: »Er liebt Menschen in Gruppen, und sie können eine kurze Zeit lang seine individuelle Aufmerksamkeit erheischen. Aber der größte Teil seines Austausches mit anderen Menschen fokussiert sich auf ihn selbst – nicht auf abstoßende Weise, sondern wie ein Kind.«[30]

»I am the Greatest!«

Ein besonderes Markenzeichen – vom Beginn bis zum Ende seiner Karriere – waren kurze Gedichte und Verse, die Clay zunächst selbst dichtete. Sie gehörten ebenso zu ihm, wie die Verse und Sprüche von Albert Einstein oder Karl Lagerfeld Teil ihres Markenimages wurden. 1963 schloss sich Bundini Brown, der sich selbst als Schriftsteller sah und zumindest ein großes Talent hatte, für Clay Sprüche zu dichten, dem Sportler an. Er war es auch, der den Spruch erfand und zum Markenzeichen erhob, der zum bekanntesten Slogan Clays werden sollte: »Schwebe wie ein Schmetterling, stich wie eine Biene!« – mit diesen Worten fasste Brown Clays Stil so treffend zusammen, dass sie immer wieder zitiert wurden. Clay selbst wiederholte sie wohl Tausende Male.[31] Wenn es den Anschein hatte, dass Clay seine Sprüche spontan einfielen, dann trog der Schein nicht selten. Der Essayist Wilfrid Sheed erinnerte sich: »Ich hatte gehofft, seine witzigen Sprüche würden ihm so nebenher einfallen, bevor ich feststellte, dass er eine beeindruckende Datenbank davon hatte.«[32]

Clay lernte schnell von anderen Stars. Einmal hatte er einen Radioauftritt zusammen mit Gorgeous George, dem berühmtesten Profi-Wrestler jener Zeit. Er war durch seinen Sport sehr reich geworden, investierte aber viel mehr Zeit und Energie in die Selbstvermarktung als in die Wettkämpfe im Ring. Nach dem gemeinsamen Radiointerview sah Clay einen Wrestlingkampf von Gorgeous George in einer ausverkauften Halle. »Ich habe 15.000 Leute gesehen, die wollten, dass dieser Mann geschlagen wird«, erzählte er. »Und das nur, weil er so redet. Ich sagte, das ist eine guuuute Idee!«[33]

Clay provozierte bewusst mit seinen Sprüchen und mit seiner lauten Angeberei. Er war der Meinung, dass viele Zuschauer nur kamen, um zu sehen, wie jemand diesem ›schwarzen Großmaul die Fresse polierte‹. Später wurde Clay politisch sehr aktiv und war Fürsprecher der Schwarzen und Gegner des Vietnamkrieges. Aber in den ersten Jahren seiner Boxkarriere spielten diese Themen keine Rolle. Im Gegenteil. Die Führer der Bürgerrechtsbewegung in den USA waren enttäuscht, dass Clay sich wenig für ihr Anliegen zu interessieren schien. Sie kritisierten, dass er in seinen abschätzigen Äußerungen über andere schwarze Boxer sogar selbst rassistische Stereotype bediente.[34] Clay äußerte sich zunächst nur selten zur Lage der Schwarzen oder zur allgemeinen Politik.[35]

Gleichwohl näherte er sich zunehmend der »Nation of Islam« an, einer Vereinigung, die – anders als etwa Martin Luther King – die Integration strikt ablehnte und dem weißen einen schwarzen Rassismus entgegensetzte. Heute wird Clay als Vorkämpfer für die Gleichberechtigung von Afroamerikanern und der Integration gesehen, doch das entspricht nicht den Tatsachen. Tatsächlich vertrat er rassistische Ansichten wie diese: »In der Wildnis leben Löwen mit Löwen, Tiger mit Tigern, Rotkehlchen halten sich an Rotkehlchen und die Blaumeise bleibt bei der Blaumeise.«[36] Daher, so meinte er, sei die Integration ein Irrweg, schwarze und weiße Menschen sollten räumlich getrennt leben. Ein weltweites Bündnis der Nichtweißen solle letztlich zum Sieg der Schwarzen über die Weißen führen.[37]

Der Vorkämpfer für die Gleichberechtigung der Afroamerikaner, Martin Luther King, kritisierte denn auch Clay: »Als er sich den Black Muslims anschloss und damit anfing, sich Cassius X zu nennen, wurde er ein Verfechter der Rassentrennung und genau dagegen kämpfen wir.«[38] Clay lobte sogar den weißen Rechtsaußen-Politiker George Wallace für seine strikte Haltung zur Rassentrennung.[39]

Clay, der sich den Black Muslims anschloss und sich ab dem März 1964 Muhammad Ali nannte,[40] hatte also viele Gegner – unter den Weißen, aber auch unter den Schwarzen. »Ali könnte im Jahr 1965 durchaus der unbeliebteste Mann in ganz Amerika gewesen sein«, schreibt sein Biograf Eig.[41]

Ali wurde bekannt dafür, dass er den Kriegsdienst verweigerte und sich gegen den Krieg in Vietnam stellte. Seine Begründungen für diesen Schritt wechselten, was Alis Glaubwürdigkeit nicht erhöhte. Einmal nannte er als Grund, die USA seien ein christliches Land und seine Religion verbiete es ihm, an einem Krieg auf Seite der »Ungläubigen« teilzunehmen: »Nach dem Heiligen Koran dürfen wir noch nicht einmal Hilfe in der Form leisten, dass wir den Verwundeten einen Becher Wasser reichen. Ich meine, hier geht es um den Heiligen Koran.«[42]

Seine bekannteste Äußerung zur Begründung für die Kriegsdienstverweigerung war jedoch: »Ich habe kein

Problem mit dem Vietcong.« Dieser Satz wurde überall in Amerika zitiert und auf T-Shirts gedruckt – es wurde vielleicht eine der am häufigsten zitierten Äußerungen von Ali. So wurde er Teil der kritischen Generation, die in den 60er-Jahren weltweit gegen den Vietnamkrieg protestierte. Für die einen wurde er zum Helden, aber viele Amerikaner lehnten ihn auch wegen seiner unpatriotischen Einstellung ab. Arthur Daley von der »New York Times« rief zum Boykott von Ali auf – niemand solle seine Kämpfe anschauen: »Clay hätte der beliebteste Champion aller Zeiten sein können. Dann aber schloss er sich einer Hass-Organisation an und brachte mit seinem Herumgeprahle und seiner Verachtung für den Anstand, wenigstens ein bisschen Patriotismus zu zeigen, alle gegen sich auf.«[43]

Im Jahr 1965 wurde Ali die Boxlizenz durch die World Boxing Association und die New York State Athletic Commission entzogen, die anderen Boxkommissionen des Landes schlossen sich an und ihm wurde sogar der Weltmeistertitel aberkannt.[44] Im Juni 1967 wurde er wegen Kriegsdienstverweigerung zu fünf Jahren Gefängnis verurteilt, eine Strafe, die er jedoch nie antreten musste und die drei Jahre später wieder aufgehoben wurde.

Zu dem Konflikt mit dem Staat kam ein Streit mit den Black Muslims dazu, die sich daran störten, dass Ali erklärt hatte, er wolle wieder boxen, um damit Geld zu verdienen. Dass sich der Führer der »Nation of Islam«, Elijah Muhammad, daran stieß, war indes nicht ganz logisch,

»I am the Greatest!«

weil er bisher Alis sportliche Aktivitäten nicht nur akzeptiert hatte, sondern sein Sohn auch prächtig daran verdiente. Ali bekannte sich zwar weiter zu den »Black Muslims«, wie sich die »Nation of Islam« bezeichnete, aber Elijah Muhammad suspendierte schließlich seine Zugehörigkeit:[45] »Mr. Muhammad Ali soll von uns nicht mehr unter dem heiligen Namen Muhammad Ali bekannt sein«, hieß es in einer Erklärung vom 4. April 1969. »Wir werden ihn Cassius Clay nennen. Wir nehmen den Namen Allah von ihm, bis er sich als dieses Namens würdig erweist.«[46] Clay nannte sich jedoch weiterhin Muhammad Ali und beteuerte seine Treue zu der »Nation of Islam« und zu seinem Glauben.

Die erzwungene dreijährige Kampfpause (1967 bis 1970) nach der Aberkennung des Titels und dem Verbot von Boxveranstaltungen erwies sich für Ali sogar als positiv, wie der Historiker Jim Jacobs analysierte: »In gewisser Hinsicht war die Pause vom Boxen das Beste, was Ali überhaupt passieren konnte.« Denn vor der Pause habe ein erheblicher Teil der amerikanischen Öffentlichkeit Ali abgelehnt: »Und was noch schlimmer war, sie waren es müde, von ihm zu hören.« Die erzwungene Kampfpause habe alles anders gemacht. Ali sei zu einem Symbol für Menschen geworden, die sich zuvor nie für das Boxen interessiert hätten.[47]

Ali setzte in dieser Zeit seine Öffentlichkeitsarbeit fort, aber in anderer Weise. Er reiste durch das ganze Land und sprach auf zahlreichen Veranstaltungen. »Irgendwie«, so

Jacobs, »war es wie ein Präsidentschaftskandidat, der die Saat für die kommenden Wahlen sät.«[48] Als Ali nach mehr als drei Jahren Pause in den Ring zurückkehrte, hatte sich die Stimmung zu seinen Gunsten gewandelt. Er erhielt trotz der langen Kampfpause weitaus höhere Gagen als zuvor und wurde zum bestbezahlten Sportler. Allein für seinen Kampf gegen Frazier, der als »Kampf des Jahrhunderts« bezeichnet wurde, erhielt er eine Garantiezahlung von 2,5 Millionen Dollar, was heute mehr als 15 Millionen Dollar wären und die mit Abstand höchste Garantiezahlung war, die ein Boxer jemals erhalten hatte.[49]

Vor dem später legendären Kampf mit Joe Frazier nahm Clay seine alte Gewohnheit wieder auf, das Kampfergebnis vorherzusagen, aber diesmal mit einem besonderen Dreh. Als neue PR-Masche hatte er sich Folgendes ausgedacht: Er kündigte an, er werde fünf Minuten vor Kampfbeginn bei der Liveübertragung vor den Fernsehkameras ein Blatt Papier aus einem verschlossenen Umschlag nehmen. Auf diesem Papier werde seine Vorhersage stehen, in welcher Runde Frazier k.o. gehe.[50]

Ali gelang es, Frazier, der selbst schwarz war, als Hoffnung der Weißen zu positionieren. »Er schottete Joe von der Gemeinschaft der Schwarzen ab. Er brachte Joe ständig mit der Machtstruktur der Weißen in Verbindung und sagte Dinge wie: ›Jeder Schwarze, der zu Joe hält, ist ein Verräter.‹« In einer Talkshow meinte Ali: »Die einzigen Leute, die Joe Frazier die Daumen drücken, sind weiße Typen in Anzügen, Sheriffs in Alabama und Mitglieder des Klu Klux Klans. Ich kämpfe für den kleinen Mann aus dem Ghetto.«[51]

Joe Frazier war sein Leben lang verbittert über diese unfaire Propaganda von Ali: »Mich einen Onkel Tom zu nennen, mich den Champion des weißen Mannes zu nennen. Das war alles Verlogenheit, um die Leute gegen mich aufzubringen. Er half sich selbst, nicht den Schwarzen.«[52] Ali verfolgte diese Taktik nicht nur in seinem Kampf gegen Frazier, sondern generell, wenn er gegen schwarze Boxer antrat und sie zuvor diffamierte.

Am 30. Oktober 1974 fand der Kampf gegen George Foreman in Zaire statt – ein Kampf, der in die Boxgeschichte eingehen sollte. Vor dem Beginn des »rumble in the jungle« machte Ali eine PR-Tour durch Zaire, um die Einwohner des Landes für sich zu gewinnen. Auf dem Flug nach Kinshasa erklärten Alis Berater, dass manche seiner Attacken auf Foreman in Afrika möglicherweise nicht so gut funktionieren würden wie in den USA. Die Mehrheit der Bevölkerung von Zaire war christlich und nur wenige Menschen würden dort den Begriff »Onkel Tom« verstehen, mit dem Ali ansonsten seine schwarzen Gegner abfällig bezeichnete. Ali dachte kurz nach und fragte dann: »Wen hassen diese Leute?« Nachdem man ihm erklärt hatte, dass die Menschen in der ehemaligen belgischen Kolonie Belgier am meisten hassen würden, wusste Ali, was er zu tun hatte. Bei seiner Ankunft in Zaire brüllte er: »Ich bin der Größte« und fügte umgehend hinzu: »George Foreman ist ein Belgier«. Ali hatte Foreman, der selbst schwarz war, zunächst als Weißen bezeichnet. Jetzt nannte er ihn einen kolonialistischen Unterdrücker der Kongolesen. Einmal meinte er sogar, Foreman sei der »Unterdrücker aller schwarzen Nationen«.[53] So wie Steve Jobs die Konkurrenz zwischen Apple und IBM als Kampf des Guten gegen das Böse stilisierte,[54] so machte Ali aus dem Kampf zweier schwarzer Boxer einen Kampf gegen den vermeintlichen Feind aller Schwarzen. »Wenn er gewinnt, bleiben wir 300 weitere Jahre lang Sklaven«, sagte Ali bei einem Fernsehinterview vor dem Kampf. »Wenn ich gewinne, sind wir frei.«[55]

Manchmal lag Ali mit seinen übertriebenen Sprüchen gründlich daneben. Ärger bereitete ihm eine Äußerung, die er vor dem Kampf mit Foreman machte: »Ihr ganzen Jungs, die ihr mich nicht ernst nehmt, die ihr denkt, dass George Foreman mir den Arsch versohlen wird, wenn ihr nach Afrika kommt, werden Mobutus Leute euch in einen Topf stecken, kochen und aufessen.« Der Diktator Mobutu, der den Kampf nach Zaire geholt und maßgeblich bezahlt hatte, war darüber verständlicherweise sauer, denn er wollte ja das Image seines Landes durch das weltweit übertragene Spektakel aufbessern. Zwei Tage nach der Äußerung von Clay rief Mobutus Außenminister bei Alis Managern an und meinte: »Nun, bitte sagen Sie Mr. Ali, wir sind keine Kannibalen. Wir essen keine Menschen. Wir veranstalten diesen Kampf, um den Handel anzukurbeln und unserem Land zu helfen, und Mr. Alis Bemerkungen schaden unserem Image.«[56]

»I am the Greatest!«

Ali siegte durch K.O. in der achten Runde, eroberte sich damit den Weltmeistertitel zurück und widerlegte die vermeintliche eiserne They-never-come-back-Regel – vor ihm hatte das nur Floyd Patterson geschafft.

In den kommenden Jahren wurden Alis politische Äußerungen zunehmend moderater. Nur noch selten bezeichnete er die Weißen – so wie er das früher getan hatte – als blauäugige Teufel. Er blieb dem Anführer der »Nation of Islam«, Elijah Muhammad, treu ergeben, sagte das aber nicht mehr so oft wie früher.[57]

Er hielt keine Vorträge mehr, in denen er sich gegen den Vietnamkrieg wandte, und hielt sich generell mit kritischen politischen Äußerungen deutlich zurück. »Er bot das Bild eines Mannes, der in allererster Linie froh darüber war, wieder ein Boxer zu sein.«[58] Der legendäre Footballspieler Jim Brown meinte: »Als Ali aus dem Exil zurückkehrte, wurde er zum Liebling Amerikas, was gut für Amerika war, weil es Schwarz und Weiß zusammenbrachte. Aber der Ali, den Amerika schließlich liebte, war nicht mehr der Ali, den ich selbst am meisten liebte. Ich empfand nicht mehr die gleichen Gefühle für ihn, denn den Krieger, den ich liebte, gab es nicht mehr. Er wurde in gewisser Hinsicht zu einem Teil des Establishments.«[59]

Ali nahm sogar öffentlich seine Bemerkung zurück, dass er keine Probleme mit dem Vietcong habe. Jetzt erklärte er, dass er zwar zu seiner Entscheidung stehe, sich der Einberufung zu widersetzen, aber: »Ich würde diese Sache über den Vietcong nicht mehr sagen. Mit der Wehrpflicht würde ich anders umgehen. Es gab keinen Grund dafür, so viele Leute wütend zu machen.«[60] Diese Äußerung des Bedauerns wiederholte er bei verschiedenen Gelegenheiten. Und er relativierte auch seine frühere pazifistische Haltung, indem er erklärte, er würde kämpfen, wenn Amerika angegriffen würde.[61]

Ali, der in den 60er-Jahren der Held der linken Studenten war, irritierte manche seiner früheren Anhänger, als er bei der Präsidentenwahl öffentlich den Republikaner Ronald Reagan unterstützte, der für die Linke eine Hassfigur war.[62] Die Versöhnung Alis mit Amerika wurde deutlich, als er im Jahr 2005 von dem republikanischen Präsidenten George W. Bush die Presidential Medal of Freedom entgegennahm, die höchste zivile Auszeichnung des Landes.[63]

Freilich hatte sich nicht nur Ali verändert, sondern auch Amerika. Beide, Ali und der amerikanische Zeitgeist, hatten sich aufeinander zubewegt. Er war auch deshalb über so lange Zeit populär, weil er sich zwar einerseits gegen den Mainstream auflehnte, andererseits aber damit zugleich Teil des neuen Mainstreams wurde. In den 60er-Jahren war er Teil der Protestkultur und wurde als (wenn auch sehr radikaler) Teil der schwarzen Bürgerrechtsbewegung und der Bewegung gegen den Vietnamkrieg wahrgenommen. Als Kämpfer für die Sache der Afroamerikaner und gegen den Vietnamkrieg wurde er ebenso gehasst wie bewundert. Nachdem diese Kämpfe ausgefochten waren und Amerika sich in den 70er- und 80er-Jahren geändert hatte, fiel es Ali leichter, sich dem neuen Zeitgeist anzupassen und sich mit seinem Land zu versöhnen. »Meine Kämpfe im Boxring dienten nur dazu, mich populär zu machen«, bekannte Ali. »Ich genoss das Boxen nie. Ich genoss es nicht, Menschen zu verletzen, sie zu Boden zu schlagen. Aber diese Welt kennt nur Macht, Reichtum und Ruhm – so ist der Lauf der Dinge.«[64]

Instrumente der Selbstvermarktung, die Muhammad Ali nutzte:

1. Unverschämte Großkotzigkeit: Nicht einmal Donald Trump ist so extrem im Selbstlob (»Ich bin der Größte, ich bin der Schönste« usw.) wie Ali. Dabei war ihm bewusst, dass anfänglich viele Zuschauer kamen, um zu sehen, wie dem »schwarzen Großmaul die Fresse poliert« werde.

2. Unermüdliche Pressearbeit. Kaum jemand gab so viele Interviews und suchte von Beginn an so intensiv die Kontakte zu Medien wie Ali. So wurde er bereits berühmt vor seinem ersten Kampf um den Weltmeistertitel.

3. Kreative PR: Um einen Fotobericht in »Life« zu bekommen, erfand er die Geschichte vom Unterwassertraining. Vor einem Wettkampf sagte er voraus, in welcher Runde er seinen Gegner schlagen werde, und erhöhte damit die Spannung. Das Wiegen vor dem Wettkampf machte er zu einer Show für die Medien.

4. Gedichte und kurze Verse machte Ali von Beginn an zu seinem Markenzeichen: »Schwebe wie ein Schmetterling, stich wie eine Biene.«

5. Provokation: Er scheute sich nicht, mit seinen (politischen) Ansichten öffentlich zu polarisieren und zu provozieren. Das steigerte seine Bekanntheit.

6. Er stilisierte seine Kämpfe mit Gegnern als Kampf um die Befreiung der Schwarzen hoch. Selbst wenn er gegen andere schwarze Boxer antrat, positionierte er diese als »Onkel Tom« und »Hoffnung der Weißen«: »Wenn er gewinnt, bleiben wir 300 weitere Jahre lang Sklaven, wenn ich gewinne, sind wir frei.«

7. Er widersetzte sich dem Mainstream, aber prägte den Zeitgeist – und passte sich dem geänderten Zeitgeist an, auch wenn er manche Fans damit enttäuschte.

Erfolg, Luxus, Reichtum und schöne Frauen sind sein Markenzeichen: Präsident Donald Trump mit seiner Frau Melania zur Amtseinführung beim Inaugural Freedom Ball im Januar 2017 in Washington D.C. Quelle: Getty

6. Donald Trump

Trophy-Immobilien, Trophy-Frauen, Trophy-Präsidentschaft

Donald Trump polarisiert. Und er polarisierte schon lange bevor er in die Politik ging. Was auch immer er tat in seinem Leben – alles war der Frage untergeordnet, wie er noch berühmter werden konnte. Einige seiner Unternehmen waren wirtschaftlich nicht erfolgreich, aber wie kaum ein anderer verstand er es, seinen Namen zu vermarkten und damit Geld zu verdienen. Selbst dann, wenn die Unternehmen, denen er oft nur seinen Namen lieh, Geld verloren, verdiente er weiter als Lizenzgeber. »Donald Trump«, schreiben seine Biografen Kranish und Fisher, »hat nach dem Glaubenssatz gelebt, alle Aufmerksamkeit, ob schmeichlerisch, kritisch oder irgendwas dazwischen, sei zu seinem Nutzen, sein persönliches Image definiere seinen Markennamen, er selbst sei sein Markenname«.[1]

Trump ist anders als die meisten Reichen. Zumeist schirmen die Vermögenden ihre Privatsphäre so gut wie möglich ab. Karl und Theo Albrecht, die Aldi-Gründer, waren lange Zeit die reichsten Deutschen: Sie achteten sogar darauf, dass nicht einmal ein Foto von ihnen geschossen wurde und gaben fast nie Interviews. Niemand wusste etwas über ihr Privatleben, sie lebten vollkommen abgeschirmt, so wie viele andere reiche Menschen. Trump dagegen »war einer der wenigen Milliardäre, denen Privatsphäre egal war, der die Kameras einlud, die Wand in seinem Büro abzulichten, auf der er sich selbst feierte. Er stellte seinen Reichtum zur Schau, gab das Geld mit beiden Händen aus, spielte mit den Medien, um in den Klatschspalten präsent zu sein, im Wirtschaftsteil, im Sportteil und auf dem Titelblatt.«[2]

»Seit Jahrzehnten hat niemand mehr so hartnäckig wie er die Aufmerksamkeit der Nation gefesselt«, schreibt sein Biograf Michael D'Antonio.[3] Bereits in den 80er-Jahren ergab eine Umfrage des Gallup-Institutes in den USA, dass Trump in der Liste der meistbewunderten Männer an siebter Stelle landete – nur der Papst, der polnische Volksheld Lech Walesa und die zu jenem Zeitpunkt vier noch lebenden US-Präsidenten liefen ihm den Rang ab.[4]

Es scheint so, als sei es ihm weniger wichtig, *was* über ihn in den Zeitungen steht, als *dass* er darin steht. Die Themen sind austauschbar – Geld, Politik, Frauen und anderes –, auch die Tendenz der Berichterstattung ist zweitrangig. Wichtig ist ihm vor allem, wie groß die Berichte über ihn sind. Schon seit Jahrzehnten ist es seine Gewohnheit, den Tag damit zu beginnen, ein Bündel Zeitungsausschnitte durchzusehen, in denen er erwähnt wird. Heute, wo er der 45. Präsident der Vereinigten Staaten ist, sind seine Markenzeichen weltbekannt, aber schon davor waren sie fast jedem Amerikaner vertraut – laut Umfragen kannten 96 Prozent seinen Namen.[5] Wichtigste Bestandteile der Marke Trump waren und sind:

Erfolg: Trump steht für den amerikanischen Traum von Erfolg, und alle weiteren Punkte, die hier genannt werden, sind dem untergeordnet. Ob er »Trophy-Immobilien« erwarb, schöne Frauen eroberte, hohe Einschaltquoten im Fernsehen hatte oder Präsident der Vereinigten Staaten wurde: All dies sollte bestätigen, dass der Name Trump für grenzenlosen Erfolg steht. »Niemand in der Geschäftswelt«, schreibt D'Antonio, »ist schon seit so langer Zeit so bekannt – weder Bill Gates noch Steve Jobs noch Warren Buffett. Sein Name, der zuerst mit publicityträchtigen Immobilienprojekten im Manhattan der Siebzigerjahre in Verbindung gebracht wurde, entwickelte sich bald zu einem Synonym für Erfolg, der sich durch Wohlstand und Luxus definierte.«[6]

Geld: Während andere Multimillionäre und Milliardäre oft froh sind, der Aufmerksamkeit von Zeitschriften wie »Forbes« zu entgehen, die jährlich Listen mit dem Vermögen der reichsten Menschen erstellen, verlangte Trump von diesen Medien, dass sie sein Vermögen noch höher beziffern sollten. Trump lag deshalb im Dauerstreit mit »Forbes«. »Als Faustregel teilten wir das, was [Trump] angegeben hat, durch drei«[7], so Harold Senker von »Forbes«. 1999 sagte Trump, die »Forbes«-Schätzung von 1,6 Mrd. Dollar sei fast drei Mrd. Dollar zu niedrig. »Wir lieben Donald«, erklärten die »Forbes«-Herausgeber. »Er ruft zurück. Er bezahlt normalerweise das Mittagessen. Er schätzt sein Privatvermögen sogar selbst ein (4,5 Mrd. Dollar). Aber sosehr wir uns auch bemühen, wir können das einfach nicht beweisen.«[8]

Trump kam stets zu wesentlich höheren Bewertungen als Außenstehende, weil er den finanziellen Wert seines Namens extrem hoch einschätzte. Einmal erklärte er die Differenz zwischen zwei Angaben zu seinem Vermögen, wovon die eine bei sechs und die andere bei 3,5 Milliarden Dollar lag, mit dem Wert des Markennamens Trump. Demnach war dieser Name seiner Meinung nach zu diesem Zeitpunkt 2,5 Milliarden Dollar wert.[9] Obwohl der Name Trump in den Interbrand-Ranglisten mit wertvollen Namen nicht auftauchte, gab er 2010 in einem Schriftsatz an, eine unabhängige Einschätzung habe dessen Wert auf drei Milliarden Dollar angesetzt. Damit wäre sein Name der wertvollste Einzelposten in seinem Portfolio gewesen,[10] denn keine seiner Immobilien oder anderen Investments war so viel wert.

Schöne Frauen: Trump war als junger und wohlhabender Mann attraktiv für Frauen, aber er tat alles dafür, systematisch das Bild zu kreieren, dass sich die Frauen geradezu um ihn rissen. Schöne Frauen an seiner Seite, beispielsweise Models und Gewinnerinnen von Schönheitswettbewerben (die er selbst veranstaltete), waren ein Beleg für seinen Erfolg. »Viele Jahre rief er Kolumnisten an, damit sie einen Kommentar zu seiner letzten romantischen Eroberung abgaben, bevorzugt mit einer Bewertung auf einer Skala von eins bis zehn.«[11] Trump rief früher sogar unter einem falschen Namen (Miller oder Barron) bei Journalisten an. Er gab sich als Pressesprecher von Trump aus und erzählte nach der Trennung von seiner zweiten Frau Marla

Maples, sein »Chef« habe eine ganze Liste mit schönen Frauen, unter denen er seine nächste Freundin auswählen könne. »Wichtige schöne Frauen rufen ihn ständig an«, sagte der angebliche Pressesprecher Miller. Er nannte einige Namen, unter anderem Madonna. »Er erwähnte so gut wie jede heiße Frau in Hollywood«, erinnert sich ein Journalist.[12] Und der angebliche Pressesprecher fügte hinzu, als er mit der Schauspielerin Marla Maples zusammen gewesen sei, habe er noch drei weitere Freundinnen gehabt.[13]

In seinem Buch *Nicht kleckern, klotzen* schreibt Trump: »Schön, berühmt, erfolgreich, verheiratet – ich habe sie alle heimlich gehabt, die bekanntesten Namen der Welt, aber im Gegensatz zu Geraldo spreche ich nicht darüber. Wenn ich das täte, würde sich dieses Buch zehn Millionen Mal verkaufen (das tut es vielleicht sowieso).« Seine Frauen seien die schönsten der Welt: »Ich konnte mit ihnen gehen (sie flachlegen), weil ich etwas habe, das viele Männer nicht haben. Ich weiß nicht, was das ist, aber den Frauen gefällt das schon immer.«[14]

Polarisierung, freche Sprüche: Trump versuchte nie, allen zu gefallen. Bewusst provozierte er mit seinen Äußerungen, weil er wusste, dass er so die Aufmerksamkeit der Medien für sich gewinnen konnte. »Ich habe vor allem eines über die Presse gelernt«, so Trump: »Sie sind immer scharf auf eine gute Story, je sensationeller, desto besser … Der Punkt ist, wenn man etwas anders ist, ein wenig zu sehr aneckt oder mutige bzw. kontroverse Dinge tut, dann wird die Presse über einen schreiben. Ich habe Dinge stets ein wenig anders angepackt, scheue die Kontroverse nicht und meine Deals sind häufig etwas ambitioniert.«[15]

Diese Strategie trug wesentlich zu seinem Wahlerfolg 2016 bei. Trump provozierte mit immer extremeren Äußerungen, weil er wusste, dass die Presse mit Sicherheit darüber berichten würde. Die Rechnung ging auf. Keinem Kandidaten widmeten die Medien so viel Aufmerksamkeit wie Trump. Dass die Berichterstattung überwiegend negativ war, schadete ihm bei seinen Anhängern nicht. Im Gegenteil. Für seine Fans war die kritische Berichterstattung ein Beleg dafür, dass das von ihnen gehasste »Establishment« den Erfolg ihres Fürsprechers verhindern wolle. Einerseits regte Trump sich schrecklich über negative Berichte auf, andererseits war er der Meinung, dass sie ihm nutzen könnten. Schon in seiner Zeit als Immobilienunternehmer hatte er dies so gesehen: »Das Lustige ist, selbst ein kritischer Bericht, der vielleicht persönlich verletzend sein mag, kann fürs Business überaus wertvoll sein.«[16]

Selbst die skandalösen Schlagzeilen um die Scheidung von seiner ersten Frau Ivana sah er positiv. Während sein Vater klagte, er werde wegen der Geschichte noch einen Herzinfarkt bekommen, und seine Kinder sehr darunter litten, erklärte Trump dem Nachrichtenmagazin »Newsweek«, der Skandal sei »großartig fürs Geschäft«.[17]

Bewusstes Ignorieren der Political Correctness: Trumps Image: Er spricht das aus, was viele andere denken, aber sich nicht zu sagen getrauen. In den USA spielte und spielt die »Political Correctness« eine große Rolle: Viele Menschen haben den Eindruck, dass sie über bestimmte Themen nicht frei reden können, weil sie sonst als Rassisten oder Sexisten diffamiert werden. Trumps Vorgänger Obama musste sich beispielsweise sogar einmal dafür entschuldigen, dass er eine positive Bemerkung über das Äußere einer Generalstaatsanwältin gemacht hatte – ein solches Kompliment war nicht politisch korrekt. Trump dagegen hat diese Sprachregelungen und Tabus der Political Correctness demonstrativ ignoriert, was von seinen Anhängern als befreiend empfunden wurde. Obwohl Trump nachweislich sehr oft die Unwahrheit sagt, wird er von seinen Anhängern als ehrlich empfunden, weil er frei heraus das sagt, was er denkt: »Ich könnte eine Antwort geben, mit der alle zufrieden sind, es würde sich keiner darum scheren, niemand würde darüber schreiben. Oder ich kann eine ehrliche Antwort geben, die meterhohe Wellen schlägt ... Ich glaube, von politisch korrektem Gerede haben die Leute wirklich genug.«[18]

Luxus: Trump stellte seinen Luxus gerne zu Schau. Alles musste in Gold sein, auch wenn andere das vielleicht kitschig fanden. Obwohl er sich persönlich nicht viel aus Bootsfahrten machte, kaufte er für 29 Millionen Dollar eine der weltgrößten Jachten. Er ließ sie für acht Millionen Dollar nach seinem Geschmack umgestalten. Dazu gehörte, dass die Waschbecken und sogar die Schrauben vergoldet wurden.[19]

Was auf Intellektuelle und Bildungsbürger abstoßend wirkt, beeindruckt viele einfache Amerikaner. Besonders Arbeiter und Immigranten seien verrückt nach Artikeln über Trump, so berichtet der Journalist George Rush: »Er verkörperte für sie den amerikanischen Traum. Exzessiver, zur Schau gestellter Konsum ist für viele Menschen in New York nichts Negatives. Es war irgendwie eine Art Komödie, was er tat. Ich hatte immer das Gefühl, das war ihm klar. Er weiß, dass er übertreibt, aber das ist nun mal seine Art.«[20]

Mann des Volkes: Viele politische Beobachter staunten, dass sich gerade Angehörige unterer Schichten mit einem Milliardär so stark identifizieren konnten. Doch diese einfachen Menschen empfinden die Kluft zu einem Intellektuellen, der sich viel besser ausdrücken kann als sie, der belesen ist und dessen Sprache sie teilweise nicht verstehen, als viel größer.

Trumps Image ist wesentlich glamouröser als sein wirklicher Lebensstil. Der Lektor, der sein Buch bei seinem Verlag Random House lektorierte, meinte: »Trump wollte unbedingt in aller Munde sein, also kultivierte er seinen Prominentenstatus. Aber sein Lebensstil war erstaunlich unglamourös. In vielerlei Hinsicht ist er sehr diszipliniert. Er raucht nicht, trinkt nicht, wohnt über dem Geschäft. Er war kein New Yorker Salonlöwe, ist es auch nie gewesen. Er genoss es einfach nur, nach oben zu gehen und fernzusehen. Er war an Starrummel und seinem Unternehmen interessiert – Bau, Immobilien, Wetten, Wrestling, Boxen.«[21]

Auch in seinen Vorlieben ist er in mancher Hinsicht dem einfachen Amerikaner näher als dem Bildungsbürger: Boxen und Wrestling statt Hochkultur, Reality-TV statt Bücher oder Theater. Viele Amerikaner aus der Unterschicht wollen im Grunde so bleiben wie sie sind, nur eben mit sehr viel mehr Geld. Genau dies verkörpert Trump, der ihre Sprache spricht und ihren Geschmack teilt – ganz anders als die Intellektuellen, die sich für etwas Besseres halten, weil sie anspruchsvolle Literatur lesen oder sich für Kunst und Kultur interessieren. Er interessiert sich nicht für Dinge, über die Intellektuelle sprechen, und weiß umgekehrt viel über Popkultur. Als die Schauspielerin Kristen Stewart eine Affäre hatte, schrieb er, sie hätte ihren Freund »wie einen Hund ... betrogen«. Er riet der Sängerin Kate Perry, sie solle sich lieber vor John Mayer in Acht nehmen, weil der »eine Beziehung anfängt und allen davon erzählt«. »Als Fernsehstar weiß er, wie wichtig es ist, auf dem Laufenden zu sein, um ›in‹ zu bleiben«[77], schreibt D'Antonio über Trump, der nicht als Geschäftsmann oder Politiker, sondern als TV-Entertainer und Moderator von Reality-Shows wie *The Apprentice* zur Berühmtheit wurde.

Immobilien: Selbst die Art von Immobilien, die er baute oder kaufte, wurden oft danach ausgewählt, ob sie dem Aufbau der Marke Trump zu dienen vermochten. Während sein Vater vermögend wurde durch den Bau von großzügig ausgestatteten, aber luxusfernen Wohnungen für den Mittelstand in Brooklyn, strebte Trump nach Manhattan und kaufte dort Immobilien wie etwa das Plaza Hotel zu völlig überhöhten Preisen, weil ihm das Image des Gebäudes mit der Renaissance-Fassade wichtiger war als die Wirtschaftlichkeit. Das New Yorker Plaza ist in der Tat eine Legende und wird als einziges Hotel in den USA im Nationalregister für historische Orte geführt. Der erste Eintrag im Gästebuch der Nobelherberge lautete »Mr. und Mrs. Alfred G. Vanderbilt und Diener«; das Hotel diente in unzähligen Filmen und Fernsehserien als Kulisse. Und deshalb wollte Trump es unbedingt besitzen, obwohl das Investment nach allen normalen Maßstäben unsinnig war.

Trump räumte selbst ein: »Ich kann niemals den Preis rechtfertigen, den ich dafür gezahlt habe, ganz egal, wie erfolgreich das Plaza wird.«[23] Ihm ging es ausschließlich darum, eine »Trophäe« zu erwerben, die sein Image weiter aufwertete. Und er fügte hinzu: »Was ich getan habe, ist jedoch, New York die Gelegenheit zu bieten, ein Hotel zu besitzen, das alle anderen übertrifft! Ich bin entschlossen, das Plaza zum allergrößten Hotel von New York zu machen, wenn nicht zum großartigsten Hotel auf der Welt.«[24] Auch hier sind die Worte, wenn man sie ein wenig durchdenkt, absurd: Er wolle New York »die Gelegenheit« bieten, Standort eines Luxushotels zu werden, das ja längst dort existierte – und die Stadt solle es »besitzen«, obgleich er ja nun gerade Eigentümer geworden war.

Kein rational denkender Immobilieninvestor hätte einen so hohen Preis gezahlt wie Trump: »Damit er die Zinsen bezahlen konnte, musste das Plaza alle 814 Räume jede Nacht des Jahres belegen, zu einem Preis von 500 Dollar – mehr als doppelt so viel, wie das Hotel verlangte.«[25] In der Tat erwies sich das Hotel als Fehlinvestment, und Trump musste fast die Hälfte davon an seine Gläubiger abgeben, damit sich diese bereit erklärten, die unerträglich hohen Zinszahlungen zu reduzieren. Zudem hatten diese das Recht, das ganze Hotel zu verkaufen. Erst später verdienten Investoren damit, die die 450 Zimmer mit Blick auf den Central Park und die 5th Avenue in 150 Eigentumswohnungen umwandelten und nur 348 der insgesamt 805 Hotelzimmer mit dem weniger attraktiven Blick auf die 58. Straße als Hotel beließen. So wie mit dem Hotel ging es Trump mit einigen seiner Investments, die er aus Prestigegründen zu überhöhten Preisen erwarb.

Ein sehr viel besseres Geschäft machte er mit vielen anderen Immobilien, die ihm gar nicht gehörten, obwohl der Name »Trump« gigantisch groß und zumeist in goldenen Lettern auf ihnen prangte: Hier vereinnahmte er hohe Lizenzgebühren, die die Eigentümer für die Verwendung des Namens »Trump« an ihn entrichten mussten, und schlug somit direkt Kapital aus dem Markennamen, den er trotz mancher Pleiten aufgebaut hatte. Für den Außenstehenden erschien es jedoch so, als gehörten Trump selbst all die Immobilien, auf denen sein Name zu lesen war, oder als habe er sie gar errichten lassen – und manchmal erweckte er wahrheitswidrig selbst diesen Eindruck.[26] Für ihn war das ein hervorragendes Geschäft, denn er verdiente als Lizenzgeber sogar dann noch, wenn seine Partner, denen er die Nutzungsrechte an seinem Namen verkauft hatte, massive finanzielle Probleme bekamen.[27]

Übertriebenes Eigenlob: Trump und Understatement sind Gegensätze. Es gibt unzählige Zitate, in denen er bekundet, der Größte und der Beste zu sein, besser als alle anderen auf der Welt oder in der Menschheitsgeschichte. Hier nur einige von vielen Beispielen: »Niemand baut bessere Mauern als ich«; »niemand respektiert Frauen mehr als ich«; »niemand in der Geschichte dieses Landes hat je so viel über Infrastruktur gewusst wie Donald Trump«; »niemand ist größer oder besser bei Militärischem als ich«; »ich weiß mehr über ISIS als die Generäle, glaubt mir«; »niemand weiß mehr über Handel als ich«; »niemand weiß über Arbeitsplätze besser Bescheid als ich«; »niemand versteht den atomaren Schrecken besser als ich«; »Ich denke, niemand weiß mehr über Steuern als ich, vielleicht in der gesamten Weltgeschichte«. »Sorry, Verlierer und Hasser, aber mein IQ ist einer der höchsten – und ihr alle wisst das! Bitte fühlt euch nicht so dumm oder unsicher, es ist nicht euer Fehler.«[28] »Ich bin ein erstklassiger Mensch«, so Trump, »ich mache immer alles erstklassig.«[29] Und wenn er mit Kritik konfrontiert wurde – in diesem Fall mit der Kritik, er sei ein Rassist –, dann antwortete er ebenfalls stets mit Superlativen: »Wenn es um Rassismus und Rassisten geht, bin ich die am wenigsten rassistische Person, die es überhaupt gibt.«[30]

Trump erklärte die Absicht, die er mit solchen Übertreibungen verfolgte, so: »Das letzte Puzzlestück bei meiner Art, Werbung zu machen, ist Prahlerei. Ich spiele mit den Fantasien der Menschen. Die Menschen denken vielleicht nicht immer selbst in großem Maßstab, lassen sich aber gern von denen mitreißen, die es tun. Ein wenig Übertreibung schadet also nie. Die Leute wollen glauben, dass etwas das Größte, Großartigste und Spektakulärste ist. Ich nenne es ehrliche Übertreibung.«[31]

Trumps Formulierung von »ein wenig Übertreibung« ist natürlich ein Euphemismus – und mit Ehrlichkeit hat all dies nicht das Geringste zu tun. Er setzt jedoch offenbar darauf, dass die Menschen zwar nicht alles für bare Münze nehmen, aber am Schluss doch glauben, dass »etwas dran sein« müsse. Da die meisten Menschen manchmal übertreiben, aber eben nicht so extrem, neigen sie dazu, solchen Bekundungen einen gewissen Wahrheitsgehalt zu unterstellen. Zudem können sich schwache Menschen mit jemandem identifizieren, der so unverschämt auftritt, wie sie selbst es sich nicht getrauen würden.

Trumps Mitbewerber – andere Immobilienunternehmer – machten sich über ihn lustig und fanden seine Übertreibungen abstoßend.[32] Sie wussten ja am besten, dass er keineswegs der wichtigste und erfolgreichste Immobilieninvestor von New York oder gar der Vereinigten Staaten war, als der er sich selbst darstellte. Aber für Trump war es nicht so wichtig, wie ihn seine Mitbewerber sahen, ihm ging es um etwas anderes – um maximale Aufmerksamkeit.

Dinge tun, über die andere die Nase rümpfen: Trump war jedes Mittel recht, wenn es nur zu Schlagzeilen in den Medien führte. Er tat Dinge, die anderen Unternehmern oder Politikern sehr peinlich gewesen wären. So betätigte er sich selbst als Wrestler und wettete in seiner TV-Serie *Battle of the Billionaires*, dass ein von ihm ausgesuchter Wrestler mit 140 Kilo Muskelmasse gegen einen 180 Kilo schweren Samoaner namens Umaga gewinnen würde. Wenn er verloren hätte, sollte ihm sein Wettpartner vor 82.000 kreischenden Fans den Kopf rasieren. Für Trump war die Sache ein Erfolg, wie er in seinem Buch *Nicht kleckern, klotzen* berichtet: »Sogar die ›New York Times‹ brachte einen größeren Beitrag darüber, dass die Veranstaltung so erfolgreich war ... Das Event machte viel Wirbel ... «[33]

Scheitern wird in die Erfolgsstory integriert: Mehrere Unternehmen von Trump gingen in die Insolvenz und Anfang der 90er-Jahre war er fast pleite. Letztlich retteten ihn die Banken. Trump verschweigt diese Probleme nicht, sondern hat sie in seine Erfolgsstory integriert. Schon klassische Heldensagen zeichneten sich dadurch aus, dass der Held unüberwindbar erscheinende Schwierigkeiten meistern musste und sein Sieg dadurch noch beeindruckender war. Der römische Philosoph und Redner Marcus Tullius Cicero erkannte: »Je größer die Schwierigkeiten, die man überwand, desto größer der Sieg.« In dem gemeinsam mit Bill Zanker verfassten Buch *Nicht kleckern, klotzen* bekennt Trump: »Anfang der 1990er-Jahre habe ich fast alles verloren, aber ich habe es überlebt und jetzt läuft es wieder gut.«[34] Eines Tages sei er mit seiner damaligen Frau Marla an der Straße entlanggegangen und habe auf einen Obdachlosen gezeigt: »Der Bettler da drüben hat 900 Millionen Dollar mehr als ich.« Denn er habe 900 Millionen Schulden und der Bettler habe wenigstens Geld in der Tasche.[35] Er sei in dieser Zeit durch die Hölle gegangen. »Ich habe die größte Achtung vor Menschen, die Notzeiten durchgemacht haben und wieder hochgekommen sind. Anfang der 1990er-Jahre gehörte ich zu diesen Menschen. Ich machte eine harte Zeit durch und lernte viel über mich selbst; dann kehrte ich besser und stärker zurück.«[36] Auf diese Weise wurden sogar seine Pleiten zum integralen Bestandteil der Marke Trump, die aus Sicht seiner Bewunderer für den amerikanischen Traum vom grenzenlosen Erfolg steht.

Um seine Botschaften zu kommunizieren, nutzte Trump stets alle Medien – Presse, TV, Vorträge, Internet, Bücher usw. Das erste Mal stand er, so behauptet er zumindest als Studienanfänger in einer Lokalzeitung, die über ein Baseballspiel berichtete: »Trump gewinnt Spiel für die NYMA«. Später erinnerte er sich: »Es fühlte sich gut an, meinen Namen gedruckt zu sehen. Wie viele Leute sehen schon ihren Namen gedruckt? Niemand. Es war das erste Mal, dass ich in der Zeitung war. Ich fand es großartig.«[37] Übrigens ist auch dieses Zitat ein Beispiel für viele Aussagen, die offensichtlich absurd sind, wenn man sie genau liest: »Niemand« außer ihm sehe seinen eigenen Namen in der Zeitung.

Sein Biograf D'Antonio meint, dass dieser »erste Kontakt mit dem Ruhm« der Funke gewesen sei, der »früher oder später das ganze Leben Trumps erhellen sollte ... Der Ruhm bestätigte auch, dass Donald Trump ein besonderer Junge war. Seine tiefe Wertschätzung für diese Erfahrung zeigt, dass er erkannte, dass sehr viele Menschen gern Ruhm hätten, aber die wenigsten ihn erringen.«[38]

Er veröffentlichte Bücher, obwohl er selbst kaum welche liest oder las – andere schrieben sie für ihn. Er selbst kümmerte sich um das Marketing und die PR für diese Bücher. Für seine Bücher startete er Kampagnen, die an einen Präsidentschaftswahlkampf erinnerten. Er schaltete ganzseitige Anzeigen, um sich und seine Bücher zu verkaufen.[39]

Eine neue Dimension erreichte Trumps Bekanntheit mit der bereits erwähnten Fernsehsendung *The Apprentice*. Er hatte nun seine eigene TV-Show und verdiente aufgrund seines 50-prozentigen Anteils daran gut damit. Die Sendung war im Grunde genommen eine einzige Werbeshow für Trump. »Ich bin der größte Immobilienentwickler in New York«, sagte er in der Eröffnungsszene, in der er in seiner Limousine im Kontrast gesetzt wurde zu einem Obdachlosen auf der Parkbank. »Mir gehören Gebäude überall auf der Welt. Modelagenturen, die Miss-Universe-Wahl, Flugzeuge, Golfplätze, Casinos und Privatresorts wie das Mar-a-Lago ... Ich habe Deals zu einer Kunstform erhoben. Ich bin ein Meister dieser Kunst und habe den Namen Trump in eine Top-Brand verwandelt.«[40] Die Sendung mit ihren insgesamt 14 Staffeln wurde eine der erfolgreichsten im amerikanischen Fernsehen. Schon in der ersten Staffel landete sie unter den zehn beliebtesten TV-Sendungen der USA, die letzte Folge der Staffel wurde von beinahe 30 Millionen Zuschauern gesehen.[41] Durch die Sendung gelang es Trump, etwas »menschlicher« herüberzukommen, als »Milliardär mit Herz, manchmal sogar ausgelassen und durchaus bereit, seine Meinung zu ändern«.[42]

Die durch die Sendung gesteigerte Popularität setzte Trump in klingende Münze um. Er baute seine Lizenzabteilung aus und nun gab es Produkte jeder Art unter dem Namen Trump: vom Hotel bis zur Kleidung, von Einrichtungsgegenständen bis zu Brillen und Matratzen, von einem Finanzdienstleister bis zu einer Fluglinie. Im Jahr 2016 erhielt Trump Einnahmen aus 25 verschiedenen Lizenzgeschäften.[43] Wenn die Produkte und Firmen, denen er seinen Namen lieh, erfolgreich waren, sonnte sich Trump im Glanz dieser Erfolge, wenn sie fehlschlugen, betonte er, dass er nichts damit zu tun und lediglich seinen Namen dafür lizenziert habe.

Trumps Erfolg liegt auch darin begründet, dass er stets alle Medien nutzte, um seine Bekanntheit zu steigern. Neben Zeitungen, Fernsehen und Büchern waren das auch Vorträge. So hielt er Vorträge für 100.000 Dollar pro Auftritt bei Motivationsseminaren von Tony Robbins.[44]

Als Trump beschloss, in die Politik zu gehen, motivierte ihn nicht in erster Linie eine ganz bestimmte politische Haltung oder ein Programm. Dazu hatte er seine Meinungen zu allen möglichen Themen – von der Steuerpolitik über das Waffenrecht bis zur Abtreibung – zu häufig gewechselt. Zwischen 1999 und 2012 wechselte er sieben Mal die Partei.[45] Seine Positionen waren sehr wechselhaft. Anfang der 90er-Jahre trat er beispielsweise dafür ein, die Steuersenkungen von Ronald Reagan rückgängig zu machen und den Spitzensteuersatz auf 50 bis 60 Prozent zu erhöhen.[46] Hier vertrat er also linke Positionen, wie man sie sonst beispielsweise von George Soros, Warren Buffett und anderen amerikanischen Milliardären kennt. Als Kandidat der sogenannten »Reform Party« vertrat er zahlreiche Positionen, die sonst von der politischen Linken vertreten wurden: »In sein buntscheckiges, eklektisches Wahlprogramm nahm Trump auch Forderungen der politischen Linken auf, etwa eine hohe einmalige Steuer für die Reichen, um das Haushaltsdefizit des Bundes zu senken, ein Gesetz, das es Schwulen erlauben sollte, als Soldaten zu dienen, und eine allgemeine, vom Arbeitgeber abzuschließende Krankenversicherung mit Zuschüssen für Bedürftige.«[47]

Während also seine Überzeugungen wechselten, blieb als Konstante seine Fähigkeit, sich selbst zu vermarkten. Im Wahlkampf nutzte er besser als alle seine Mitbewerber die Social Media, vor allem Twitter. Der Kurznachrichtendienst ist ein Medium, das ideal für Trump ist. Hier kann er direkt mit seinen Fans kommunizieren, ohne die Medien, die ihm oft kritisch gegenüberstehen. Er kann kurze und provokante Botschaften versenden, mit denen er eine weitaus größere Wirksamkeit erzielt, als es Politikern mit ihren üblichen Presseerklärungen und Interviews gelang.

Wahrscheinlich gab es selten einen Unternehmer und Politiker, der so konsequent alles der PR und dem Streben nach maximaler Aufmerksamkeit untergeordnet hat. Auf die Frage, was nach ihrer Meinung ihren Exmann antreiben würde, tat sich Trumps Exfrau Ivana schwer mit einer Antwort. Schließlich sagte sie: »Ich glaube, er sucht Aufmerksamkeit.«[48]

Dem ist bei Trump alles untergeordnet – sogar seine Frisur ist vor allem ein unverwechselbares Markenzeichen. Die Frisur spiegelt Trumps Persönlichkeit wider: Sie ist nicht schön, aber sie ist unverwechselbar und fällt vor allem auf. »Natürlich kann man sich über seine sorgsam aufgebauschte Frisur und ihr artifizielles Glühen lustig machen«, meint sein Biograf D'Antonio, »doch sie hat einen unfehlbaren Wiedererkennungswert. Mit unauffälligerer Haartracht würde er vielleicht vor dem Trump Tower stehen, ohne dass es jemand merkt. So aber wird er belagert. Sein Haar ist ein Hingucker, auch wenn er womöglich anfangs nicht die Absicht hatte, seinen Kopf als Leuchtreklame zu benutzen.«[49]

Obwohl er über Phasen seines Lebens sehr vermögend war (wenn auch nicht so sehr, wie von ihm behauptet) und schließlich sogar die mächtigste politische Position in der Welt errang, das Amt des amerikanischen Präsidenten, war sein Streben nie vor allem auf Geld oder Macht ausgerichtet. Geld und Macht waren für ihn nicht Selbstzweck, sondern Mittel, die dem Streben nach überlebensgroßem Ruhm dienten. Erst als die ganze Welt jeden Tag über Trump redete, war er am Ziel.

Instrumente der Selbstvermarktung, die Trump nutzte:

1. Polarisierung, Provokation: Immer wieder provozierte Trump mit frechen Sprüchen, um in die Schlagzeilen kommen. *Dass* die Medien über ihn schreiben, ist ihm wichtiger, als *was* sie schreiben.

2. Trump lieferte den Medien ständig neue Schlagzeilen über sein Privatleben.

3. Er positionierte sich als »Winner« im Gegensatz zu »Losern«. Demonstrativ zur Schau gestellte Attribute waren dafür: Reichtum, schöne Frauen, Luxus/Gold. Sogar bei den Immobilieninvestments ordnete er oftmals die Wirtschaftlichkeit dem »Trophy«-Faktor unter (so wie beim Plaza in Manhattan).

4. Übertreibungen und extremes Selbstlob: Trump übertreibt sehr stark und hofft, dass seine Anhänger glauben, es müsse »etwas dran sein«, auch wenn sie nicht jedes Wort für bare Münze nehmen und wissen, dass er es mit der Wahrheit nicht genau nimmt.

5. Trump ignoriert bewusst die politische Korrektheit und wird so von seinen Anhängern als mutiger Mensch wahrgenommen, der sich traut, Wahrheiten auszusprechen, die andere verschweigen.

6. Trotz seines Reichtums gibt er sich als Mann des Volkes, der sich für Fernsehshows, Reality-TV, Wetten, Wrestling, Boxen usw. interessiert, nicht jedoch für Literatur oder Hochkultur.

7. Wenn er scheiterte, machte er das zum Teil seiner Heldengeschichte. So wurde auch Versagen positiv als Beweis für seine genialen Fähigkeiten umgedeutet, auch schlimmste Krisen zu meistern und gestärkt aus ihnen hervorzugehen.

8. Mit seiner Frisur entwickelte er ein unverkennbares, äußeres Markenzeichen.

Arnold Schwarzenegger bei einer Bodybuilding-Meisterschaft in New York, 1974. »Egal, was du tust, du musst es auch gut verkaufen ... Man kann die beste Arbeit abliefern, doch wenn die Leute nichts davon erfahren, ist alles umsonst!«, schreibt er in seiner Autobiografie.
Quelle: Getty

7. Arnold Schwarzenegger

Bodybuilder, Schauspieler, Politiker – drei Karrieren eines PR-Genies

Eine Umfrage brachte es an den Tag: Arnold Schwarzenegger war der Mann, den sich die meisten Amerikaner auf einem Langstreckenflug als Gesprächspartner wünschten. Nur eine Frau konnte ihn in dieser 1993 durchgeführten Erhebung noch ausstechen: Oprah Winfrey. Der damalige US-Präsident Bill Clinton oder die Sängerin Madonna landeten weit abgeschlagen auf den Rängen.[1]

»Ich wollte nicht wie alle anderen sein. Ich hielt mich für etwas Besonderes, Einzigartiges und nicht für einen Durchschnittstypen«, schreibt Arnold Schwarzenegger in seiner Autobiografie *Total Recall*.[2] Marc Hujer bringt es in seiner Biografie des Musteramerikaners aus der Steiermark auf den Punkt: »Er will immer anders sein als alle anderen, will sich nie anpassen an die Welt, die ihn umgibt, und deswegen schafft er sich eine Umwelt, die sich an ihn anpasst, nicht umgekehrt.«[3]

Arnold war schon als Kind sportlich, aber Mannschaftssportarten waren nicht das Richtige für ihn, weil er sich im Team nicht so stark profilieren konnte wie bei einer Einzelsportart: »Es missfiel mir, wenn wir ein Spiel gewannen, und ich bekam keine persönliche Anerkennung.«[4] Und er fügte hinzu: »Am schlimmsten ist es für mich, wenn ich wie alle anderen bin. Deswegen begann ich überhaupt mit dem Bodybuilding. Es war die Idee, persönlich das Risiko zu tragen und nicht als ein ganzes Team.«[5]

Alles, was er wurde, wurde er durch Public Relations. In seiner Autobiografie erklärt er: »Wenn ich einen Film abgedreht hatte, war für mich die Arbeit erst zur Hälfte erledigt ... Man kann den besten Film der Welt machen, aber wenn er nicht den Weg in die Kinos findet und wenn die Leute nichts davon erfahren, dann nützt das alles nichts. Dasselbe gilt für Literatur, Malerei, oder auch Erfindungen.« Viele große Künstler seien wirtschaftlich gescheitert, weil sie sich darüber nicht bewusst gewesen seien und keine guten Verkäufer waren. Picasso habe gegen eine Mahlzeit im Restaurant eine Zeichnung angefertigt oder einen Teller bemalt, heute seien diese Arbeiten Millionen von Dollar wert. »So etwas sollte mit meinen Filmen nicht passieren. Im Bodybuilding und in der Politik hielt ich es nicht anders. Egal, was ich im Leben tat: Mir war klar, dass man es verkaufen musste.«[6]

Schwarzenegger hat in den Lebensbereichen, die er sich für seine verschiedenen Karrieren ausgesucht hat, alles erreicht, was man erreichen kann. Der Junge aus einem österreichischen Dorf, der aus einfachen Verhältnissen kam, nahm sich vor, der bekannteste Bodybuilder der Welt zu werden – und er wurde es. Sieben Mal wurde er zum »Mister Olympia« gekürt, die höchste Auszeichnung im Bodybuilding. Später setzte er sich das Ziel, einer der bestbezahlten Actionstars der Welt zu werden, und tatsächlich war er zu seiner Zeit einer der bekanntesten und bestbezahlten Hollywoodschauspieler, obwohl eigentlich alles dagegensprach, dass er dieses Ziel erreichte. Vermutlich wäre er auch gerne amerikanischer Präsident geworden, aber diese Möglichkeit war ihm verschlossen, weil er nicht in den USA geboren ist. Doch er wurde zwei Mal zum Gouverneur von Kalifornien gewählt, eine der größten Volkswirtschaften der Welt.

Im Alter von zehn Jahren, so berichtet er, war er absolut überzeugt davon, dass er etwas Besonderes und zu Höherem geboren sei. »Ich wusste, dass ich eines Tages der Beste sein würde, allerdings wusste ich noch nicht, auf welchem Gebiet. Auf jeden Fall würde ich berühmt werden.«[7] Ein normales Leben, so wie sein Vater sich dies für ihn erdacht hatte, war das Schlimmste, was er sich hätte vorstellen können. Er wäre damit nicht glücklich geworden. »Mit meinen Träumen und meinem Ehrgeiz«, so Schwarzenegger, »war ich definitiv nicht normal. Normale Menschen können mit einem normalen Leben glücklich sein. Ich war da anders. Ich fühlte, dass das Leben mehr für mich vorgesehen hatte, als mir nur eine Durchschnittsexistenz zu bescheren.«[8]

Österreich war ihm für ein solches Leben zu eng. Sein Ziel war schon damals Amerika. Er sah in einem Magazin ein Bild des Bodybuilders Reg Park, der auch Schauspieler war. Ihm eiferte er nach. »Als Schauspieler würde ich auf der ganzen Welt berühmt werden. Mit dem Filmen würde ich Geld verdienen ... und die schönen Mädchen würden mir scharenweise nachlaufen, was für mich damals ein sehr wichtiger Aspekt war.«[9] Im Unterschied zu vielen anderen Jungen, die ähnliche Träume haben, nahm er diese Ziele von Anfang an sehr ernst und richtete sein Leben darauf aus.

Schon als Teenager hatte er einen ausgesprochenen Sinn für ungewöhnliche Methoden der Selbstvermarktung – dabei half ihm sein Mentor Albert Busek in München. Schwarzenegger lief an einem eiskalten Tag im November im Posingslip durch die Einkaufsstraße von München. Busek rief ein paar befreundete Redakteure an und fragte: »Erinnerst du dich an Schwarzenegger, der im Löwenbräukeller das Steinheben gewonnen hat? Ja, inzwischen ist er Mister Universum und steht im kurzen Höschen am Stachus.«[10] Am nächsten Tag war in der Zeitung ein Bild zu sehen, wie er in seinem Posingslip auf einer Baustelle stand, wo ihn die in der Kälte dicht beieinanderstehenden Bauarbeiter staunend betrachteten.

Den Durchbruch erzielte Schwarzenegger mithilfe seines Mentors Joe Weider in Amerika, wohin er mit 21 Jahren ausgewandert war. Weider war damals die bestimmende Figur im Bodybuilding in den USA und durch den Verkauf von Nahrungsergänzungsmitteln vermögend geworden. Er hatte, so berichtet Schwarzenegger, »einen regelrechten Mythos um meine Person gesponnen. Ich war eine deutsche Maschine, die immer und überall absolut zuverlässig funktionierte. Und er wollte sein Knowhow und seinen Einfluss darauf verwenden, dass diese Maschine zum Leben erwachte wie Frankenstein. Ich fand das lustig. Es störte mich nicht, dass er mich als sein Geschöpf betrachtete. Im Gegenteil, es passte perfekt zu meinem Ziel, der beste Bodybuilder der Welt zu werden.«[11]

Bodybuilding war damals – mehr noch als heute – eine gänzlich unbekannte Sportart, eine »Subkultur einer Subkultur«[12]. Es gab noch nicht, so wie heute, in jeder Stadt auf der Welt viele Fitnessstudios. »Muskeltraining«, schreibt Marc Hujer in seiner Schwarzenegger-Biografie, »gilt damals als ein Sport für Freaks, verrückte Männer, die mehr Brust haben wollen als ihre Freundinnen und die es schön finden, wenn sie schenkeldicke Oberarme haben. Bodybuilding erinnert mehr an eine Zirkusnummer als an einen Sport«.[13]

Schwarzenegger gewann zwar eine Meisterschaft nach der anderen, doch außerhalb der engen Szene der Bodybuilder war das nicht von Bedeutung. Das Besondere an Schwarzenegger war, dass er sich mit diesem Status quo nicht zufrieden gab, sondern es sich zur Mission machte, Bodybuilding in Amerika populär zu machen. »Ich wollte den Sport bekannter machen, damit sich einerseits mehr Leute dafür begeisterten und andererseits meine Karriere davon profitierte.«[14]

Dabei verfolgte er ungewöhnliche Wege. Schwarzeneggers Fotograf gelang es, das angesehene New Yorker

Whitney Museum of American Art als Veranstaltungsort für eine Live-Exhibition-Show zu gewinnen. Der Titel: »Articulate Muscle – The Body as Art.« Am 25. Februar 1976 posierten Schwarzenegger und zwei andere Bodybuilder auf einem kreisenden Podium. »Die visuelle Begleitung lieferten diaprojizierte Skulpturen von Rodin und Michelangelo. 3.000 Menschen hatten eine Eintrittskarte gelöst und glotzten. Die Show war das bestbesuchte Ereignis, das jemals in Whitney stattgefunden hatte ... Die ›New York Times‹ überschlug sich vor Begeisterung.«[15]

Schwarzenegger suchte den Kontakt zu Journalisten – und nicht nur zu jenen, die für Bodybuilding-Zeitschriften in kleiner Auflage schrieben, sondern zu solchen, die für Zeitschriften wie »Life« arbeiteten, wo er ein Millionenpublikum erreichen konnte. Seinem Mentor Weider war dies zunächst nicht ganz geheuer,[16] aber Schwarzenegger drängte mit aller Macht aus der Nische, in der sich das Bodybuilding eingerichtet hatte. Bodybuilder, so Schwarzenegger, beklagten sich immer, dass Journalisten so negativ über sie berichteten und dumme Artikel schrieben. »Das stimmte auch, aber wer redete denn mit der Presse? Hatte sich je ein Bodybuilder hingesetzt und erklärt, was wir machten?«[17] Schwarzenegger war geradezu besessen von PR. Die drei wichtigsten Dinge bei einer Immobilie, so sagen Makler, sei die Lage, die Lage und noch einmal die Lage. »Unser Motto lautete: PR, PR und noch einmal PR.«[18]

Schwarzenegger hatte schon damals ein unglaubliches Gespür für PR. Aber darauf allein verließ er sich nicht. Er engagierte professionelle PR-Berater. Cookie Lommel schreibt in seiner Biografie: »Besonders auf den Respekt der Öffentlichkeit legte Schwarzenegger größten Wert und bediente sich auf seinem Weg nach oben eines der besten PR-Managements, das man in den USA haben kann.«[19]

Schwarzenegger wurde immer bekannter und trat nun in Talkshows auf. Dass viele Menschen Bodybuilder für wenig intelligente Muskelprotze hielten, empfand er sogar als Vorteil, weil er mit seiner humorvollen Art und seinem Talent für Entertainment die Menschen umso leichter überraschen und für sich gewinnen konnte. »Die Zuschauer sahen einen Bodybuilder, der angezogen ganz normal aussah, der reden konnte, eine interessante Lebensgeschichte und wirklich etwas zu erzählen hatte. Plötzlich hatte der Sport ein Gesicht und wurde mit einer konkreten Person in Verbindung gebracht. Die Leute sagten sich: ›Ich hätte gar nicht gedacht, dass Bodybuilder so viel Humor haben! Die sind eigentlich ganz normal. Toll!‹«[20]

Doch auch wenn durch Schwarzeneggers PR-Aktivitäten Bodybuilding langsam aus seinem Nischendasein kam, so war ihm klar, dass er damit nie die Popularität erreichen konnte, die beispielsweise ein Hollywoodschauspieler genoss. Zudem hatte er ja im Bodybuilding inzwischen alles bewiesen und erreicht, was man erreichen kann. Darum nahm er sich vor, eine zweite Karriere als Filmschauspieler zu starten. »Mir gefiel die Idee, hungrig zu bleiben im Leben, es sich nie zu bequem zu machen. Mit zehn wollte ich irgendetwas gut können und dafür weltweit Anerkennung finden. Jetzt wollte ich wieder gut sein und Anerkennung in einer Branche finden, die viel größer war als Bodybuilding.«[21]

Auf den ersten Blick sprach alles dagegen, dass er dieses Ziel erreichen würde. Immer wieder hörte Schwarzenegger, dass es ohnehin für einen Europäer schwer sei, in Hollywood Akzeptanz zu erlangen. Erst recht gelte dies für jemanden mit seinem Körperbau, der starken steiermärkischen Sprachfärbung seines angelernten Englisch und einem für Amerikaner unaussprechlichen Namen. »Vergiss es«, bekam er mehrmals zu hören, »du hast einen verrückten Körper und einen verrückten Akzent. Du wirst es nie schaffen. Schau, Arnold, du hast ganz geringe Chancen in dieser Branche. Wir kennen niemand, der aus Europa gekommen ist, aus einem deutschsprachigen Land oder aus Italien oder woher auch immer, der wirklich den Durchbruch geschafft hat, der einen riesigen Erfolg in diesem Land hatte.«[22] Das traf in der Tat zu, jedenfalls für männliche Schauspieler.

Allenfalls traute man Schwarzenegger zu, in kleinen Filmen mitzuwirken, wo er einen Muskelmann spielte, der nicht viel sprechen musste. In dem ersten – missglückten – Film *Herkules in New York* musste er nichts anderes in den ganzen 90 Minuten tun, als seine Muskeln auszustellen, während eine verworrene Geschichte um ihn herumtobte.[23] Der Film floppte und wird in der Fachliste »International Movie Database« unter den 100 schlechtesten Filmen der Geschichte geführt.[24] Aber charakteristisch für Schwarzenegger ist, dass er sich dadurch nicht entmutigen ließ.

Auch in den darauf folgenden Filmen *Pumping Iron* und *Stay Hungry* stellte er vor allem seinen Körper dar. Aber damals lernte Schwarzenegger schon, wie man einen Film vermarktete. Ein wichtiges Instrument im Selbstmarketing waren provokante und ungewöhnliche Sprüche, mit denen er immer wieder zitiert wurde. In *Pumping Iron* verglich er das Aufpumpen der Muskeln beim Training mit einem Orgasmus: »Blut durchströmt deine Muskeln, das ist es, was wir pumpen nennen. Deine Muskeln bekommen dieses straffe Gefühl, als wärst du am Explodieren ... Es ist für mich so befriedigend, wie wenn ich komme. Du weißt schon: Wie Sex mit einer Frau, und kommen.«[25] Später erklärte er: »Wenn man im Fernsehen etwas verkaufen will und hervorstechen will, muss man etwas Spektakuläres tun. Also habe ich mit diesen Bemerkungen angefangen, dass die Muskelarbeit viel besser ist als Sex.«[26]

Bei der Vermarktung seiner Filme konzentrierte Schwarzenegger sich ganz auf die PR. Sehr genau beobachtete er den New Yorker Presseagenten Bobby Zarem bei der Arbeit. »Er brachte mir bei, dass normale Pressemitteilungen Zeitverschwendung waren, vor allem, wenn man Fernsehjournalisten auf sich aufmerksam machen wollte.«[27] Zarem ging stattdessen persönlich auf die Journalisten zu und dachte sich für jeden von ihnen eine auf dessen Interessen zugeschnittene Geschichte aus. »Bobby war berühmt für seine langen, handgeschriebenen Exposés. Er zeigte mir einmal einen vierseitigen Brief an den Chefredakteur von ›Time‹, dem er erklärte, warum die Zeitschrift einen Artikel über Bodybuilding bringen sollte ... Ich lernte viel von Bobbys Arbeit für *Pumping Iron* und übernahm viele seiner Methoden.«[28]

Schwarzenegger verwandelte in seiner Selbstvermarktung Nachteile in Vorteile. »Mit der Werbung für *Pumping Iron* und fürs Bodybuilding machte ich immer auch Reklame für mich.« Die Menschen gewöhnten sich an seinen Akzent und seine typische Art zu reden. »Damit nutzte ich genau die Eigenschaften, deretwegen mich die Agenten in Hollywood abgelehnt hatten. Meine Größe, mein Akzent und mein sonderbarer Name schreckten die Leute nicht ab, sondern wurden zu meinem Markenzeichen. Schon bald erkannten mich die Leute, ohne mich zu sehen, nur anhand meines Namens oder am Klang meiner Stimme.«[29]

Nachdem Schwarzenegger – zusammen mit einem Koautor – sein erstes Buch, die *Karriere eines Bodybuilders,* geschrieben hatte, bestand er auf ungewöhnlich breiten PR- und Marketinganstrengungen. »Die Leute werden das Buch nur kaufen, wenn sie davon gehört haben«, sagte er seinem Verlag. »Wo sollen sie davon hören? Wenn

Sie wollen, dass es ein echter Erfolg wird, dann schicken Sie mich nicht nur in sechs Städte. Wir machen dreißig Städte, und zwar in dreißig Tagen.« Der Verlagsvertreter war skeptisch: »Dreißig Städte in dreißig Tagen! Das ist Wahnsinn!« Schwarzenegger entgegnete, man solle gerade jene Städte besuchen, in die Stars normalerweise nicht gehen. »Auf die Art bekommen wir mehr Auftritte im Frühstücksfernsehen.«[30]

Auf einer Promotionreise für das Buch musste Schwarzenegger einen Flug von Atlanta nach Birmingham, Alabama, nehmen. Er beobachtete zufällig eine sich rege unterhaltende Runde von Autoren, die zu einem Literaturseminar an der University of Alabama unterwegs waren. Er fragte einen Bekannten in dieser Runde, worüber sie gerade sprachen, und dieser meinte, sie sprächen über Literatur, Kunst und Politik. »Du meinst, sie reden nicht darüber, wie sie ihre Bücher verkaufen können?«, fragte der schockierte Schwarzenegger. »Sie sollen mich zu diesem Seminar einladen. Ich werde ihnen beibringen, wie sie ihre Bücher verkaufen.«[31] Schwarzeneggers Biograf Andrews schreibt: »Das Marketing der eigenen Person wurde immer mehr zu einer wesentlichen Fähigkeit und zu einer Obsession.«[32]

Alles war bei Schwarzenegger der Imagebildung untergeordnet. »Es ist wahr, ich kontrolliere mein Image«, meinte er. »Wenn ich es nicht kontrolliere, wer dann? Jeder versucht, aus der Presse das Beste herauszuholen. Man will als seriöser Studiomanager gesehen werden, als guter Geschäftsmann oder als ernsthafter Künstler. Politiker machen das die ganze Zeit. Jeder versucht, ein Image von sich zu entwerfen.«[33]

Dass Schwarzenegger sich nach der Bodybuildingkarriere seiner Filmkarriere zuwandte, diente vor allem dem Ziel, seine Bekanntheit in ganz neue Dimensionen zu steigern. Das galt besonders für seinen ersten wirklich großen Film, *Conan der Barbar*. »Der Film war etwas völlig anderes als eine Bodybuilding-Meisterschaft. Viele Millionen von Menschen würden sich den Film ansehen, anders als im Bodybuilding, wo das größte Live-Publikum aus 5.000 Zuschauern bestand und das größte Fernsehpublikum aus einer oder zwei Millionen. *Conan* war dagegen *wirklich* groß.« Praktisch »sämtliche Magazine und Tageszeitungen rund um den Erdball würden den Film rezensieren«, so Schwarzenegger.[34] Er ging »in jede landesweite und regionale Talkshow, die mich haben wollte ... gab Journalisten von der größten bis zur kleinsten Zeitschrift und Zeitung Interviews«.[35]

Schwarzenegger nahm eine globale Perspektive ein und betonte immer wieder, dass »die Welt mein Marktplatz« ist.[36] Die Marketingleute hatten empfohlen, für *Conan* eine Medientour nicht nur in den USA zu machen, sondern auch in Italien und Frankreich. »Okay«, antwortete Schwarzenegger, »aber wenn Sie sich den Globus einmal anschauen, sehen Sie, dass es noch ein paar mehr Länder gibt als Italien und Frankreich ... Warum gehen wir das Ganze nicht systematischer an?«, fragte er. »Machen wir doch zwei Tage Paris, zwei Tage London, zwei Tage Madrid, zwei Tage Rom. Und dann gehen wir nach Norden, sagen wir nach Kopenhagen, Stockholm und dann nach Berlin. Was spricht dagegen?«[37] Am Ende willigte das Studio ein, er durfte *Conan* in fünf oder sechs Ländern bewerben. »Ich fand, das war schon ein großer Fortschritt.«[38]

Wenn Schwarzenegger Drehbücher las, dann prüfte er diese – anders als das seinerzeit noch in den USA üblich war, wo der Großteil der Ergebnisse im Land eingespielt wurde – stets aus globaler Sicht. »Spricht der Film auch ein internationales Publikum an?«, war immer seine erste Frage. Selbst bei vermeintlichen Kleinigkeiten nahm er die globale Perspektive ein: »Der asiatische Markt mag keine Gesichtsbehaarung, warum also soll ich in dieser Rolle einen Bart tragen? Wollen wir wirklich auf das viele Geld verzichten?«[39]

Andere Schauspieler und Buchautoren machten nur ungern Werbung, so erklärte Schwarzenegger. Die meisten stellten sich auf den Standpunkt: »Ich mach mich nicht zur Hure. Ich bin schöpferisch tätig und will meine Ware nicht wie sauer Bier anpreisen. Das Geld interessiert mich ja auch gar nicht.«[40] Zu viele Schauspieler, Autoren und Künstler hielten Marketing für unter ihrer Würde, so Schwarzeneggers Erkenntnis. »Aber egal, was man im Leben tut, der Verkauf gehört dazu.«[41]

Schwarzenegger wollte sich nie im Leben auf eine Rolle festlegen lassen – weder auf die des Bodybuilders noch auf die des Actionstars in Filmen, in denen es viel Gewalt gab. Er sah die Chance darin, ein noch breiteres Publikum zu erreichen und noch mehr Sympathien zu gewinnen, wenn er einen Trumpf ausspielte – seinen Humor. »Was mich von anderen Action-Stars wie Stallone, Eastwood und Norris absetzte, war der Humor. Meine Figuren waren immer ein wenig ironisch angelegt, und ich warf stets ein paar witzige Bemerkungen ein.«[42] Diese witzigen Sätze wurden zu seinem Markenzeichen und er war der Meinung, dass der trockene Humor die Kritik etwas abschwäche, dass Actionfilme einzig und allein auf Gewalt fixiert seien. »Die Komik öffnete den Film einem breiteren Publikum.«[43]

Auf die Rolle des muskelbepackten Actionhelden wollte Schwarzenegger nicht länger reduziert werden. Wenn er Komödien im Kino sah, dachte er immer: »Das hätte ich auch gekonnt!« Aber keiner gab ihm eine solche Rolle. Er nahm sich vor, dass sein nächster Film eine Komödie werden sollte.[44] Für ihn war das die logische Stufe der Weiterentwicklung, um als Filmschauspieler anders wahrgenommen zu werden, eben nicht mehr bloß als der »Conan« oder der »Terminator«. »Ich glaube an eine systematische Vorwärtsbewegung«, so Schwarzenegger. »Es geht nicht darum, dass irgendein Studio der Meinung ist, ich sollte jetzt eine Komödie machen, sondern dass ich glaube, dass ich es jetzt kann.«[45]

Er kam mit führenden Komödianten zusammen und lernte regelrecht »Humor«! Und mit der Komödie

Twins, in der er als »Zwillingsbruder« von Danny de Vito agierte, steigerte er schließlich seine Bekanntheit, verbreiterte seine Rollenmöglichkeiten und verdiente mehr als mit jedem seiner Terminator-Filme (in seiner Autobiografie schreibt er, es seien 35 Millionen Dollar gewesen, und seitdem sind mit Sicherheit einige Millionen dazugekommen).[46]

Präsident George H.W. Bush berief den inzwischen prominenten Leinwanddarsteller zu seinem »Fitness-Beauftragten«. Eigentlich war das keine besondere Sache. Der Präsident hatte etliche Beauftragte, die nicht viel Aufsehen um diese Sache machten. Hier zeigte sich jedoch erneut das PR-Genie von Schwarzenegger. Er machte viel mehr aus dieser Rolle, als jeder andere es getan hätte. Er erklärte Präsident Bush, »was ich als meine Hauptaufgabe ansähe, nämlich die Sache so öffentlichkeitswirksam wie möglich zu propagieren«. Bush war erstaunt, dass Schwarzenegger ankündigte, er werde in alle 50 Bundesstaaten reisen, um seine Aufgaben als Fitness-Beauftragter umzusetzen. »Ich reise gerne, lerne gern Menschen kennen, mache gern Werbung für eine gute Idee. Das kann ich am besten.«[47]

Normalerweise hätte die Pressestelle des Weißen Hauses eine kurze Pressemitteilung über die Personalie des »Fitness-Beauftragten« verschickt, die im Wust vieler anderer Meldungen in den Redaktionen untergegangen wäre. Schwarzenegger schlug jedoch vor, dass Bush ihn im Oval Office empfangen sollte. Bei dem Treffen sollten Fotos gemacht werden, die an die Presse gehen, und danach sollte es eine Pressekonferenz geben, bei der Schwarzenegger erklärte, wie er sich seine Arbeit vorstellte, und der Präsident sagte, warum Schwarzenegger genau der richtige Mann für diese Aufgabe sei.[48]

Damit war es nicht genug. Schwarzenegger schlug zudem eine große öffentliche Fitnessvorführung auf dem Rasen vor dem Weißen Haus vor. Es sollte ein großes Fest werden, »so ungefähr wie am 4. Juli«, drängte Schwarzenegger.[49] Die Veranstaltung fand am 1. Mai 1990 statt, sie wurde im TV übertragen und der Präsident kam genau um 7.19 Uhr, weil dann die Einschaltquoten bei den Frühstücksnachrichten von *Today* und *Good Morning America* am höchsten waren. Schwarzenegger: »Schon vor dem Event hatte ich zahlreiche Auftritte im Frühstücksfernsehen gehabt, hatte aber nicht weiter darauf geachtet, um welche Uhrzeit ich auf Sendung war. Seit dieser Sportveranstaltung bestand ich immer darauf, möglichst spätestens um 7.30 Uhr auf Sendung zu sein.«[50]

Für Schwarzenegger war in jeder Situation PR das richtige Instrument, um Probleme zu lösen. Nach einer Herzoperation bekam er zu wenig Rollen angeboten, weil man in Hollywood daran zweifelte, ob er fit genug sei, und weil die Versicherungskosten zu hoch waren. In dieser Situation ließ er seine PR-Maschine anlaufen und sorgte dafür, dass Bilder in die Zeitungen kamen, auf denen er beim Strandlauf, Skifahren oder Gewichtheben zu sehen war, damit alle Welt sah, dass er wieder aktiv war.[51]

Doch PR kann nicht alles erreichen und es dauerte eine Zeit, bis er wieder attraktive Filmangebot bekam.

Schwarzenegger hatte sich jedoch schon für die nächste Stufe seiner Karriereleiter entschieden. Er hatte früh in seiner Karriere immer mal wieder darüber nachgedacht, in die Politik zu gehen. Als er nach seinen Plänen gefragt wurde, antwortete er 1977 der Zeitschrift »Stern«: »Wenn man auch im Film der Beste ist, was kann noch interessant sein? Vielleicht Macht. Dann wechselt man in die Politik über und wird Gouverneur oder Präsident oder so was.«[52] Präsident hätte er, da nicht in den USA geboren, niemals werden können. Aber ein Abwahlverfahren (»Recall«) gegen den Gouverneur von Kalifornien gab ihm die Gelegenheit, den Sprung in die Politik zu wagen.

Bevor er sich genauer mit politischen Inhalten befasste, machte er sich Gedanken über die richtige PR-Strategie: »Wir sollten gar nicht erst versuchen, die Medien auf unsere Seite zu ziehen, sondern uns direkt an die Wählerinnen und Wähler wenden. Wenn ich im Fernsehen auftrat, sollte ich meine Auftritte auf populäre Talkshows konzentrieren (Jay Leno, Oprah Winfrey, David Letterman, Larry King, Chris Matthews) und ausschließlich auf die großen, wichtigen Sender ... Und vor allem: Alles sollte im großen Stil durchgezogen werden.«[53]

Ungewöhnlich war bereits, dass er seine Kandidatur für das Amt des Gouverneurs von Kalifornien in der populären *Tonight Show* ankündigte. Um Wirtschaftskompetenz zu signalisieren, holte er den bekannten Investor

Warren Buffett in sein Beraterteam, obwohl dieser überzeugter Demokrat ist, während Schwarzenegger auf dem Ticket der Republikaner antrat. Damit wollte er deutlich machen, dass er kein Parteisoldat sei.[54] Schwarzenegger punktete in Pressekonferenzen und Talkshows immer wieder mit seinem Humor und seiner Schlagfertigkeit. Ein Journalist fragte bei einer gemeinsamen Pressekonferenz des Kandidaten und seines Beraters: »Warren Buffett sagt, dass Sie Proposition 13 ändern und die Vermögensteuern erhöhen sollten. Was meinen Sie dazu?« Schwarzeneggers Antwort: »Zunächst einmal habe ich Warren gewarnt: Wenn er Proposition 13 auch nur noch ein einziges Mal erwähnt, muss er 500 Sit-ups machen.« Damit hatte er die Lacher auf seiner Seite und Buffett, der kein Spielverderber sein wollte, grinste. Schwarzenegger fügte hinzu, dass die Vermögensteuern auf keinen Fall erhöht würden.[55]

In Fernsehdebatten verfolgte er die Linie, sich politisch nicht so genau festzulegen, sondern vor allem sympathisch und humorvoll aufzutreten. »Sobald es besonders heiß herging und die Kandidaten sich gegenseitig anbrüllten, sagte ich irgendetwas Freches, das das Publikum zum Lachen brachte.«[56] In amerikanischen Wahlkämpfen wird die gesamte Lebensgeschichte eines Menschen, auch und gerade im privaten Bereich, nach kompromittierenden Dingen durchforscht. Schwarzenegger wurde beschuldigt, Frauen sexuell belästigt oder sich positiv über Adolf Hitler geäußert zu haben. Bei solchen

Vorwürfen folgte er der Grundregel: War der Vorwurf falsch, dann wandte er sich mit allen Mitteln dagegen, wenn er stimmte, akzeptierte er ihn und entschuldigte sich gegebenenfalls.[57]

Schwarzenegger nutzte die Macht der Bilder, um seine Botschaften zu verbreiten und Aufmerksamkeit zu gewinnen. In Sacramento sprach er vor fast 20.000 Menschen vor dem Kapitol. Er stand auf den Stufen und hielt eine kurze Ansprache, dann spielte eine Band und er nahm einen großen Besen in die Hand. »Das war das Bild für die Presse: Schwarzenegger ist hier, um auszumisten.«[58] Das Foto ging um die Welt.

Er fuhr mit einem Kampagnenbus namens »Running Man« (doppeldeutig benannt nach seinem gleichnamigen Kinofilm und nach seiner aktuellen Kandidatur) durch Kalifornien. Unterwegs ließ er eine Abrissbirne auf ein Auto fallen, um zu zeigen, was er mit der vom Amtsinhaber stark erhöhten Kfz-Zulassungssteuer machen würde.[59]

2003 gewann Schwarzenegger die Wahl zum Gouverneur von Kalifornien mit großem Vorsprung vor seinen Mitbewerbern, und ihm gelang fünf Jahre später gar die Wiederwahl. Er zeigte eine erstaunliche Anpassungsfähigkeit, und wenn er die Stimmung in der Bevölkerung falsch eingeschätzt hatte, war er bereit, radikale Korrekturen vorzunehmen. Am Ende seiner Autobiografie fasste er die wichtigsten Erfolgsregeln und Erfahrungen seines Lebens zusammen. Eine dieser Regeln lautet: »Egal, was du tust, du musst es auch gut verkaufen ... Man kann die beste Arbeit abliefern, doch wenn die Leute nichts davon erfahren, ist alles umsonst! In der Politik ist es das Gleiche: Egal, ob man sich für den Umweltschutz oder Bildung oder das Wirtschaftswachstum einsetzt, das Allerwichtigste ist, dass die Menschen das auch merken.«[60]

Das amerikanische Magazin »Newsweek« schrieb einmal: »Selbstvermarktung ist für Schwarzenegger so natürlich, wie seinen Trizeps anzuspannen.« Und gegenüber dem Magazin »Cigar Aficionado« erklärte der Star: »Man muss die Welt wissen lassen, dass man da draußen ist.«[61] Doch die Selbstvermarktung war für ihn nicht nur Mittel, um bestimmte Ziele zu erreichen, sondern der Imageaufbau war bei ihm die Voraussetzung für Freiheit. »Was ich mir wünsche«, sagte er 1977 in einem Interview, »ist mich absolut frei zu fühlen. Ich will einmal in der Lage sein, absolut alles machen zu können, was bedeutet, dass ich mir einen Namen und ein Image schaffen muss, damit okay ist, was immer ich mache, und dafür brauche ich einen unglaublich mächtigen Namen – einen Namen, den jeder kennt.«[62] »Stay hungry« blieb sein Lebensmotto – und gemeint war damit vor allem der Hunger nach Anerkennung und Ruhm: »Sei hungrig nach Erfolg, hungrig, dir einen Namen zu machen, hungrig gesehen zu werden, gehört zu werden und etwas zu bewirken.«[63]

Instrumente der Selbstvermarktung, die Schwarzenegger nutzte:

1. Er suchte sich mit Bodybuilding eine Nischensportart aus, in der es einfacher für ihn war, Nr. 1 zu werden – und popularisierte diese dann. Er machte seinen Körper zu seinem Markenzeichen.

2. In allen seinen Karrieren war der Schlüssel zu seinem Erfolg der Verkauf. Sein Motto: »Egal, was du tust, du musst es auch gut verkaufen ... Man kann die beste Arbeit abliefern, doch wenn die Leute nichts davon erfahren, ist alles umsonst!«

3. In der Filmkarriere macht er aus den vermeintlichen Nachteilen – seinem ungewöhnlichen Körperbau, seinem unaussprechlichen Namen und seinem Akzent – einen Vorteil.

4. Einprägsame (manchmal provokante) Sprüche und humorvolle kurze Sätze machte er zu seinem Markenzeichen. So sagte er, dass ein Muskelpump wie ein Orgasmus sei. Und die Sprüche in seinen Filmen (»I'll be back«, »Hasta la vista, baby«) zitierte er immer wieder selbst.

5. »Die Welt ist mein Marktplatz«: Schwarzenegger dachte – anders als damals viele Amerikaner – global. Wenn es um seine Filme oder sein Buch ging, organisierte er internationale Tourneen durch so viele Städte wie möglich.

6. Schwarzenegger ist eine Lernmaschine. Er nahm sich andere Selbstvermarkter zum Vorbild und schaute sich vieles von ihnen ab, vor allem von Muhammad Ali.

7. Obwohl die Journalisten Bodybuilding nicht ernst nahmen und darüber lachten, sah er sie nicht als Feinde, sondern versuchte geduldig und mit Humor zu erklären, worum es in dieser Sportart geht.

8. Er versuchte aus jedem Ereignis einen maximalen PR-Effekt zu erzielen. Als er zum Fitness-Beauftragten des US-Präsidenten berufen wurde, begnügte er sich nicht mit einer Pressemitteilung, sondern machte ein riesiges mediales Ereignis daraus.

Oprah Winfrey in ihrer Show, September 2009 in New York City. Sie sagte: »In dieser Gesellschaft hört dir keiner zu, wenn du nicht ein gewisses Maß an Glamour, Geld, Einfluss, Zugang vorzuweisen hast.« Quelle: Getty

8. Oprah Winfrey

Verkörperung des »American Dream«

In der »Forbes«-Liste der 10 erfolgreichsten Selfmade-Frauen in den USA findet sich auch Oprah Winfrey. Ihr Name ist weitaus bekannter als der der anderen neun Frauen in diesem Ranking. »Life« nannte sie »America's most powerful woman« und »Time« eine der »most influential« people of the century«.[1] Im Jahr 2003 tauchte sie erstmals auf der »Forbes«-Liste der Milliardäre auf – damals gab es erst 476 Milliardäre auf der Welt, und sie war die erste schwarze Selfmade-Milliardärin.[2] Heute wird ihr Vermögen auf 2,7 Milliarden Dollar geschätzt; in den USA ist sie so bekannt wie wohl neben ihr nur die Ehefrauen von Präsidenten, darunter Hillary Clinton, die kaum zur Präsidentschaftskandidatin geworden wäre ohne ihre Vorgeschichte als First Lady. Keine Amerikanerin ist aus eigener Kraft so berühmt geworden wie Oprah.

Oprah Winfrey wuchs in sehr bescheidenen Verhältnissen auf – wenngleich, wie Biografin Kitty Kelly zeigt, ihre Familie nicht so arm war, wie Winfrey es in der von ihr entwickelten Legende behauptete.[3] Schon früh war es ihr Ziel, berühmt zu werden. Überliefert ist ein Fragebogen ihrer Schule »Wo werde ich in 20 Jahren stehen?«, wo sie »Famous« ankreuzte.[4] Zahlreiche Äußerungen sind aus ihrer Jugend überliefert, in denen sie erklärte, sie werde ein Star sein und sehr reich werden.[5] Reichtum war für sie vor allem ein Mittel, um Aufmerksamkeit zu generieren: »In dieser Gesellschaft hört dir keiner zu, wenn du nicht ein gewisses Maß an Glamour, Geld, Einfluss, Zugang vorzuweisen hast.«[6]

Ihr Talent zu reden entdeckte sie bereits, als sie in Nashville in zahlreichen Kirchen Bibeltexte vorlas und den Redewettbewerb »Tennessee State Forensic Tournament« gewann.[7] Sie nahm an jedem Wettbewerb teil, der ihre Bekanntheit steigern konnte. Nachdem sie den »Miss Fire Prevention«-Wettbewerb gewonnen hatte, rief sie ganz aufgeregt nach dem Kameramann: »Hier bin ich. Wo ist die Kamera? Hier bin ich. Kommen Sie her.«[8]

Die erste Station ihrer beruflichen Laufbahn startete im Januar 1974 – sie war gerade 20 Jahre alt geworden – bei einem Fernsehsender in Nashville.[9] Nashville war damals der 30-größte TV-Markt in den USA – eine gute Gelegenheit für jemanden, der neu im TV-Geschäft war, erste Erfahrungen zu sammeln. Doch ihr steiler Aufstieg begann 1976 bei einem Fernsehsender in Baltimore. Der schickte sie als Reporterin in verschiedene Stadtteile von Baltimore, und Winfrey interviewte dort Menschen auf der Straße. Charakteristisch ist, dass sie diese Tätigkeit vor allem unter dem Aspekt bewertete, wie sie damit ihre eigene Bekanntheit erhöhen könnte. »Das ist gute PR für mich«, erklärte sie und meinte später: »Das bot mir eine tolle Gelegenheit, mich der Stadt vorzustellen.«[10]

Doch als Co-Moderatorin der Nachrichtensendung war sie eindeutig überfordert. Sie las einen Bericht über »a vote in absentia« in Kalifornien so vor, als ob »Inabsentia« eine Stadt in der Nähe von San Francisco sei, weil sie offenbar das lateinische Fremdwort für »in Abwesenheit« nicht kannte. Unprofessionell war auch, dass sie zuweilen Nachrichten mit ihren eigenen Kommentaren versah (»Wow, that's terrible«). Ein Kollege von ihr erinnerte sich: »Ich wusste von Anfang an, dass das nicht klappen würde. Oprah war einfach zu unerfahren und hatte zu wenig Ahnung vom Weltgeschehen und speziell von Geografie, um sich neben dem Hauptmoderator der Baltimore News als Sprecherin zu behaupten.«[11] So verlor sie ihren prestigeträchtigen Job bei dem Fernsehsender bereits nach acht Monaten.[12] Stattdessen wurde sie zu einem »weekend features reporter« degradiert, nach ihrer eigenen Bekundung die unterste Position in der Hierarchie der Nachrichtenredaktion des Senders.[13] Künftig dürfte sie über Themen wie die Geburtstagsfeier des Kakadus im örtlichen Zoo berichten.[14] Doch immerhin war sie noch Teil der Nachrichtenredaktion. Sie empfand es als weitere Degradierung, dass sie schließlich für ein neues Format, die Morningshow *People Are Talking* ausgewählt wurde. Ihr damaliger Chef erinnert sich: »Sie wollte unbedingt eine Nachrichten-Journalistin sein. Sie wusste, dass die Nachrichten im Fernsehen damals das Einzige waren, worauf es ankam. Sie sah das Tagesprogramm als einen echten Abstieg, als Versagen. Sie brach in Tränen aus. ›Bitte tut mir das nicht an‹, bettelte sie. ›Das ist der absolute Tiefpunkt.‹ ... Was ich ihr anbot, war eine richtige Stelle und, ganz ehrlich, sie hatte keine andere Wahl.«[15] Bill Baker versprach ihr eine Gehaltserhöhung, ein großes Budget und andere Dinge, um ihr den Job schmackhaft zu machen. Schließlich stimmte sie zu, aber sie verließ sein Büro mit Tränen in den Augen.[16]

Doch es spricht für Winfrey, dass sie das Beste aus der Situation machte, und im Nachhinein erwies sich die vermeintliche Degradierung als große Chance für ihre weitere Karriere. Die Show *People Are Talking* startete am 14. August 1978. Als Winfrey zwei Schauspieler ihrer Lieblingsserie *All My Children* interviewte, hatte sie das Gefühl, endlich ihren Platz im Fernsehen gefunden zu haben. »Die Sendung war zu Ende und ich wusste: Das ist es, was ich tun muss ... Das ist mein Ding. Genau dafür bin ich geboren ... Es fühlte sich für mich so einfach an, wie zu atmen. Es war für mich das Natürlichste auf der Welt.«[17] Ihrem Co-Moderator war sein Image sehr wichtig[18] – viele Journalisten wollen vor allem in ihrer Peergroup gut angesehen werden. Winfrey ging es hingegen vor allem darum, dass sie bei ihren Zuschauern »ankam«. Sie hielt sich an den Tipp, den man ihr gegeben hatte: Sie solle einfach das fragen, was ihr spontan zuerst in den Kopf komme, egal was es sei – und egal, wie intelligent die Frage ist. So fragte sie einmal siamesische Zwillinge: Wenn der eine in der

Nacht aufwache, weil er zur Toilette müsse, ob der andere dann mitgehen müsse.[19]

1983 startete sie ihren nächsten Karriereschritt im drittgrößten TV-Markt der Vereinigten Staaten, in Chicago. Kaum, dass sie ihre neue Show in Chicago gestartet hatte, gab sie den lokalen Medien eine schier endlose Serie von Interviews. Ende 1985 bezeichnete die »Chicago Tribune« Winfrey als »die am meisten überbewertete Celebrity der Stadt«.[20] In ihrem Selbstlob stand sie einem Muhammad Ali oder Donald Trump kaum nach. In einem Interview erklärte sie beispielsweise: »Ich bin sehr stark ... sehr stark. Ich weiß, dass weder Sie noch sonst jemand mir etwas erzählen können, was ich nicht schon weiß. Ich habe diesen inneren Spirit, der mich leitet und führt ... Ich mag mich einfach, wirklich. Wenn ich nicht ich wäre, würde ich mich gern kennen.«[21] Jetzt begann auch die überregionale Presse über sie zu berichten. Und da ihre Show so erfolgreich war, lief sie bald landesweit. Als ihre Show an 100 TV-Sender in den USA verkauft wurde, erhielt sie erstmals einen Bonus von einer Million Dollar.[22]

Bald war sie so bekannt, dass sie sogar einen Auftritt, wenn auch nur in einer Nebenrolle, in Steven Spielbergs Film *The Color Purple* bekam. Der Film bzw. seine Schauspieler wurden elfmal für den Oscar nominiert, doch am Ende bekam er keine einzige dieser begehrten Auszeichnungen.[23] Auf Spielberg war Winfrey sauer, weil er sich weigerte, ihren Namen groß auf der Plakatwerbung für den Film zu nennen. Dabei wäre dies für eine (damals noch nicht so bekannte) Nebendarstellerin sehr ungewöhnlich gewesen.[24]

Die Filmrolle, ebenso wie die Tatsache, dass ihre Show in den gesamten USA zu sehen war, steigerte ihre Bekanntheit enorm. Im Januar 1987 hob das »People«-Magazin Winfrey erstmals auf das Titelcover. In den nächsten zwei Jahrzehnten sollte ihr Bild insgesamt zwölf Mal auf der Titelseite des Magazins erscheinen, nur zweimal weniger als das der Kinolegende Elizabeth Taylor.[25] Laut dem Magazin »Variety« verdiente Winfrey bereits 1987 mehr als 31 Millionen Dollar und war damit die bestbezahlte Talkshow-Moderatorin. Sogar den berühmten Johnny Carson stach sie jetzt aus, der für sein Format *The Tonight Show* 20 Millionen Dollar bekam.[26] Doch sie war längst noch nicht zufrieden. Sie erklärte, dass sie ihre eigene Talkshow selbst produzieren und an die Fernsehsender verkaufen wolle – so wie Bill Cosby.[27]

Besonders erfolgreich war Winfrey in all den Jahren mit Themen rund um Sex. Gerade im prüden Amerika bringen solche Debatten hohe Quoten. Das fing bereits in ihren frühen Talkshows an und setzte sich in späteren Jahren fort. In einer Talkshow sprach sie über den »Mann mit dem Micro-Penis«, in der anderen über den 30-Minuten-Orgasmus.[28] Der Fantasie in der Auswahl von Themen mit sexuellem Bezug war keine Grenze gesetzt: Männer, die vergewaltigt wurden; Frauen, die Kinder von ihrem eigenen Vater zur Welt brachten; andere, die während ihrer Schwangerschaft missbraucht wurden; Lehrerinnen, die

Sex mit Jungs hatten; eine Schönheitskönigin, die von ihrem Ehemann vergewaltigt wurde usw.[29]

Einmal lud sie Nudisten in das Studio ein, deren nackte Körper auf den Fernsehschirmen allerdings nicht zu sehen waren. Aber die TV-Zuschauer wussten, dass Winfrey unter den Augen der Studiogäste mit nackten Menschen sprach, und das reichte als »Kick« für eine starke Quote.[30] Ein anderes Mal lud sie eine Frau ein, die während ihrer 18-jährigen Ehe nie einen Orgasmus hatte – zusammen mit einem Lehrer, der ihr Orgasmus-Lehrstunden gab. Und dann wiederum begrüßte sie eine Frau, die in einer Nacht 25 Männer in ihrem Bett hatte,[31] oder drei Porno-Stars, die sich über die Ejakulationen von Männern ausließen.[32] Hausfrauen, die sich Geld als Prostituierte verdienen, Polygamie, sexy dressing und Gattinnen, die allergisch gegen ihre Ehemänner sind[33] – Winfrey gingen die Themen nie aus und das TV-Publikum konnte anscheinend nicht genug davon bekommen. Andere Stoffe, die gut ankamen, waren Diät- und Beziehungsthemen.

Ein Schwerpunkt wurde der sexuelle Missbrauch an Kindern. Besondere Aufmerksamkeit erzielte sie mit einer Talkshow, in der eine Frau berichtete, dass sie als Kind sexuell missbraucht worden sei, und Winfrey erklärte, ihr sei das als neunjähriges Kind ebenfalls widerfahren.[34] Familienangehörige der Talkmasterin behaupteten stets, sie habe diesen Missbrauch – so wie viele andere Dinge über ihre Kindheit und Jugend – erfunden, um Aufmerksamkeit zu erzielen.³⁵ Wie in vielen solchen Fällen ist für einen Außenstehenden ein Urteil darüber kaum möglich.

Eine Untersuchung der Harvard Business School über Winfreys Talkshow ergab, dass sie vor allem mit »Opfer«-Themen erfolgreich war: »Vergewaltigungsopfer, Familien von Entführungsopfern, Opfer körperlichen und seelischen Missbrauchs, jugendliche Alkoholiker, weibliche Opfer von Workaholismus, obsessive Liebe und Wunden aus der Kindheit. Weitere ihrer Themen waren Therapien für Ehemänner, Ehefrauen und Geliebte, Seitensprünge von Geschäftsreisenden und die Welt von UFOs, Tarotkarten, von Medien und anderen übersinnlichen Phänomenen.«³⁶

Andy Behrmann, der als PR-Mann mit Winfrey zusammenarbeitete, erinnert sich:

»Der Großteil ihrer frühen Jahre war den Sexgeschichten der Boulevardpresse gewidmet, die riesige Quoten erzielten. Dazu Sendungen zum Thema, wie man einen Mann bekommt und ihn hält, und natürlich zum Thema Abnehmen – denn das war alles, was sie und ihre kleine Gemeinde wirklich interessierte. Im Gegensatz zu Phil Donahue wussten ihre Zuschauer praktisch nichts über das aktuelle Geschehen, Politik oder die größere Welt da draußen und es war ihnen auch egal.«³⁷

Als Winfrey nach Chicago kam, war Phil Donahue als Talkshow-Moderator die große Herausforderung für sie und viele prophezeiten ihr, gegen ihn könne sie unmöglich ankommen. Doch die »Chicago Tribune« beobachtete: »Sie [Winfrey] erzielt mit kontroversen Sendungen über männliche Impotenz, Frauen, die ihre Männer bemuttern, und Männer, die sich nach dem Sex wegdrehen, die höheren Einschaltquoten, während Donahue versucht, sie mit Wortführern von Rechtsaußen und Computerkriminalität zu schlagen.«[38] Winfreys Biografin Kitty Kelley schreibt: »Oprah, damals 34 Jahre alt, lud Eiferer und Fanatiker, bekennende Pornosüchtige und Hexen als Gäste ein und überholte mit ihren Quoten den 52-jährigen Phil Donahue, dessen Talkshow der Autor David Halberstam einmal als ›die wichtigste Hochschule in Amerika‹ bezeichnete und die ein Millionenpublikum über Veränderungen in der Gesellschaft und den Sittenwandel informierte.«[39]

Winfrey zielte auf ein anderes Publikum als Donahue, auf das Massenpublikum, das sich für Themen wie internationale Politik wenig interessierte. Während Donahue häufig Politiker wie Jimmy Carter, Ronald Reagan oder Bill Clinton in seine Talkshow einlud, lehnte Winfrey das zunächst über viele Jahre hinweg grundsätzlich ab, da sie negative Auswirkungen auf die Einschaltquoten befürchtete.[40] Ihr gelang aber, was anderen Talkshow-Moderatoren nicht gelang – beispielsweise ein großes Interview mit Michael Jackson, der in 14 Jahren kein Live-Interview gegeben hatte. Winfrey interviewte ihn auf seiner Neverland-Ranch und 90 Millionen Amerikaner schauten sich dieses Gespräch an.[41] Mit jedem prominenten Gast in ihrer Talkshow stieg ihre Bekanntheit.

Im Laufe der Zeit näherten sich die Talkshows von Donahue und Winfrey in gewisser Hinsicht an. Unter dem Druck der Einschaltquoten brachte nun auch Donahue »tabloid«-Themen. »Ich möchte nicht als Held sterben«, erklärte er.[42] Auf der anderen Seite wandelten sich auch die Themenschwerpunkte bei Winfrey. 1989 erklärte sie: »Früher war es besserer Sex und der perfekte Orgasmus. Dann waren es Diäten. Der Trend der Neunziger ist Familie und Erziehung.«[43] Sie brachte jetzt häufiger Themen wie »How to Have a Happy Step Family« oder »The Family Dinner Experiment«.[44]

Später äußerte sie sich sogar manchmal selbstkritisch über die Art der Sendungen, mit denen sie anfänglich so erfolgreich war. »Ich gebe zu: Ich habe Trash-Fernsehen gemacht und noch nicht einmal gedacht, dass es Trash war«, bekannte sie.[45] Winfrey brachte zunehmend anspruchsvolle Themen – ein Schwerpunkt war die Vorstellung neuer Bücher. Neben den Einschaltquoten war ihr nun auch das Image wichtig. Sie wollte nicht mehr für »trash TV« stehen. Doch diese Themenänderung barg die Gefahr, dass sie ihren Status als Amerikas Nr. 1 Talkshow-Moderatorin einbüßte. Nachdem ihr einmal über 46 von 47 Wochen die Talkshow von Jerry Springer den Rang abgelaufen hatte, erklärte Winfrey frustriert: »Ich stelle Bücher vor und sie machen sich über Penisse her.«[46]

Sie sah sich nun eher als Motivations-Guru und startete Ende der 90er-Jahre mit dem Thema »Change Your Life«. Ihre Rolle definierte sie neu: »Die Welt sieht mich als

Verkörperung des »American Dream«

eine Talkshow-Moderatorin. Aber ich weiß, dass ich sehr viel mehr bin. Ich habe einen Geist, der mit dem höheren Geist verbunden ist.«[47] Winfrey positionierte sich als Verkörperung des amerikanischen Traums: eine Frau, die in bescheidenen Verhältnissen aufwuchs, die missbraucht wurde und dann eine beispiellose Karriere startete und die erste schwarze Selfmade-Milliardärin der Welt wurde. Mit dieser Geschichte inspirierte sie viele Millionen Menschen – nicht nur in Amerika, sondern in zahlreichen anderen Ländern, in denen ihre Show ausgestrahlt wurde. Für Oprah und ihre Anhängerinnen war ihr beispielloser Erfolg ein Beleg für die Kraft des positiven Denkens. »If I can do it, you can do it« – so motivierte sie ihre Fans.[48]

Linke, antikapitalistische Kritiker dagegen kritisierten, mit solchen Erfolgsgeschichten würde die Illusion erzeugt, Menschen könnten sich aus einfachen Verhältnissen durch eigene Anstrengung ganz nach oben emporarbeiten: »In einer Zeit, in der die Menschen an tatsächlicher Macht über ihre materiellen Lebensbedingungen verloren haben, während die Macht des Kapitals exponentiell zugenommen hat, ist Oprah Winfrey zur Kulturikone des amerikanischen Mainstream aufgestiegen. Sie will uns erzählen, dass wir alles schaffen können, was wir uns in den Kopf setzen. Ein Versprechen, das Ähnlichkeit mit einer Lotterie hat.«[49]

Oprah, so ihre linken Kritiker, habe einfach nur Glück gehabt. Doch Winfrey widersprach: »Glück ist eine Sache der Vorbereitung.« Und sie fügte hinzu: Ob jemand Erfolg im Leben habe oder nicht, habe nichts mit besseren oder schlechteren äußeren Bedingungen zu tun. »Wann immer du außerhalb von dir selbst nach Antworten suchst, suchst du an der falschen Stelle.«[50] Sie wurde immer mehr zu einer Botschafterin für Selbstverantwortung und Erfolg. Kernbotschaften von Winfrey waren:

- » ... alles, was dir passiert, ob gut oder schlecht, ziehst du selber an. Etwas, woran ich seit Jahren wirklich glaube, ist: Die Energie, die du in die Welt setzt, kommt immer zu dir zurück.«[51]
- »Worum es bei dieser Show geht, und das seit 21 Jahren? Das ist Verantwortung zu übernehmen für das eigene Leben in dem Wissen, dass jede Entscheidung, die man getroffen hat, einen genau dorthin geführt hat, wo man heute steht. Nun, die gute Nachricht ist: Jeder, egal an welchem Punkt des Lebens er sich gerade befindet, hat die Kraft, sein Leben noch heute zu verändern.«[52]
- »Die Botschaft war und ist immer dieselbe: Jeder ist für sein eigenes Leben verantwortlich.«[53]

Winfreys Talkshow wurde Gegenstand zahlreicher wissenschaftlicher Analysen. Marianne Jeanette Crosby unterzog insgesamt zehn Sendungen aus zwei verschiedenen Zeitperioden[54] einer eingehenden Inhaltsanalyse. Ein immer wiederkehrender »Frame« in den Sendungen war: »Das Konzept dieses Framings ist es, dass jeder

Mensch die Kontrolle über sein eigenes Leben und die volle Kontrolle über seine derzeitige Situation hat.«[55] Winfrey glaubte und propagierte die Botschaften des Buches *The Secret*, das durch ihre Sendungen zu einem Bestseller wurde. Auf eine kurze Formel gebracht, vermittelte Winfrey ihren Zuschauern die Botschaft, es sei für sie möglich, »den Job, die Liebe, das Leben zu bekommen, das man sich wünscht«.[56]

Die Talkshows waren nur noch eines von zahlreichen Vehikeln für ihre Positionierung und für ihren geschäftlichen Erfolg. Sie trat bei zahlreichen Motivationsseminaren auf und veranstaltete schließlich »Live Your Best Life«-Seminare, an denen Tausende Menschen teilnahmen, vor allem Frauen.[57] Im April 2000 startete sie das Magazin »O, The Oprah Magazine«, das eine Mischung aus Motivation, Lebenshilfe, Klatsch und Personenkult war. Das Magazin war ein riesiger Erfolg und steigerte ihre Bekanntheit noch weiter. Innerhalb eines Jahres hatte sie 2,5 Millionen zahlende Abonnenten.[58] Schon die erste Ausgabe startete mit einem Titelbild, das Oprah zeigte, und so sollte es für die nächsten neun Jahre bleiben: Jedes einzelne Heft hatte Oprah auf dem Titel.[59]

Ein Traum von Oprah war es gewesen, einmal auf der Titelseite der »Vogue« zu erscheinen. Die Zeitschrift erklärte jedoch Oprah, die große Teile ihres Lebens übergewichtig war, sie müsse erst einmal kräftig abnehmen, bevor sie auf dem Cover abgebildet würde. Oprah versprach, bis zum Fototermin mindestens 20 Pfund abzunehmen. Sie meldete sich bei einem »weight-loss boot camp« an, hielt strenge Diät und trainierte, um sich für das Titelfoto auf der »Vogue« zu qualifizieren. Im Oktober 1998 erschien sie dort tatsächlich auf dem Cover, und die Zeitschrift verkaufte sich mit 900.000 Exemplaren so gut wie keine andere Ausgabe in der Geschichte des Magazins, das seit 1892 erscheint.[60] Ihr Freund Stedman Graham erklärte, für sie sei das eine ganz besonderes Erlebnis gewesen: »Es ist wie der Höhepunkt von allem, für das sie gearbeitet hat ... Von Übergewichtigkeit bis zu diesem Punkt zu kommen zählt zu den größten Siegen, die ein Mensch erringen kann.«[61]

Über die Jahrzehnte nahm Winfrey immer wieder dramatisch ab, um dann wieder ebenso dramatisch zuzunehmen. Ähnlich wie Karl Lagerfeld ließ sie die Öffentlichkeit im Detail an ihren Diäten teilnehmen und vermarktete sehr erfolgreich Diät- und Fitnessbücher. Einmal nahm sie 67 Pfund ab, und um dem Publikum zu zeigen, wie viel das ist, ließ sie mit einem kleinen roten Wagen 67 Pfund fettiges Tierfleisch in das Studio fahren. Sie versuchte demonstrativ, die Tüte mit dem fetten Fleisch anzuheben, und erklärte: »Ist das nicht eklig? Es ist erstaunlich, ich kann es nicht heben, habe es aber früher den ganzen Tag lang mit mir herumgeschleppt.«[62]

Die Sendung war die bis dahin erfolgreichste in Winfreys Talkshow-Karriere – 44 Prozent der Fernsehzuschauer, die tagsüber Fernsehen schauten, hatten die Sendung eingeschaltet,[63] und nachdem sie das von ihr ver-

Verkörperung des »American Dream«

wendete Diätmittel »Optifast« erwähnt hatte, versuchte eine Million Zuschauer bei der kostenlosen Bestellnummer der Firma anzurufen.[64] In den überregionalen Medien war Winfreys Diät noch tagelang eines der Topthemen – Ärzte, Ernährungsexperten und Kommentatoren diskutierten ihre Diät.[65]

Nach der Diät erklärte sie, sie werde ihr neues Gewicht für immer halten, doch das hatte sie schon öfter angekündigt und schließlich doch immer wieder zugenommen. Ihre überwiegend weiblichen Zuschauer konnten mitfühlen, denn Erfahrungen mit dem »Jojo-Effekt« hatten viele von ihnen gemacht. Mit einer Frau, die oft übergewichtig war und ihr Leben lang mit Diäten kämpfte, konnten sich die Zuschauerinnen leichter identifizieren als mit einer Moderatorin, die den Körper eines Top-Models hatte. Aber egal, ob sie nun stark abgenommen oder wieder zugenommen hatte – Winfrey machte stets ein öffentliches Thema daraus in ihren Talkshows wie in zahlreichen Interviews.

Ein Buch über Fitness und Diät, das sofort ein Bestseller wurde, war auch der Auftakt für ein neues Projekt, das Winfrey 1996 startete: einen eigenen Buchclub. Sie wolle die Amerikaner wieder zu Buchlesern machen, erklärte Winfrey. Auch dieses Projekt war ein riesiger Erfolg. Allein im ersten Jahr verkaufte der Club fast 12 Millionen Bücher. In einem Branchendienst hieß es, dass Winfrey Buchverkäufe für 130 Millionen Dollar generiert hatte.[66] Winfrey verzahnte all ihre publizistischen und unternehmerischen Tätigkeiten geschickt und in ihrer Talkshow wurden nun auch Buchempfehlungen ein Schwerpunktthema. Alle Verlage rissen sich darum, dass ihre Bücher in Oprahs Talkshow besprochen wurden, denn dies war eine Garantie dafür, dass ein Titel auf die Bestsellerlisten gelangte. Sie erhielt zahlreiche Ehrungen und Auszeichnungen von Verbänden des Buchhandels, und das Magazin »Newsweek« nannte sie die wichtigste Person in der Welt der Bücher und Medien.[67]

Winfreys Talkshow wurde nicht nur in den USA ausgestrahlt, sondern schließlich in 145 Ländern gesendet.[68] Ganz überwiegend war und ist ihre Gefolgschaft weiblich – laut einer Untersuchung aus dem Jahr 2007 zu 73 bis 78 Prozent.[69]

So wie Donald Trump gelang es auch Winfrey, trotz ihres großen Vermögens und ihrer Berühmtheit immer den Anschein zu erwecken, als sei sie ganz nahe bei den Problemen der kleinen Leute, ja, sie sei in Wahrheit eine von ihnen.[70] Und bis zu einem gewissen Grad stimmte das auch. Denn die Probleme, die Winfrey in ihrem Privatleben zu schaffen machten – vor allem mit ihrem Gewicht und Diäten, aber auch in Beziehungen –, waren zugleich die Probleme ihrer Zuschauerinnen. »Sie wird von Frauen wegen ihres unperfekten Images und ihres normalen Körpers bewundert. Für viele Frauen war Oprah eine Inspiration, eigene Ziele zu erreichen und gesünder zu leben«, schreibt Crosby in ihrer Analyse über Oprah Winfrey und ihre Talkshows.[71]

Verkörperung des »American Dream«

Je bekannter sie wurde, desto mehr Menschen, die sie tatsächlich oder vermeintlich kannten, meldeten sich bei Journalisten, um negative Dinge über sie zu berichten. Ein ehemaliger Freund drohte mit Enthüllungen über Drogenmissbrauch – er habe über Jahre mit ihr zusammen unter anderem Kokain konsumiert. Winfrey versuchte zunächst, entsprechende Berichte zu verhindern. Als sie sah, wie schwer das war, entschloss sie sich zu einer offensiveren PR-Strategie. Sie lud einen Drogenabhängigen in eine Talkshow ein und beichtete dann – scheinbar – spontan, dass sie auch Drogen genommen habe.[72] Das war geschickt, denn damit, dass sie dies selbst öffentlich bekannte, hatten mögliche Enthüllungsgeschichten ihres Exfreundes oder anderer Personen keinen Neuigkeitswert mehr für die Medien.

Seit sie in dem Film *The Color Purple* mitgespielt hatte, erklärte sie immer wieder, sie wolle nicht nur Talkshowmasterin sein, sondern auch eine berühmte Schauspielerin werden. Den Durchbruch erhoffte sie sich von der Verfilmung des Buches *Beloved* (deutsch: *Menschenkind*), das 1987 erschienen war und für das die Autorin Toni Morrison als erste Afroamerikanerin den Literaturnobelpreis bekam. Der Film, in dem Winfrey die Hauptrolle spielte, startete im Oktober 1998 mit einer gigantischen PR- und Marketingkampagne für 30 Millionen Dollar,[73] wobei die zahlreichen PR-Aktivitäten Winfreys noch nicht eingerechnet sind. Doch der Streifen geriet wirtschaftlich zum Flop und zerstörte ihren Traum, eine gefeierte Filmschauspielerin zu werden. Wohl selten war eine so große PR-Kampagne für einen Film gestartet worden, aber Winfrey hatte in diesem Fall ihre eigene Eitelkeit im Wege gestanden. Viele Menschen hatten den Eindruck, dass Winfrey viel stärker sich selbst in den Vordergrund spielte als das ernste Thema dieses Filmes – die schlimmen Ereignisse in der Zeit der Sklaverei. Dass sie in der »Vogue« und auf den Covern von »TV Guide«, »Time«, »USA-Weekend« usw. als glamouröses Model posierte und die Erfolge ihrer Diät zelebrierte, passte nicht so recht zu der ernsten Botschaft des Filmes. Whoopi Goldberg, die mit Winfrey in dem Film *The Color Purple* gespielt hatte, meinte denn auch kritisch: »Es ist toll zu sehen, dass jemand einen Wirbel auslösen kann wie Oprah, aber leider ging das für den Film nach hinten los.«[74] Der bekannte Filmregisseur Jonathan Demme erklärte, er würde trotz des Flops gerne wieder einen Film mit Winfrey drehen, vielleicht eine Komödie. »Und wir würden diesmal nicht so einen Rummel veranstalten wie bei *Beloved*.«[75]

Oprah war es stets wichtig, ihr Image so weit wie nur irgend möglich selbst zu bestimmen. Sie hatte negative Erfahrungen gemacht, weil eine Klatschzeitung ihrer drogensüchtigen Schwester Geld gezahlt hatte, damit sie über eine ungewollte Schwangerschaft, Drogenmissbrauch und vor allem davon erzählte, dass Oprah als Teenager für Geld mit Männern geschlafen habe. Nach dieser Erfahrung musste jeder, der mit ihr zu tun hatte – Mitarbeiter, Talkshowgäste, Innenarchitekten, Partyplaner, Gärtner, Piloten, Leibwächter und sogar die Tierärzte, die ihre Hunde behandelten[76] – eine Vertraulichkeitserklärung unterzeichnen, die es der Person bei Strafandrohung verbot, mit Dritten über ihr Privatleben oder ihre Geschäfte zu sprechen.[77] Je einflussreicher sie wurde, desto stärker nahm sie Einfluss auf die Presseberichterstattung und bestimmte sogar häufig, welcher Fotograf sie für einen Zeitungsartikel fotografieren durfte.[78]

Alle Prominenten achten auf ihr Image, aber selten hat jemand so gezielt und konsequent ihr Bild aufgebaut wie Winfrey. Sie wollte die Deutung über ihre eigene Person behalten, über ihr Aussehen ebenso wie über ihre Lebensgeschichte.

Instrumente der Selbstvermarktung, die Oprah Winfrey nutzte:

1. Sie versuchte Wettbewerber – also Moderatoren anderer Talkshows – nicht auf deren Feld zu schlagen, also mit politischen und intellektuell anspruchsvollen Themen. Ihr war es in der frühen Phase gleichgültig, wenn Kritiker ihr Oberflächlichkeit und Sensationslust vorwarfen: Einschaltquoten und die Beliebtheit bei ihren Zuschauerinnen waren ihr wichtiger als die Anerkennung von Kritikern.

2. Dennoch erfand sie sich immer wieder neu. So gelang es ihr, das »Trash-TV«-Image loszuwerden, indem sie zur wichtigsten Instanz für Buchempfehlungen wurde und ihren Buchclub gründete.

3. Ihr gelang es, trotz ihres Prominentenstatus, bei ihren Zuschauerinnen stets den Eindruck zu erwecken, sie sei eine von ihnen. Sie hatten das Gefühl, verstanden zu werden, weil Winfrey die gleichen Probleme und Sorgen hatte wie ihre Zuschauerinnen – etwa mit ihrer Figur oder mit Beziehungen. *I'm Every Woman* war lange der Titelsong ihrer Talkshow.

4. Sie kontrollierte ihr Image so weit, wie das irgendwie nur möglich war. So verbot sie Studiogästen, Fotos von ihr zu machen, und diktierte häufig sogar den Medien, welche Fotografen sie fotografieren dürften.

5. Obwohl sie sehr häufig Talkshows über Situationen machte, in denen Menschen zu »Opfern« geworden waren, vermittelte sie den Zuschauern dennoch die starke Hoffnung, sie selbst seien die Gestalter ihres Schicksals und hätten die Möglichkeit, ihr Leben zu ändern und Erfolg zu haben, auch wenn sie früher Opfer waren. Ihr eigenes Leben als schwarze Frau, die aus ärmlichen Verhältnissen kam, missbraucht

wurde und schließlich zur reichsten und bekanntesten farbigen Frau der Welt wurde, sei dafür der beste Beweis.

6. Sie beschränkte sich nie auf nur ein Medium – die Talkshow –, sondern baute ein ganzes Medienimperium auf: Fernsehproduktionen, Film, Zeitschriften, Buchclub, Internet, Vorträge usw. Anders als andere Journalistinnen blieb sie nicht lange in der Rolle einer Angestellten, sondern baute als Unternehmerin ihr eigenes Medienimperium auf.

Steve Jobs bei einer Präsentation im Januar 2003 in San Francisco. »Im Publikum«, so sein Biograf Walter Isaacson, »saßen lauter Gefolgsleute, und das Ganze erinnerte mehr an eine religiöse Erweckungsveranstaltung als an die Produktpräsentation einer Firma.«
Quelle: Getty

9. Steve Jobs
Der Unternehmer als Künstler, Rebell und Guru

Kaum jemand kannte Steve Jobs so gut wie der Software-Ingenieur Andy Hertzfeld, der zum ursprünglichen Apple-Entwicklungsteam gehörte. Steve Jobs, so berichtet Hertzfeld, glaubte, ein Besonderer zu sein, ein Auserwählter. »Er denkt, einige Leute seien eben etwas Besonderes – Leute wie er selbst und Einstein und Gandhi und die Gurus, die er in Indien gesehen hat – und er sei einer davon.« Einmal habe er ihm gegenüber sogar angedeutet, er halte sich für erleuchtet.[1] Davon, dass Steve Jobs etwas Besonderes sei, so schreiben seine Biografen Brent Schlender und Rick Tetzeli, »waren seine Eltern überzeugt gewesen, und diese Überzeugung hatten sie ihm auch während seiner gesamten Kindheit vermittelt und anerzogen«.[2]

Jobs sah sich nicht einfach als Unternehmer. Er betonte immer wieder: »Ich wollte kein Geschäftsmann werden. Ich kannte viele, und ich wollte nicht so werden wie sie.«[3] Er sah sich selbst vielmehr als Künstler, als Rebell und Guru. »Tag für Tag wird die Arbeit dieser 50 Menschen das Universum bewegen« – mit Worten wie diesen schwor er sein Entwicklungsteam ein.[4] Er inspirierte seine Mitarbeiter durch die Idee, dass sie nicht einfach in irgendeinem Unternehmen arbeiteten und nützliche Produkte für die Konsumenten entwarfen und produzierten, sondern dass sie Teil einer großen Mission seien.

Der Microsoft-Gründer Bill Gates, ein Rivale von Jobs, mit dem er einige Jahre eng zusammenarbeitete, beobachtete: »Steve schwor seine Leute auf den Mac ein und erklärte ihnen ständig, dass er die Welt verändern werde. Dadurch brachte er sie dazu, bis zur völligen Erschöpfung zu arbeiten, was alles zu einer irrwitzigen Anspannung und höchst komplizierten Beziehungen führte.«[5] Auch Trip Hawkins, ehemaliger Marketingmanager von Apple, sagte: »Steve besaß die unglaubliche Gabe, Menschen auf eine gemeinsame Linie einzuschwören, indem er Bilder von einem Ziel heraufbeschwor, das geradezu kosmische Ausmaße besaß.«[6]

Alvy Ray Smith, der Mitgründer des Unternehmens Pixar, fühlte sich bei Sitzungen mit Jobs an religiöse Erweckungsversammlungen erinnert: »Ich bin als Southern Baptist aufgewachsen, und wir hatten Erweckungsversammlungen mit faszinierenden, aber korrupten Predigern. Steve hat all das: die Rede- und Wortgewandtheit, die Leute in ihren Bann schlägt. Wir waren uns dessen durchaus bewusst, wenn wir unsere Board-Sitzungen hatten, und verabredeten deshalb Signale, zum Beispiel sich an der Nase kratzen oder am Ohrläppchen ziehen, wenn sich jemand in Steves zurechtgebogenen Realitätsvorstellungen verfangen hatte und wieder in die Wirklichkeit zurückgeholt werden musste.«[7] Jobs, so Smith, »war wie einer dieser Prediger im Fernsehen«, der die Menschen in seinen Bann zog.[8]

Legendär ist der Satz, mit dem es Jobs 1983 gelang, den damaligen Pepsi-Vorstand John Sculley als CEO für Apple zu gewinnen: »Willst du den Rest deines Lebens Zuckerwasser verkaufen oder willst du eine Chance, die Welt zu verändern?«[9] Kurz nachdem er Sculley eingestellt hatte, lud er ihn und seine Frau zum Frühstück ein und erklärte den beiden: »Wir haben alle nur eine kurze Zeit auf Erden und wahrscheinlich nur wenige Gelegenheiten, etwas wirklich Großes zu leisten. Keiner von uns weiß, wie lange er leben wird; ich auch nicht, aber ich habe das Gefühl, dass ich möglichst viel bewegen muss, solange ich noch jung bin.«[10]

Einen anderen frühen Mitarbeiter überzeugte er mit diesen Worten, zu Apple zu kommen: »Wir erfinden hier die Zukunft. Sie surfen ganz vorn auf der Welle. Es ist ungeheuer aufregend. Nicht im Entferntesten vergleichbar mit dem langweiligen Gepaddel hinten im Wellental. Kommen Sie zu uns und schlagen Sie eine Delle ins Universum.«[11] So spricht eher ein Guru als ein Unternehmenschef – »eine Delle ins Universum schlagen« war eine seiner Lieblingsformulierungen. Einer seiner Mitarbeiter berichtete, Jobs habe seine Mitarbeiter immer wieder mit Sätzen wie diesen beschworen: »Wir wollen Spuren im Universum hinterlassen. Wir werden etwas so Bedeutendes schaffen, dass wir der Welt unseren Stempel aufdrücken.«[12]

Jobs sprach nicht wie der CEO eines Unternehmens, sondern wie ein visionärer Politiker oder wie der Anführer einer revolutionären Bewegung. Allerdings sollte die Welt nicht durch die Politik verändert werden, sondern durch Technologie.

Der Macher, der vorübergehend sein eigenes Unternehmen verlassen musste, weil er äußerst schwierig im zwischenmenschlichen Umgang war, beschrieb bei seiner späteren Rückkehr in die von ihm gegründete Firma die Käufer eines Apple-Computers wie folgt: »Die Leute, die das tun, denken wirklich anders. Sie sind der kreative Geist in dieser Welt, und sie beabsichtigen, die Welt zu verändern. *Wir* machen die Werkzeuge für diese Leute ... Wir werden anders denken und für diese Leute da sein, die unsere Produkte von Anfang an gekauft haben. Wir glauben ja, dass sie verrückt sind, aber wir erkennen das Genie in dieser Verrücktheit.«[13] Die Mitarbeiter von Apple waren so etwas wie Angehörige einer religiösen Gemeinschaft oder Sekte, Jobs war ihr Guru und die Konsumenten waren die Gefolgsleute einer Idee, die die Welt verändern sollte.

Die Botschaften von Jobs kamen vor allem bei jungen Menschen gut an. In einer 2009 durchgeführten Umfrage in den USA sollten Zwölf- bis Siebzehnjährige die Unternehmer nennen, die sie am meisten bewunderten. Jobs führte das Feld mit 35 Prozent vor Oprah Winfrey und Mark Zuckerberg an. Auf die Frage, warum sie sich für Jobs entschieden hatten, antworteten etwa zwei Drittel der

Befragten: »weil er einen Unterschied bewirkt hat«, »weil er die Lebensqualität der Menschen verbessert hat« oder »weil er die Welt positiv verändert hat«.[14]

Legendär waren die Auftritte von Jobs bei der Einführung eines neuen Produktes. Sein Biograf Walter Isaacson beschreibt die Produkteinführungen »als epochales Ereignis, mit einem ›Es werde Licht‹-Moment, in dem sich der Himmel teilte, Licht von oben herabfiel, die Engel sangen und ein Chor von erwählten Gläubigen ins Halleluja einstimmte.«[15] Jobs' Produkteinführungs-Shows waren sorgfältig ins Werk gesetzt. Er schlenderte in Jeans und Rollkragenpullover auf der Bühne herum, in seiner Hand vielleicht eine Wasserflasche. »Im Publikum«, so Isaacson, »saßen lauter Gefolgsleute, und das Ganze erinnerte mehr an eine religiöse Erweckungsveranstaltung als an die Produktpräsentation einer Firma.«[16]

Jobs positionierte sich als Revolutionär und als Künstler mit einer Mission, die weit über den Verkauf von Computern oder Smartphones hinausging. Legendär ist die Produkteinführung des Macintosh-Computers im Jahr 1984. Die Werbung war so aufgebaut, als handele es sich nicht um ein neues, attraktives Produkt, sondern um die Endschlacht zwischen Gut (Apple und seine Jünger) und Böse (verkörpert durch IBM). In dem Werbesport schleudert eine rebellische junge Frau auf der Flucht vor der Orwell'schen Gedankenpolizei einen Vorschlaghammer gegen einen Großbildschirm, auf dem gerade eine Propagandarede des »Big Brother« läuft. Jobs stilisierte einen neuen Computer seiner Firma und dessen Käufer als Kämpfer für eine gute Sache. Sie stellte sich dem großen, bösen Unternehmensimperium in den Weg, das im Begriff war, die Herrschaft über die Welt zu übernehmen und die totale Gedankenkontrolle auszuüben.[17]

In seiner Produktpräsentation sagte Jobs:

»Inzwischen schreiben wir das Jahr 1984. IBM will alles. Wie es aussieht, kann nur Apple den Wettkampf mit IBM aufnehmen. Die Händler, die IBM anfänglich mit offenen Armen willkommen hießen, fürchten nun eine von IBM beherrschte und kontrollierte Zukunft und wenden sich wieder Apple zu als der einzigen Kraft, die ihnen ihre zukünftige Freiheit garantiert. IBM will alles und richtet seine Geschütze auf das letzte Hindernis, das der Kontrolle über die gesamte Branche im Weg steht – Apple. Wird Big Blue die gesamte Computerbranche beherrschen? Das gesamte Informationszeitalter? Hatte George Orwell recht?«[18]

Diese Rede klang nicht wie die eines Unternehmenschefs, der einen neuen Computer präsentierte, sondern wie die eines Aufwieglers gegen drohenden Totalitarismus. Der Wettbewerb zwischen Apple und IBM wurde von Jobs als Kampf für die »Freiheit« und gegen die »Gedankenkontrolle« stilisiert – und er war der Anführer dieser Rebellion. »Jobs«, schreibt Walter Isaacson in seiner Biografie, »sah sich während seiner gesamten Laufbahn gern als erleuchteten Rebellen, der sich am Reich des Bösen maß, als Jedi-Ritter oder buddhistischer Samurai, der die

Mächte der Finsternis bekämpfte. IBM war das perfekte Feindbild für ihn. Den Kampf um Marktanteile stilisierte er zu seinem spirituellen Konflikt hoch.« Noch 30 Jahre später bezeichnete er IBM als »Kraft des Bösen«.[19]

Carmine Gallo schreibt in seinem Buch »Überzeugen wie Steve Jobs«, dass Jobs nicht nur in dieser, sondern in jeder großen Präsentation irgendeinen Bösewicht vorgestellt hat, gegen den das Publikum Partei ergreifen konnte.[20] Jobs sei »ein Meister darin, Bösewichte zu erschaffen – je hinterhältiger, desto besser«.[21] So wie alle Gurus brauchte Jobs immer ein Feindbild, sogar in der eigenen Firma. Seinem Team redete er ein, sie seien Piraten – eine andere Mannschaft, die ein weiteres Produkt bei Apple entwickelte, waren die Marines. Er ging mit seinem Team in die Klausur und eine Maxime lautete: »Lieber ein Pirat als bei der Marine.«[22] Über dem Gebäude, in dem das Entwicklungsteam für den Mac arbeitete, wurde eine Piratenflagge gehisst.

Jobs wollte sich selbst als großer Designer positionieren und den Ruhm für das Design seiner Produkte selbst einheimsen. Jonathan »Jony« Ive, der Chefdesigner von Apple und einer der engsten Vertrauten von Jobs, berichtet, dieser habe oft seine Ideen oder die Ideen von anderen als seine eigenen ausgegeben. Ive hatte genau notiert, wer welche Idee zuerst hatte. »Es tut mir deshalb weh, wenn er den Ruhm für meine Designs erntet.«[23]

Brent Schlender und Rick Tetzeli schreiben in ihrer Jobs-Biografie, dass »er es während seiner gesamten Karriere nicht über sich [brachte], gegenüber den Medien einzugestehen, dass Apples Erfolge auch anderen Mitarbeitern zu verdanken waren«.[24] Wenn Journalisten darum baten, in einem Artikel auch einmal andere Mitarbeiter als Jobs zu Wort kommen zu lassen, dann lehnte er dies stets ab. Als Grund gab er an, er wolle nicht publik machen, wer die großartige Arbeit bei Apple leiste, weil sonst seine besten Mitarbeiter von anderen Unternehmen abgeworben würden. Die Journalisten überzeugte diese Begründung allerdings nicht – sie sei unehrlich, »denn das Silicon Valley war in dieser Hinsicht ohnehin ein Dorf, wo Talente im Technologiewettbewerb so genau beobachtet wurden wie die Kurse am Aktienmarkt«.[25]

Jobs wollte den Ruhm mit niemandem teilen, nicht einmal mit seinen eigenen Produkten. Am Ende des Jahres 1982 war er überzeugt davon, dass das Magazin »Time« ihn zum »Man of the Year« erklären würde. Aber nicht er kam auf die Titelseite des Magazins, sondern »The Computer«, und zwar als »Machine of the Year«. Im Heft fand sich eine Geschichte mit einem Profil von Jobs, in der es hieß: »Mit seiner smarten Verkäuferattitüde und seinem blinden Glauben, um den ihn die frühchristlichen Märtyrer beneidet hätten, hat Steve Jobs mehr als jeder andere Mensch dazu beigetragen, dem Heimcomputer die Tür aufzustoßen.«[26] Doch Jobs war verärgert, weil er nicht auf dem Titelblatt war. »Sie haben mir die Ausgabe per Express geschickt, und ich habe die Verpackung aufgerissen und wirklich erwartet, mein Gesicht auf dem Cover zu finden, und dann war es diese Computerskulptur. Ich dachte: Was soll das denn?«[27] Ihm sei das ungeheuer wichtig gewesen, er habe sich sehr verletzt gefühlt und sogar geweint, so Jobs.[28] Hier wird der Unterschied deutlich zwischen Jobs, dem Selbstvermarkter, und seinem Nachfolger Tim Cook, der bekannte: »Einigen Leuten gefällt es nicht, dass Steve für alles den Ruhm einstreicht, aber mir ist es völlig egal. Ehrlich gesagt, stehe ich lieber nicht in der Zeitung.«[29]

Geld, so Biograf Isaascon, war für Jobs weniger wichtig als der Ruhm. »Seine Anforderungen an sich selbst und sein persönlicher Tatendrang waren darauf ausgerichtet, Erfüllung in einem Vermächtnis zu suchen, das den Leuten Ehrfurcht einflößte. Genau genommen war es sogar ein doppeltes Vermächtnis: die Entwicklung toller und innovativer Produkte, die Veränderungen bewirkten, und der Aufbau eines langlebigen Unternehmens. Er wollte in einem Atemzug mit Edwin Land, Bill Hewlett und David Packard genannt werden – aber eigentlich wollte er sogar noch eine Liga höher spielen.«[30]

Wie wichtig Jobs die Außenwirkung seiner Person war, sieht man daran, dass Geld für ihn nur ein Mittel zum Zweck war, die eigene »Sichtbarkeit« zu erhöhen. Laut seinen Biografen Jeffrey S. Young und William L. Simon nannte er auf die Frage, was großer Reichtum bewirke, »Sichtbarkeit« als den entscheidenden Punkt. »Es gibt Zehntausende von Leuten, die eine Million Dollar netto wert sind. Es gibt Tausende von Leuten, die mehr als zehn Millionen Dollar wert sind. Aber die Zahl derer, die mehr als hundert Millionen Dollar haben, schrumpft auf Hundert zusammen.«[31] Jobs war durch und durch ein Marketing- und PR-Mann, alles stand bei ihm im Dienste der Vermarktung seiner Person und seiner Produkte.

Als Steve Jobs 1997 wieder zu Apple zurückkehrte, war das Unternehmen in einer desolaten Lage. Der Kurs der Aktie war massiv gefallen, es fehlten überzeugende Produkte, Mitarbeiter mussten entlassen werden. Der Gründer des Unternehmens Dell, Michael Dell, der mit seinen Computern Milliardär geworden war, antwortete auf die Frage, was er tun würde, wenn er bei Apple das Sagen hätte: »Ich würde den Laden dichtmachen und den Aktionären ihr Geld zurückgeben.«[32]

Es sagt viel über Steve Jobs aus, was er in dieser Situation als Erstes tat: Er beauftragte jene Werbeagentur, die schon mit dem »1984«-Video erfolgreich war, eine 100 Millionen Dollar teure Werbekampagne zu entwerfen.[33] Schon bevor er irgendwelche neuen, attraktiven Produkte hatte, bestand seine Strategie also darin, das Markenimage mit einer Kampagne aufzubauen, die wiederum nicht für bestimmte Produkte warb, sondern für eine Philosophie. Das Beispiel zeigt, wie stark Jobs von der Wirksamkeit von Marketing und PR überzeugt war. Die Kampagne richtete sich nicht nur an die Kunden, sondern auch an die Mitarbeiter, die sich als Teil einer Bewegung verstehen sollten, die mit bestehenden Konventionen brach. Das Thema der Kampagne lautete »Think Different« und auf jeder Werbeseite konnte man ein Schwarz-Weiß-Porträt einer historischen Kultfigur sehen – Albert Einstein, Mahatma Gandhi, John Lennon, Bob Dylan, Pablo Picasso, Dalai Lama, Thomas Edison, Charlie Chaplin, Martin Luther King –, aber auch weniger bekannte Personen. Sie waren die Vorbilder von Steve Jobs: Menschen, die den Mut hatten, gegen den Strom zu schwimmen, die sich dem Zeitgeist zugleich widersetzten und ihn prägten.

Sinn und Zweck der Kampagne, so sagte Jobs, war es, die Leute daran zu erinnern, wofür Apple stand. »Wir dachten lange und intensiv darüber nach, wie man jemandem erklärt, welche Werthaltungen man hat, und dann fiel uns ein, dass man fragen könnte, ›Wer ist für dich ein Held?‹, um jemanden besser kennenzulernen. Man erfährt viel über einen Menschen, wenn man weiß, wen er bewundert. Und deshalb haben wir uns gesagt: Okay, dann werden wir ihnen erzählen, welche Vorbilder wir haben.«[34]

Die Originalversion des Werbespots der »Think Different«-Kampagne lautete: »Ein Hoch auf die Verrückten. Auf die Nonkonformisten. Die Rebellen. Die Unruhestifter. Die Unangepassten. Die Querdenker. Sie halten nichts von ehernen Gesetzen. Sie sind nicht gewillt, den Status quo zu respektieren. Man kann sie zitieren, ihnen widersprechen, sie verherrlichen oder verteufeln. Nur ignorieren kann man sie nicht. Weil sie die Welt verändern. Sie treiben die Menschheit an. Auch wenn manche sie für verrückt halten, sehen wir die Genialität. Denn die Menschen, die verrückt genug sind zu denken, sie würden die Welt verändern ... sind diejenigen, die es tun werden.«[35]

Jobs nannte seine eigene Marke – und damit unausgesprochen auch sich selbst als den Guru der Apple-Bewegung – somit in einem Atemzug mit großen, historischen Gestalten, mit Freiheitskämpfern und großen Künstlern – weil er sich selbst in dieser Liga wähnte. Sich selbst sah er stets eher als Künstler denn als Unternehmer. Jobs verstand zwar etwas von Technik, aber bei Weitem nicht so viel wie sein Konkurrent Bill Gates oder der Mitgründer seines Unternehmens, Steve Wozniak.

Jobs verstand es sogar, die Öffentlichkeit mit seiner Firma Next – die er nach dem zwischenzeitlichen Ausscheiden von Apple gegründet hatte – zu faszinieren, obwohl sie ohne irgendein Produkt in einer stark umkämpften Branche antrat.[36] Am Anfang standen auch im Fall des Next-Projektes Marketing und PR, und Jobs gab ein Vermögen für ein Firmenlogo aus, bevor es irgendein Produkt gab.

»Jobs«, so berichtet der bereits zitierte Andy Hertzfeld, »sah sich selbst eher als Künstler und erwartete das auch vom Entwicklungsteam.«[37] Er machte mit seinen Mitarbeitern einen Betriebsausflug ins Metropolitan Museum von Manhattan, um ihnen eine Ausstellung von Tiffany-Glas zu zeigen – als Beispiel dafür, wie man echte Kunst schaffen kann, die sich trotzdem zur Massenproduktion eignet.[38] Seinen Mitarbeitern erklärte er, mit dem Design der Produkte wolle er das Niveau erreichen, wie es im Museum of Modern Art repräsentiert sei.[39] Als das Design des Macintosh feststand, rief er sein Entwicklungsteam zu einer Zeremonie zusammen. »Echte Künstler signieren ihr Werk«, sagte er.[40] Er legte ein Blatt Papier und einen edlen Füllhalter aus und ließ sich von jedem eine Unterschrift geben. Die Namenszüge würden im Inneren jedes Macintosh-Gehäuses eingeprägt stehen. Bill Atkinson, einer der ersten Apple-Angestellten, der die Grafik für den Macintosh entwickelt hatte, meinte: »In solchen Momenten brachte er uns dazu, dass wir unser Werk wirklich für Kunst hielten.«[41]

Entschieden wandte sich Jobs gegen die vorherrschende Auffassung, Design sei nichts anderes als die Fassade oder die Verpackung eines Produktes. Für ihn sei eine solche Auffassung, erklärte er in einem Interview mit »Fortune«, »so weit wie nur möglich entfernt von dem, was Design bedeutet. Design ist die Seele, die jedem von Menschen geschaffenen Werk zugrunde liegt und die letztendlich in aufeinanderfolgenden äußeren Schichten zum Ausdruck kommt.«[42]

In den Gesprächen mit seinem Biografen Isaacson formulierte er sein Vermächtnis und betonte die Ähnlichkeit zwischen großen Künstlern und Ingenieuren. Wiederum bemühte er überlebensgroße Namen wie Leonardo da Vinci und Michelangelo. Große Künstler und große Ingenieure, so Jobs, ähnelten sich darin, dass beide das Bedürfnis hätten, sich selbst zum Ausdruck zu bringen. »In den siebziger Jahren wurden Computer zu einer Möglichkeit, der Kreativität Ausdruck zu verleihen. Große Künstler wie Leonardo da Vinci und Michelangelo waren auch große Naturwissenschaftler.«[43]

Jobs entwarf sich selbst als Kunstfigur. Er war ein sehr bewusster Designer seines Images. Das begann schon in seiner frühen Jugend. Beispielsweise verschwieg er, dass er adoptiert worden war: »Ich wollte nicht, dass irgendjemand erfuhr, dass ich Eltern hatte. Ich wollte als Waise erscheinen, der mit dem Zug durchs Land gefahren und aus dem Nichts aufgetaucht war, ohne Wurzeln, ohne Bindungen, ohne Background.«[44] Seine Vorbilder, von denen er lernte, waren Leute wie Robert Friedland, der Eigentümer einer Apfelbauernkommune. Jobs schaute sich ab, wie der sehr selbstsichere Friedland die Aufmerksamkeit auf sich lenkte. Jobs, der damals noch schüchtern war, lernte von Friedland, wie man verkauft und andere Menschen beeinflusst.[45] Er lernte, Menschen anzuschauen, ohne zu blinzeln, und eignete sich eine Schweigetechnik an: langes Schweigen, das dann durch einen plötzlichen Wortschwall unterbrochen wurde. »Diese seltsame Mischung aus Intensität und Distanziertheit verlieh ihm, zusammen mit seinem schulterlangen Haar und dem zotteligen Bart, die Aura eines durchgeknallten Schamanen«, so schreibt Isaacson über den jungen Steve Jobs.[46]

Da er sich als etwas Besonderes betrachtete, war er schon immer der Meinung, Regeln gelten für andere Menschen, aber nicht für ihn. Er fuhr seinen Wagen ohne Nummernschild und stellte ihn regelmäßig auf dem Behindertenparkplatz ab. Zur Selbststilisierung gehörte auch der Ruf, »Unmögliches« verwirklichen zu können, also Dinge, von denen alle anderen meinten, sie seien absolut unrealistisch und nicht machbar. Wenn ihm jemand mit dem Wort »unmöglich« kam oder ihm erklärte, etwas sei technisch einfach nicht machbar, rastete er aus. »Wenn du jemandem das Leben retten könntest, indem der Rechner zehn Sekunden schneller hochfährt, würdest du es dann hinbekommen?«, fragte er einen Mitarbeiter, der ihm mal wieder erklärt hatte, was angeblich nicht möglich sei.[47]

Wie bei einem Produkt entwickelte er auch für sich unverkennbare Markenzeichen. Bei seinen Produktpräsentationen trug er Shorts, Turnschuhe und einen schwarzen Rollkragenpullover. Den Pullover ließ er von dem berühmten Designer Issey Miyake entwerfen und davon etwa 100 Stück herstellen. Bei Sony in Japan hatte Jobs gesehen, dass die Mitarbeiter eine Uniform trugen, und er war so begeistert von der Idee, dass er Miyake anrief und ihn bat, eine solche Uniform auch für die Apple-Mitarbeiter zu entwerfen. Die fanden diese Idee jedoch furchtbar – und diesmal setzte sich Jobs ausnahmsweise nicht durch.[48]

Jobs gab weniger Presseinterviews als viele andere der in diesem Buch dargestellten Persönlichkeiten. Er konzentrierte sich ganz auf die großen Produktpräsentationen, die er mit einem nicht zu überbietenden Perfektionismus vorbereitete und über die alle relevanten Medien dann berichteten. Er war ein Mann der Bühne. Hier konnte er sich besser inszenieren als beispielsweise in einem Zeitungsinterview mit einem Reporter. Er zahlte einer Firma, die auf Videoprojektionen spezialisiert war, 60.000 Dollar für die Unterstützung bei der audiovisuellen Präsentation und verpflichtete den postmodernen Theaterproduzenten George Coates als Regisseur für die Bühnenshow.[49] Die »Chicago Tribune« schrieb, der Start eines neuen Produktes bei Apple sei »für Produkteinführungen das gewesen, was das Zweite Vatikanische Konzil für Kirchenversammlungen« sei.[50]

In seiner Biografie heißt es: »Jobs schaffte es jedes Mal, ein wahres Publicityfeuerwerk zu entzünden, das eine Art Kettenreaktion auslöste. Angefangen beim Macintosh im Jahr 1984 bis zum iPad im Jahr 2010 wiederholte sich das Spektakel mit schöner Regelmäßigkeit. Ein ums andere Mal führte Jobs wie ein Zauberer seine Kunststücke vor, und die Journalisten fielen allesamt darauf rein, selbst wenn sie die Tricks schon unzählige Male gesehen hatten und wussten, wie sie funktionierten. Einiges davon hatte Jobs sich bei Regis McKenna [dem PR- und Marketingmann] abgeschaut, der genau wusste, wie man sich eitle Journalisten warmhielt und ihnen schmeichelte. Allerdings verfügte Jobs selbst über ein intuitives Gespür, wie man Sensationslust und Konkurrenzdenken unter Journalisten anheizt und exklusiven Zugang zu Informationen gegen großzügige Berichterstattung tauschte.«[51] Regelmäßig bot Jobs, der sonst nicht so oft mit der Presse sprach, ausgewählten Magazinen Exklusiv-Interviews an, die diese im Gegenzug als Titelgeschichte groß aufzogen.[52]

Brent Schlender begleitete als Journalist sowohl Bill Gates als auch Steve Jobs über viele Jahre. Gates, so berichtet er, war bei Pressefotos meist sehr umgänglich, es war ihm vor allem wichtig, dass es schnell ging. Wenn Schlender einen Artikel für das Magazin »Fortune« vorschlug, diskutierte er dagegen mit Jobs am intensivsten über die Fotos. »Steve hatte alle möglichen Ratschläge dazu, vor allem bei Porträtfotos für die Titelseite war ihm der stilistische Ansatz wichtig. Er war mehr als nur ein bisschen eitel, wenn es um sein Konterfei ging; er wollte immer das letzte Wort haben und nicht nur bestimmen, wer die Fotos machte, sondern auch, *wie* sie aufgenommen wurden.«[53] Sein ganzes Leben, so berichtet Schlender, »besaß Steve einen ausgeprägten Sinn für den taktischen Wert der Medienberichterstattung«[54]; ja, er war »im Umgang mit der Presse geschickter als jeder andere Unternehmer«.[55]

Bei PR geht es vor allem darum, Kernbotschaften zu entwickeln, die von den Medien aufgegriffen werden. Hierin war Jobs ein Meister. In seinen Präsentationen arbeitete er mit sehr kurzen, einzeiligen Überschriften oder Schlagzeilen, die das Produkt beschrieben. Das MacBook Air stellte er beispielsweise mit der einfachen Überschrift »Das dünnste Notebook der Welt« vor.[56] Er wusste, dass Journalisten solche kurzen, einprägsamen Überschriften mögen. Für fast jedes Produkt erarbeitete er eine einzeilige Beschreibung, die in der Planungsphase sorgfältig ausformuliert wurde. So wurde die Schlagzeile vom »dünnsten Notebook der Welt« bei der Markteinführung am 15. Januar 2008 auf jedem Kommunikationsweg wiederholt – in Präsentationen, auf der Internetseite, in der Pressemitteilung des Unternehmens, in Interviews, in Werbeanzeigen sowie auf Anzeigetafeln und Postern.

Gallo zeigt in seinem Buch *Überzeugen wie Steve Jobs*, wie konsequent der Mac-Macher diesem PR-Grundsatz folgte: Entwickle eine kurze, klare Botschaft und wiederhole sie bei jeder Gelegenheit. Am 9. Januar 2007 veröffentlichte die Zeitschrift »PC World« einen Artikel, in dem angekündigt wurde, dass Apple das Telefon »neu erfindet«. Aber diese Formulierung stammte nicht von den Journalisten, sondern Jobs hatte sie in der Keynote zur erstmaligen Vorstellung des iPhones allein fünfmal wiederholt. »Jobs wartet nicht darauf, dass sich die Medienvertreter eine Schlagzeile einfallen lassen. Er schreibt sie lieber selbst und wiederholt sie mehrfach in seiner Präsentation. Noch bevor er die Einzelheiten zu dem jeweiligen Produkt erklärt, liefert Jobs die Schlagzeile.«[57]

Jobs war vor allem ein Marketinggenie. Die gleichen Grundsätze, die er auf das Marketing für die Apple-Produkte anwandte, verwendete er auch, um sich selbst als Marke aufzubauen. Dabei spielte er keine künstliche Rolle, sondern die Rolle, die er für sich gewählt hatte, bestand darin, 100 Prozent er selbst zu sein – und zwar mit all seinen Widersprüchen und Verrücktheiten. Ja, er kultivierte die Verrücktheit regelrecht. Seine große Schwäche war seine fast grenzenlose Unbeherrschtheit im Umgang mit anderen Menschen, die er immer wieder brutal vor den Kopf stieß. Aber er versuchte nicht einmal, diese Schwäche zu verbergen, sondern er machte sie zum Teil seiner Selbstinszenierung.

Einer der Journalisten, der ihn am besten kannte und über viele Jahre eng mit ihm befreundet war, beschrieb Jobs als »menschlich und spontan – und damit unterschied er sich von vielen anderen CEOs, die ich für ›Fortune‹ und das ›Wall Street Journal‹ interviewt habe«.[58] Jobs kontrollierte seine Gefühle nicht, sondern ließ ihnen freien Lauf: Er konnte ebenso hemmungslos weinen in Gegenwart anderer Menschen wie hemmungslos schreien und herumtoben – und beides tat er oft. Aber er konnte auch hemmungslos begeistert sein, andere dadurch mitreißen und für seine großen Visionen gewinnen. Normalität und die Anpassung an Konventionen waren ihm zuwider.

Für den Rebell und den Künstler gelten die gesellschaftlichen Normen und Regeln nicht – und darin ähnelte dieser Typus dem Unternehmer, wie ihn der österreichische Ökonom Joseph Schumpeter beschrieben hat: »Jedes abweichende Verhalten eines Gliedes der sozialen Gemeinschaft begegnet der Missbilligung der übrigen Glieder.« Diese Missbilligung könne zur »gesellschaftlichen Ablehnung und zur Meidung des Betreffenden« führen.[59] Die Mehrheit verhalte sich daher konform, so Schumpeter, aber es gebe andere Individuen, auf die solche ablehnenden Reaktionen sogar »anreizend wirken« und die »gerade ihrethalben sich abweichend verhalten«.[60]

Derjenige, der etwas »Neues und Ungewohntes« tun wolle, habe nicht nur mit äußeren Widerständen zu rechnen, »sondern auch solche in seinem eigenen Inneren zu überwinden«.[61] Der von Schumpeter beschriebene Typus des Unternehmers schwimmt »gegen den Strom«.[62] Er führt, anders als der hedonistische, passive Mensch, »den Kampf mit jenen ›Bindungen‹, den nicht jeder aufnehmen kann«.[63] »Die Tatsache, dass etwas noch nicht getan wurde, wird von ihm nicht als Gegengrund empfunden. Jene Hemmungen, die für die Wirtschaftssubjekte sonst feste Schranken ihres Verhaltens bilden, fühlt er nicht.«[64] Dieser Typus »zieht andere Konsequenzen aus den Daten der ihn umgebenden Welt, als die Masse der statischen Wirtschaftssubjekte«.[65] Diesem Unternehmertyp sei es »sehr gleichgültig ... was seine Genossen und Übergenossen zu seinem Unternehmen sagen werden«.[66] Besser hätte Schumpeter Steve Jobs nicht beschreiben können.

Instrumente der Selbstvermarktung, die Steve Jobs nutzte:

---

1. Jobs positionierte sich nicht als Unternehmer, sondern als Künstler, Rebell und Guru. Er vermittelte den Eindruck, als ginge es um etwas wesentlich Größeres als um neue Elektronikprodukte, nämlich um die Veränderung der Welt (»eine Delle ins Universum schlagen«) und um den Kampf der Freiheit (Apple) gegen totale Gedankenkontrolle (IBM).

2. Jobs erhob Produktpräsentationen zu einer Kunstform und zu einem Großereignis, das an religiöse Erweckungsversammlungen mit einem Prediger erinnerte.

3. Bei Jobs hatten Marketing und PR Priorität: Bevor er mit seiner Firma Next überhaupt ein Produkt hatte, gab er 100 Millionen Dollar für eine »Think Different«-Kampagne aus.

4. Jobs war ein Meister darin, für die Medien mundgerechte und zitierfähige Kernbotschaften zu formulieren.

5. Jobs versuchte nicht, seine Schwächen – extreme Emotionalität und Unbeherrschtheit – zu verbergen, sondern machte sie zum Teil seines Markenimages: Er konnte ebenso hemmungslos weinen wie herumtoben oder Begeisterung zeigen. Er zelebrierte seine »Verrücktheit« und machte sie zum Kern seines Markenimages.

6. In der Unternehmens-PR von Apple war alles einzig und allein auf Jobs konzentriert. Er wollte alles unter Kontrolle behalten und wollte bei Pressefotos sogar bestimmen, wer sie machte und wie sie gemacht wurden.

Madonna im November 2005 in London. Bei ihren Bühnenshows simulierte sie häufig Selbstbefriedigung. Während einer Tournee durch Nordamerika drohte die Polizei von Toronto sogar damit, die Popsängerin wegen obszöner Darbietungen zu verhaften, sollte sie damit weitermachen. Quelle: Getty

10. Madonna
»I won't be happy until I'm as famous as God!«

Im »Billboard«-Ranking ist Madonna die erfolgreichste Solokünstlerin aller Zeiten und rangiert hinter den Beatles auf Platz 2 aller Popstars.[1] Das »Time«-Magazin kürte sie gar zu einer der 25 mächtigsten Frauen des 20. Jahrhunderts.[2] Kaum eine andere Sängerin war so viele Jahrzehnte erfolgreich. Allein im Jahr 2012 erlöste die Tochter eines Italoamerikaners und einer Frankokanadierin bei einer Tour über 300 Millionen Dollar.[3] Und noch 2016 wurde Madonna vom »Billboard«-Magazin zur »Woman of the Year« gekürt.[4]

Dabei sind sich alle Experten einig, dass dieser ungewöhnliche Erfolg nicht mit überragenden gesanglichen Fähigkeiten erklärt werden kann. Camille Barbone, die in den ersten Jahren ihre Mentorin und Managerin war, meinte: »Begabt? Nein. Sie war keine Musikerin für die leisen Töne. Sie besaß gerade die Fähigkeiten, einen Song zu schreiben oder Gitarre zu spielen ... Vor allen Dingen aber lagen ihre Stärken in ihrer besonderen Persönlichkeit und ihrer Fähigkeit, eine großartige Bühnenshow abzuziehen.«[5] Anthony Jackson, ein ausgezeichneter Studiomusiker, der mit großen Stars zusammengearbeitet hatte, darunter Madonna, meinte: »Ich muss ihr ein großes Kompliment machen. Sie weiß, dass sie nicht die beste Sängerin ist, aber sie weiß auch, wie man den Kern der Musik erfasst. Sie hat den Stil, ein Gespür dafür, die richtigen Songs auszusuchen und sie dann umzusetzen.«[6]

1995 wurde Madonna für die Hauptrolle des Films *Evita* ausgesucht, eine Verfilmung des erfolgreichen Musicals von Tim Rice und Andrew Lloyd Webber aus dem Jahr 1978. Lloyd Webber war jedoch zunächst nicht überzeugt, dass sie als Sängerin gut genug sei. Madonna – damals schon weltberühmt und auf dem Höhepunkt ihrer Karriere – engagierte die geachtete Stimmtrainerin Joan Lader, um ihre Gesangstechnik zu verbessern.[7] Sie machte erhebliche Fortschritte durch den Gesangsunterricht: »Es war, als wäre sie abends schlafen gegangen und wie durch Zauberei morgens als echte *Sängerin* aufgewacht«; schreibt ihr Biograf J. Randy Taraborrelli.[8] Madonna war dennoch überfordert, als sie am ersten Tag der Aufnahmen *Don't Cry for Me, Argentinia* singen sollte. Sie hatte versagt, rannte weinend aus dem Studio.[9] Nach einem Krisengespräch mit Lloyd Webber wurde beschlossen, ihren Gesang in einem kleineren Studio aufzuzeichnen, während das Orchester andernorts eingespielt würde. Zudem sollte sie nur jeden zweiten Tag singen, um ihre Stimme zu schonen. Die Aufnahmen waren sehr anstrengend und die Belegschaft musste vier Monate arbeiten, bis der Soundtrack vollständig war.[10]

»I won't be happy until I'm as famous as God!«

Am Beginn ihrer Musikkarriere fiel es Madonnas Managern schwer, eine Plattenfirma auf der Basis einer Tonaufnahme zu überzeugen. Taraborrelli berichtet: »Während ihre neuen Manager von ihrem Bühnenerfolg vor Publikum begeistert waren, waren die Versuche, Musikproduzenten durch ihr Demoband zu überzeugen, weniger erfolgreich. Meistens scheiterte es daran, dass Madonnas Stimme allein nicht überzeugen konnte. Sie war eine visuelle Künstlerin. Hier zählte das Gesamtpaket und ganz bestimmt nicht die Stimme, die bestenfalls durchschnittlich war.«[11]

1991 erklärte Madonna: »Ich weiß, dass ich nicht die beste Sängerin oder Tänzerin der Welt bin. Das ist mir klar. Aber daran habe ich auch kein Interesse. Mich interessiert es, die richtigen Knöpfe zu drücken.«[12] Und 1999 erinnerte sie sich: »Alle waren sich einig, dass ich sexy bin. Aber niemand sprach mir Talent zu, was mich wirklich sauer machte.«[13] Überragende gesangliche Begabung war also mit Sicherheit nicht der Grund für ihre ungewöhnliche Karriere, und ihr Biograf Taraborrelli fragt zu Beginn seines Werkes: »Was hat es mit dieser Frau auf sich – eine Unterhaltungskünstlerin, die nicht ungewöhnlich schön ist, und zwar Talent, aber kein phänomenales Talent hat. Wie also konnte sie sich seit über 30 Jahren als *das* Symbol für Erfolg und Glamour auf den obersten Sprossen der Showbusiness-Leiter halten?«[14]

Die späten 80er-Jahre markierten den Beginn einer neuen Ära, in der Popkünstler zur eigenen Marke wurden,

»und Madonna war eine der Ersten, die sich diesen Trend zunutze machte«.[15] Die Menschen, die sie als Teenager kannten, berichten übereinstimmend, »dass Madonna schon beschlossen hatte, für *irgendetwas* berühmt zu werden«.[16] Sie wusste, dass sie unbedingt sehr berühmt werden wollte, aber sie wusste noch nicht, wie. Ihre Freundin Erica Bell erinnert sich an eine Unterhaltung mit Madonna, in der sie sie fragte, was sie sich vom Leben erhoffe. »Ich möchte berühmt werden«, antwortete sie rasch. »Ich will Beachtung.« Als ihre Freundin meinte, sie bekomme doch schon viel Beachtung, erwiderte Madonna: »Das reicht nicht. Ich will alle Beachtung der Welt. Ich will, dass mich jeder in der ganzen Welt nicht nur kennt, sondern mich liebt, *liebt, liebt.*«[17] Im Jahr 2000, als sie schon berühmt war, bekannte sie: »Mein Ziel ist das geblieben, was ich schon als kleines Mädchen hatte. Ich möchte die Welt beherrschen.«[18] Und bei anderer Gelegenheit hatte sie bekannt: »I won't be happy until I'm as famous as God.«[19]

Zunächst dachte Madonna nicht an eine Gesangskarriere. Sie wollte Tänzerin werden und errang 1977 ein Stipendium, um mit dem Alvin Ailey American Dream Dance Theater während eines sechswöchigen Sommer-Workshops in New York zu tanzen. Sie war damals 19 Jahre und das erste Mal von ebenso begabten und ehrgeizigen Tänzern wie sie selbst umgeben. »Jeder wollte ein Star sein«, erinnerte sie sich.[20] Sie nahm sich vor, eine der führenden Tänzerinnen zu werden.[21] Doch sie gab den

»I won't be happy until I'm as famous as God!«

zeitgenössischen Tanz auf, als sie erkannte, dass es viele Jahre anstrengender Arbeit bedurfte, eine führende Tänzerin zu werden oder sich selbst als erfolgreiche Choreografin zu etablieren, und dass es schwer möglich war, auf diese Weise berühmt zu werden.[22] Ihr Geld verdiente sie eine Zeit lang, indem sie jungen Künstlern als Nacktmodell Modell stand. »Und ich dachte mir, vielleicht ergibt sich dadurch etwas Neues. Vielleicht werde ich Model. Wer weiß?«, so erinnerte sie sich.[23]

Später nahm sie sich vor, als Schauspielerin berühmt zu werden. Sie sagte immer: »Ich möchte ein Filmstar werden.« Ihr Freund berichtet, dass sie die Musik zunächst als Eintrittskarte für den Film betrachtete: »Ich glaube nicht, dass sie sich jemals vorgestellt hat, in 30 Jahren immer noch Musik zu machen.«[24] Doch schließlich erkannte sie: »Musik ist der Hauptvektor der Berühmtheit. Im Erfolgsfall ist die Wirkung mit dem Einschlag einer Kugel vergleichbar, die ihr Ziel trifft.«[25]

Schon früh als Studentin erkannte sie ein Grundgesetz der Selbstvermarktung, dass es nämlich nicht nur und nicht vor allem darauf ankommt, *besser* als alle anderen zu sein, sondern *anders* als alle anderen. Später erinnerte sie sich: »Dadurch, dass ich in einer Vorstadt im mittleren Westen der USA aufgewachsen bin, habe ich schnell verstanden, dass die Welt in zwei Kategorien eingeteilt ist: in Menschen, die auf Nummer sicher gehen und am Status quo festhalten, und in solche, die Konventionen über Bord werfen und nach einer anderen Pfeife tanzen. Ich habe mich in die zweite Kategorie geschwungen ... «[26] Auch wenn sie bald merkte, dass sie dadurch eine Menge Schwierigkeiten bekam und als »troublemaker« (»Unruhestifterin«) galt, so wusste sie doch schon früh: »Und ich wollte nie das tun, was alle taten. Ich fand es cooler, meine Beine und Achselhöhlen nicht zu rasieren ... Ich habe Leute herausgefordert, mich und meinen Nonkonformismus zu mögen.«[27] Ungewöhnliche Kleidung war von Anfang an eine Art, ihrer Umwelt zu signalisieren, dass sie anders ist, dass sie gegen den Strom schwimmt. Und sie erkannte, dass sie damit die Aufmerksamkeit erzielte, die sie sich wünschte. An ihre Zeit als Studentin an der Tanzschule erinnert sie sich: »Alle diese Mädchen kamen mit ihren schwarzen Leotards und pinkfarbenen Leggings in den Unterricht, die Haare mit Blümchen zum Dutt hochgesteckt. Also habe ich mein Haar richtig kurz geschnitten und mit Gel zu einer Igelfrisur gestylt. Und ich habe meine Leggings eingerissen, sodass sie voller Laufmaschen waren. Alles, um mich von ihnen abzuheben und zu sagen: ›Ich bin nicht wie ihr. Okay? Ich nehme Tanzunterricht, aber ich hänge hier nicht fest wie ihr.‹«[28]

Später in ihrer Karriere erkannte sie, dass gezielte Provokationen und Normverletzungen Schlüssel im Aufbau einer Markenidentität sind. »Ich ziehe es vor, den Leuten im Gedächtnis zu bleiben, statt in Vergessenheit zu geraten«, so lautete Madonnas Motto.[29] Während sich andere Menschen, die im Rampenlicht der Öffentlichkeit stehen, vor negativer Presse fürchten, sah Madonna – ähnlich wie Donald Trump –, dass kritische Artikel in den Medien sogar Positives bewirken und ihre Fanbasis erweitern könnten. »Sie war der Überzeugung, je mehr die Presse ihren Stil als ›trashig‹ bezeichnen und je vehementer Eltern gegen ihren Look vorgehen würden, desto mehr würde es rebellische Jugendliche dazu bewegen, ihr nachzueifern ... Ihr Erfolg zeigte sicherlich, dass Madonna mit ihrem Kindheitsplan, wie man Beachtung findet, richtiglag: etwas tun, das Leute schockiert und dich ins Gerede bringt, wenn es grell genug ist. Ihr war egal, was die Leute redeten, Hauptsache sie war im Gespräch.«[30]

Die Provokationen von Madonna waren meist mit Sex verbunden, oft auch mit einer Verbindung von Sex und Religion. In dem Video zu ihrem Song *Like a Prayer* sieht man eine Madonna, die einen schwarzen Christus küsst, die Stigmata hat, blutige Tränen vergießt und vor einem Feld voller brennender Kerzen tanzt. Das Video wurde in das Nachtprogramm von MTV verbannt. Pepsi zog wegen des *Like a Prayer*-Videos einen Werbeclip mit Madonna zurück, nachdem Kirchenführer ihre Gemeindemitglieder dazu aufgerufen hatten, die Cola-Firma zu boykottieren.[31]

Bei der Verleihung der MTV Awards 1984 räkelte der Star sich auf einer riesigen weißen Hochzeitstorte und simulierte Sex. Die Gastgeber waren irritiert, viele Zuschauer waren empört, aber die Presse und die Fotografen rissen sich darum, ein Bild von Madonna zu schießen.[32] Bei ihren Bühnenshows simulierte sie häufig Selbstbefriedigung und während einer Tournee durch Nordamerika drohte die Polizei von Toronto sogar damit, Madonna wegen obszöner Darbietungen zu verhaften, sollte sie damit weitermachen. Daraufhin dehnte sie die Masturbationsszene sogar aus, doch die Polizei griff trotz der vorherigen Drohung nicht ein.[33] In Italien riefen katholische Gruppen zu einem Boykott von Madonna-Konzerten auf.[34]

Einen Höhepunkt erreichte die Aufregung, als die Sängerin im Oktober 1992 einen teuren, 128-seitigen Bildband mit dem Titel *SEX* herausbrachte. Der Band enthielt in Schrift und vor allem Bild erotische Fantasien von Madonna. Sie erklärte, warum sie auf Analsex stehe, Fotos zeigten sie beim Sex mit Frauen. Vor allem enthielt der Band zahlreiche Texte und Fotos, in der ihre Affinität zu SM-Praktiken zum Ausdruck kam. Überall in dem Buch gibt es Bilder von Masturbationsszenen. Vermarktet wurde das *SEX*-Buch als Kunstwerk in limitierter und durchnummerierter Auflage. Die Produktion war extrem aufwendig, mit einem spiralgebundenen Metalleinband, was Madonnas Idee gewesen war. Um das »Verbotene« zu unterstreichen, wurde das Buch in silberner Folienverpackung mit Zippverschluss präsentiert.[35]

Das *SEX*-Buch erhielt fast nur negative Kritiken, die »Washington Post« nannte es »einen überdimensionierten und überteuerten Coffee-Table-Band mit sexuellen Hardcore-Fantasien«.[36] Der »Observer« nannte das Buch die »verzweifelte Schöpfung einer alternden Skandalsüchtigen«.[37] Aber die öffentliche Aufregung katapultierte das Buch auf Platz 1 der Bestsellerliste der »New York Times«.[38] Eine Million Ausgaben wurden in sieben verschiedenen Ländern am selben Tag, dem 22. Oktober 1992, auf den Markt gebracht und waren sofort ausverkauft.[39]

Gleichzeitig mit dem *SEX*-Buch erschien ihre CD *Erotica* mit einem Video, in dem Madonna als Domina gezeigt wurde. MTV weigerte sich, das Video tagsüber auszustrahlen, auf der CD war ein Warnhinweis gedruckt: »Hinweis für Eltern: Explizite Texte.«[40] Diesmal ging die Rechnung von Madonna nicht auf, die fortwährenden Provokationen nutzten sich in ihrer Wirkung ab. *Erotica* verkaufte sich nur zwei Millionen Mal, was für Madonna ein enttäuschendes Ergebnis war.[41] In der Folge der Diskussion um ihr Buch erreichte ihr Image einen beispiellosen Tiefpunkt.[42]

In einer Situation, in der die öffentliche Kritik immer schärfer wird, besteht die Gefahr, dass sich der Provokateur weiter selbst radikalisiert und trotzig wird. Hier zeigte sich jedoch das PR-Genie von Madonna, die genau wusste, wann sie einen Schritt zurück – oder besser: wieder einen Schritt auf ihr Publikum zugehen musste.[43] Im letzten Quartal des Jahres 1993 führte sie eine Tournee in vier Kontinenten durch, die sie »Girlie Show« nannte. »Wenn auch immer noch sexy, so war es eher eine unschuldige Parodie als ein aufdringlicher Versuch zu schockieren. Vorbei die Hardcore-S&M-Bilder und die blasphemische religiöse Ikonologie der vergangenen zwei Jahre.«[44]

Das heißt aber nicht, dass Madonna künftig auf Provokationen verzichtete. Berühmt wurde ihr skandalöser Auftritt in der bekannten *Late Show with David Letterman* am 31. März 1994. Schon wenige Sekunden nach Beginn der Talkshow nannte Madonna den Gastgeber einen »sick fuck« (kranken Scheißer). »Du warst doch mal so cool. Das Geld hat dich verweichlicht«, warf sie Letterman vor. Vergeblich versuchte Letterman, die Situation wieder zu befrieden, doch Madonna redete sich in Rage: »Warum brechen wir nicht mal die Regeln? Scheiß auf die Aufzeichnung. Scheiß auf die Benimmliste. Das ist doch alles nur arrangierte Scheiße.« Als Letterman versuchte, das Interview abzubrechen, blieb Madonna demonstrativ sitzen. »Mach hier keinen Scheiß mit mir, David. Bring mich nicht dazu, hier den Idioten zu spielen.« Sie hatte das in Amerika extrem verpönte Wort »fuck« in dieser Talkshow zwölf Mal ausgesprochen, Letterman eines ihrer Höschen überreicht und darüber geredet, unter der Dusche zu pinkeln.[45] Nach dem Auftritt fiel die Presse über sie her und ihre Beliebtheit erreichte einen neuen, nie dagewesenen Tiefpunkt.[46]

Doch auch jetzt zeigte sich wieder das gleiche Muster. Sie wusste, dass sie es überzogen hatte, und der folgende Auftritt in der *Jay Leno Show* war deutlich zurückhaltender. Und mit Letterman versöhnte sie sich während der Preisverleihungsfeier des MTV Awards.[47] Madonna hatte erkannt, dass sich die Provokationen mit Sex und Religion langsam erschöpft hatten. Jetzt wollte sie nicht mehr nur für Skandale stehen. »In den vergangenen zehn Jahren wurden so viele Kontroversen um meine Karriere aufgewirbelt, dass meine Musik kaum beachtet wird«, erklärte Madonna jetzt. »Die Songs sind so gut wie vergessen. Ich bedaure keine meiner künstlerischen Entscheidungen. Doch mittlerweile weiß ich zu schätzen, dass man Dinge auch einfacher machen kann.«[48] Mit diesen Worten kündigte sie ihr Album *Something to Remember* an, das Ende 1995 herauskam. Ein Mitglied ihres Managementteams erklärte: »Sie wusste, es war Zeit für eine Veränderung. Sie wäre auch ziemlich dumm gewesen, das nicht zu erkennen. Und man kann ganz bestimmt nicht sagen, dass Madonna dumm war. Sie war verärgert, regelrecht außer sich über das Gerede der Leute. Aus diesem Grund stellte sie das Album *Something to Remember* zusammen, um die Leute daran zu erinnern, dass mehr an ihr war als die Kontroversen, die sie praktisch von Beginn ihrer Karriere an begleitet hatten.«[49]

Zudem wollte Madonna endlich ihren Traum verwirklichen, eine berühmte Schauspielerin zu werden. Trotz der Erfolge als Sängerin hatte sie diesen Traum, den sie seit ihrer Teenager-Zeit geträumt hatte, nicht aufgegeben. Doch mehrere Filme, in denen sie mitgespielt hatte, waren sowohl bei Filmkritikern als auch beim Publikum durchgefallen. Ihre große Chance sah sie, als ihr Name fiel in der Debatte, wer die Hauptrolle in der Verfilmung des Musicals *Evita* spielen sollte. Sie wusste, dass sie nicht die erste Wahl für diesen Film war, aber als bekannt wurde, dass die ursprüngliche Favoritin Michelle

Pfeiffer die Rolle nicht spielen sollte, handelte Madonna schnell und entschlossen. Sie schickte dem Produzenten und Drehbuchautor Alan Parker einen vier Seiten langen, handgeschriebenen Brief, in dem sie erklärte, warum sie die perfekte Wahl für die Rolle von Evita sei. »In ihrem Brief versprach Madonna, sie würde sich die Seele aus dem Leib singen, tanzen und spielen, wenn Parker ihr dazu nur die Gelegenheit bieten würde. Sie würde alles in ihrem Leben und in ihrer Karriere zurückstellen, um ihre ganze Zeit und Energie *Evita* widmen zu können.«[50]

Dieser Brief ist bemerkenswert, denn er zeigt einen weiteren Aspekt, der für die Selbstvermarktung extrem wichtig ist. Andere Superstars – und Madonna war zu dieser Zeit ja bereits ein weltweit gefeiertes Idol – wären zu stolz gewesen für einen solchen Bittbrief, wohlgemerkt: vier Seiten lang und handgeschrieben. Madonna war zweifelsohne sehr stolz, aber wichtiger als ihr Stolz war für sie, dass sie den nächsten Schritt auf dem Weg zu Ruhm und Anerkennung gehen und ihrem Image – nach all den skandalösen Sexthemen – eine neue Prägung geben wollte.

Doch nachdem sie das Drehbuch von *Evita* gelesen hatte, bekam sie Angst, dass der Film in der ursprünglich vorgesehenen Version ihrem Image vielleicht schaden könne, weil Evita – ähnlich wie sie selbst – häufig mit Männern geschlafen hatte, um nach oben zu kommen. Sie hatte einen kontroversen Dialog mit Parker:

»Das bin nicht ich«, sagte Madonna zu Regisseur Alan Parker.

»In der Tat«, schoss er zurück. »Das ist Evita Perón.«
»Aber mein Publikum wird denken, das bin ich. Und das stimmt nicht.«
»Aber es ist Evita Perón!«
Und so ging es zwischen den beiden hin und her.[51]

Madonna war stets extrem auf ihr Image bedacht, und in der Tat setzte sie Änderungen des Drehbuchs durch, sodass Evita – und damit sie selbst – menschlicher, sympathischer und weniger berechnend erschien.[52] Der Film wurde im Dezember 1996 in Los Angeles erstmals gezeigt. Er war – anders als die meisten anderen Madonna-Filme – ein Erfolg, an den Kinokassen ebenso wie bei den Kritikern. So wie immer, wenn man sein Image wechselt, enttäuschte Madonna natürlich auch manche Fans, die sie gerade wegen ihrer rebellischen, subversiven Art gemocht hatten[53] – doch das nahm sie in Kauf.

Die Imagekorrektur hatte für sie Priorität, und dies wurde auch in ihrem nächsten Album *Ray of Light* deutlich, veröffentlicht im März 1998. Das neue Album spiegelte dies wider: »Ohne auch nur eine Spur von Bondage oder Oralsex in den Texten, sprechen die Songs dieses Albums stattdessen von Umwelt, dem Universum, der Erde, den Sternen am Firmament, den Engeln und dem Himmel. Und, für einige Beobachter überraschend, enthielten sie sogar respektvolle Hinweise auf Gott und das Evangelium.«[54] Madonna, die bislang erst einmal einen Grammy erhalten hatte (1991 für ein Video), bekam 1999 für diese CD gleich drei Auszeichnungen – für das

Best Pop Album, das Best Dance Recording und das Best Short Form Music Video.[55]

Mit diesem wie mit anderen Alben davor hatte sie aktuelle Entwicklungen in der Musikszene adaptiert, in diesem Fall aus der Elektronik- und Techno-Musik, die sie mit ihrem eigenen musikalischen Stil verband. Und sie verstand immer, wie wichtig es ist, sich ständig neu zu erfinden und nicht auf einen bestimmten Stil festgelegt zu werden. Dies kann man über ihre ganze Karriere beobachten: Nachdem Madonna erfolgreich ihr Debüt-Album produziert hatte, versuchte sie mit ihrem zweiten Album etwas ganz anderes und machte damit ihre Plattenfirma *Warner Brothers* nervös. Produzent Nile Rodgers, der unter anderem mit David Bowie zusammengearbeitet hatte, berichtet: »Wenn man drei Hits auf eine bestimmte Art gelandet hat, macht man genauso weiter, frei nach dem Motto: Ist etwas nicht kaputt, repariert man es auch nicht. Madonna sperrte sich gegen normale Trends, sie *bekämpfte* sie regelrecht.«[56]

Ihr erstes Album war vom schwarzen Funk beeinflusst, danach verlegte sie sich auf eingängige, kommerzielle Pop-Songs wie *Like a Virgin*, in späteren Jahren verwendete sie verstärkt Elemente aus dem Jazz oder produzierte Black/Soul-Musik mit typischen Hip-Hop-Elementen, später integrierte sie Techno-Elemente in ihre Musik.

Hierzu gehört eine gehörige Portion Mut. Das Publikum verlangte bei Konzerten immer wieder, dass sie ihre

»I won't be happy until I'm as famous as God!«

eingängigen Hits spielte, aber Madonna kam dem nur begrenzt nach. Ihre Karriere ist eine schmale Gratwanderung zwischen Provokation und Mainstream, zwischen dem Aufgreifen populärer Trends und der avantgardistischen Verachtung für das allzu Gefällige. Immer wieder beschuldigte man sie des »musikalischen Diebstahls« und sie hatte deshalb viele Prozesse zu führen. Sie adaptierte fremde Einflüsse und hatte keine Scheu, Dinge von anderen abzuschauen.

Vor allem lernte sie ständig dazu und wollte nie stehenbleiben. Pat Leonard, der unter anderem für Pink Floyd und für Michael Jackson gearbeitet hatte, erzählt: »Irgendwann bat sie mich, Analysen ihrer Stimme mit mir und ihrem Gesangstrainer zu machen. Manche Sängerinnen sind der Meinung, nicht viel tun zu müssen, aber zu denen gehört sie nicht.«[57]

Ihr Ehrgeiz trieb sie immer weiter an. Sie wollte sich verbessern und nicht stehenbleiben. Madonna war von Anfang an vor allem davon getrieben, berühmt zu werden. Auch wenn sie sich – wie alle Prominenten – häufig über die Presse bzw. über Folgen des Ruhmes beklagte,[58] so genoss sie ihn doch sehr. Später behauptete sie manchmal, sie lese Zeitungsartikel über sich gar nicht,[59] doch solche Äußerungen tat sie nur, wenn sie sich über negative Presseberichte geärgert hatte. Bei positiven Presseberichten war das ganz anders: Im Mai 1985 erschien sie erstmals auf dem Cover der »Time«. Madonna wartete ungeduldig vor der Tür, als ein Bote ihr einen Umschlag mit der Ausgabe brachte, die sie auf dem Cover zeigte. Sie riss den Umschlag auf und stieß einen Schrei aus. »Oh mein Gott, schau mal her!«, rief sie und tanzte begeistert, das Magazin in den Händen. »Ich bin auf dem Titelbild vom ›Time‹-Magazine. Ist das zu fassen? Sieh mal! Kannst du dir das vorstellen?« Nachdem ihre Assistentin erklärt hatte: »Nein, ich kann's nicht glauben«, wurde Madonna sauer, stoppte abrupt mit dem Tanzen und sagte empört zu ihrer Angestellten: »Was soll das heißen, du kannst es nicht glauben? Warum sollte ich *nicht* auf dem Titelbild von ›Time‹ sein?« Ihre Assistentin erklärte, das habe sie nicht so gemeint, und schon richtete sich die Wut gegen ihren Freund und späteren Ehemann Sean Penn. Sie ließ ihn anrufen, damit er sofort nach Hause komme, um das Cover zu sehen. Er sagte der Assistentin, er sei gerade beschäftigt, doch da riss Madonna ihr den Hörer aus der Hand und sagte mit ärgerlicher Stimme, er solle jetzt sofort kommen. »Wie viele deiner Freundinnen waren schon auf dem ›Time‹-Cover? Eine einzige! Ich! Also, komm jetzt her.«[60]

Sean, der selbst berühmt war, hasste den Presserummel und bestand darauf, dass die Heirat unter Ausschluss der Öffentlichkeit stattfinden sollte, doch Madonna informierte ohne sein Wissen die Presse, so wie sie das oft tat, bevor beide ausgingen. Immer wieder wunderte Sean sich, dass die Presse genau wusste, wo die beiden auftauchen würden: »Also ich verstehe nicht, woher zum Teufel diese Typen jeden unserer verdammten Schritte kennen. Über-

»I won't be happy until I'm as famous as God!«

all, wohin wir kommen, geraten wir in ein Meer aus diesen verdammten Kameras.«[61] Madonna erwiderte gelangweilt: »Wir sind Stars, Sean. Wir werden fotografiert. So, wo ist das Problem?« Und sie fügte hinzu: »Sieh mal, ich habe hart daran gearbeitet, dass die Leute mich beachten. Und verdammt noch mal, ich werde jeden Moment davon genießen. Also? Gewöhn dich dran oder hau ab!«[62] Eines Tages, so antwortete Penn, werde sie sich zwischen den Medien und ihm entscheiden müssen.[63]

Madonna investierte viel Zeit und Energie in eine aktive PR, aber nach außen sprach sie nicht gerne darüber. »Sie wollte nicht, dass ihr Publikum merkte, dass ein großer Teil ihrer enormen Berühmtheit sowohl mit ihrer PR-Genialität als auch ihrem Talent zusammenhing. Vielmehr schien es, dass Madonna das Publikum glauben lasse wollte, sie verdanke diese ausschließlich ihrem Talent.«[64]

So wie Oprah Winfrey oder Kim Kardashian war Madonna vor allem bei Frauen erfolgreich, die in ihr mehr sahen als nur eine Sängerin. Madonna präsentierte sich als moderne Feministin: Nicht als eine Frau, die Männer ablehnte oder gar hasste, sondern als Frau, die zugleich sexuell verführerisch war und doch nicht den traditionellen Rollenerwartungen entsprach. Madonna passte nicht in ein einfaches Schema, und sie wurde gerade mit ihrer Widersprüchlichkeit zur Projektionsfläche zahlreicher verschiedener Bedürfnisse und Wünsche moderner Frauen. In dem Buch *I Dream of Madonna,* in dem die texanische Folkloristin Kay Turner Träume von Frauen über Madonna zusammengestellt hat, wird dies deutlich. Frauen aus verschiedenen sozialen Schichten und Altersgruppen beschreiben in diesem Buch, was sie in der Künstlerin sehen. Für die einen ist sie eine Befreierin, für andere eine Mitverschwörerin, eine erotische Verführerin oder einfach nur die Frau, die sie richtig versteht. »Sie besitzt so etwas wie eine Jederfrau-Eigenschaft, und das Bemerkenswerteste zu jener Zeit war das Ausmaß, das ihr Einfluss auf die Frauen erreicht hatte.«[65]

Madonnas Traum, so hatte sie formuliert, bestand darin, »für etwas zu stehen«. Sie wusste, dass dies das Wesen der Positionierung ist. »Ich möchte ein Symbol für etwas sein. Daran denke ich, wenn ich an Erfolg denke. Er bedeutet, dass man für etwas steht. Ich meine, Marilyn Monroe hat doch die Welt erobert ... sie steht für etwas.«[66] Für viele Frauen verkörperte sie einen modernen Feminismus, der nicht im Widerspruch zur Bejahung von Sexualität und gutem Aussehen steht. Die amerikanische Kunst- und Kulturhistorikerin Camille Paglia meinte: »Madonna brachte jungen Frau bei, sich ganz zu ihrer Weiblichkeit und Sexualität zu bekennen und dennoch die vollkommene Kontrolle über ihr Leben auszuüben.«[67] Dem traditionellen Feminismus habe sie eine neue Art des Feminismus entgegengesetzt. »Es war eine verblüffende Aneignung feministischer Rhetorik durch einen Superstar, dessen größte kulturgeschichtliche Leistung darin bestanden hatte, die puritanische alte Garde der zweiten

Welle des Feminismus zu stürzen und den lange zum Schweigen verurteilten, Sex und Schönheit gegenüber positiv eingestellten Feminismus-Flügel zu befreien, der sich dank ihr in den 1990ern durchsetzen konnte.«[68]

Für Madonna hieß Feminismus nicht, Männer zu bekämpfen, sondern sich alle Freiheiten zu nehmen, die Männer für sich reklamieren – vor allem auch im Sex. Je älter sie wurde, desto jünger wurden ihre Liebhaber. Im Jahr 2019 machte sie Schlagzeilen, weil die 61-Jährige einen 25 Jahre alten Freund hatte.[69] Solche Altersunterschiede gibt es sonst nur bei reichen Männern, die zuweilen sehr viel jüngere Freundinnen haben. Für Madonna war ein solches Verhalten Ausdruck einer radikalen Definition von Freiheit. So sagte sie einmal über sich: »Ich stehe für Freiheit des Ausdrucks; dafür, das zu tun, woran man glaubt, und dafür, seine Träume zu verfolgen.«[70]

Instrumente der Selbstvermarktung, die Madonna nutzte:

1. Sie provozierte vor allem mit sexuellen Themen (simulierte Masturbation auf der Bühne, SM-Themen in ihrem SEX-Buch) sowie damit, dass sie religiöse Symbole wie das Kreuz in Verbindung mit Sex brachte.

2. Sie trieb die Provokation oft bis zur Spitze, aber wenn sie erkannte, dass sie zu weit gegangen war, weil ihre Beliebtheit darunter litt, korrigierte sie ihre Positionierung mit gefälligeren Songs und Shows – ging also wieder auf den Mainstream zu.

3. Nachdem eine Zeit lang ausschließlich sexuelle Themen im Vordergrund gestanden hatten, gelang es ihr, sich konsequent zu repositionieren und ihr Image zu ändern. Sie verlangte sogar, dass das Drehbuch von *Evita* umgeschrieben werde, damit es ihrem neuen Image nutzte.

4. Sie war nicht zu stolz, für sich selbst Werbung zu machen. Als sie schon weltberühmt war, ergriff sie die Initiative und schrieb dem Produzenten von *Evita* einen vier Seiten langen handschriftlichen Brief, indem sie erklärte, warum sie die ideale Besetzung für die Hauptrolle in dem Film war.

5. Obwohl sie nicht über außergewöhnliche Fähigkeiten als Sängerin und Tänzerin verfügte und erst recht nicht als Schauspielerin, gelang es ihr dennoch, sich als Performance-Künstlerin und als starke Marke zu positionieren.

6. Madonna positionierte sich zudem als moderne Frau, die sich einerseits als Vorkämpferin des Feminismus sah, andererseits aber viel Wert auf gutes Aussehen und sexuelle Attraktivität legte. Sie setzte Sex und ihr Aussehen selbstbewusst als ihr »erotisches Kapital« ein, ohne sich dafür zu entschuldigen. Feminismus heißt für sie nicht, Männer zu bekämpfen, sondern sich die gleichen Freiheiten wie Männer herauszunehmen – bis hin zum 36 Jahre jüngeren Liebhaber, den sie sich zulegte.

Prinzessin Diana im April 1989. Ihre Biografin Tina Brown meint: »Sie war ihren Zeitgenossen weit voraus, indem sie eine Welt antizipierte, in der Berühmtheit praktisch als klingende Münze dient ... Diana, selbst Aristokratin, wusste, dass der erbliche Adel nichts mehr bedeutete. Allein der Publicity-Adel zählte.« Quelle: Getty

11. Prinzessin Diana
Königin der Herzen

Dass auch jemand mit wenig Bildung und ohne das, was wir normalerweise unter hoher Intelligenz verstehen, zur Meisterin in der Selbstvermarktung werden kann, zeigt das Beispiel von Diana Spencer, die mit 20 Jahren Prinz Charles heiratete, den künftigen König von England. Emotionale Intelligenz, vor allem die Fähigkeit zur Empathie, war für sie der Schlüssel, um sich weltweit als eine der bekanntesten und am meisten bewunderten Personen aufzubauen.

Menschen mit hoher emotionaler, im Gegensatz zur klassischen, Intelligenz zeichnen sich oft durch besondere empathische Fähigkeiten aus. Sie können erspüren, was andere fühlen, viel früher die versteckten Signale im Verhalten anderer erkennen und herausfinden, was sie brauchen oder wollen. Der Psychologe Howard Gardner hatte schon 1983 angeregt, das traditionelle Intelligenzkonzept zu erweitern und nicht nur sprachliche und mathematische Kompetenzen, sondern darüber hinaus eine ganze Bandbreite weiterer »Intelligenzen« zu berücksichtigen. Emotionale Intelligenz kann für die Fähigkeit, sich selbst als Marke aufzubauen, wichtiger sein als jene Fähigkeiten, die in Intelligenztests gemessen werden. Auch ein Mangel an akademischer Bildung muss kein Nachteil, sondern kann sogar ein Vorteil sein

Diana kam mit neun Jahren in das Internat *Riddlesworth Hall,* und während ihre Geschwister exzellente schulische Leistungen erbrachten, galt sie als allenfalls durchschnittliche Schülerin. Immerhin gewann sie die »Beliebtestes Mädchen«-Trophäe und den Preis für das bestgehegte Meerschweinchen. Ab 1973 besuchte sie das Internat *West Heath.* Die bescheidenen Ziele der Schule waren kein Geheimnis und die einzige Aufnahmebedingung war eine saubere Handschrift. Doch selbst in diesem Internat fiel Dianas Mangel an intellektueller Neugierde auf. »Die Voraussetzungen fehlten«, sagte Ruth Rudge, die Schulleiterin. »Wie alle Leute, die andere Dinge im Kopf haben, gab sie sich ihren Tagträumen hin.«[1]

Diana verließ das Internat im Alter von 16 Jahren, nachdem sie in jeder ihrer Mittelschul-Abschlussprüfungen durchgefallen war, und zwar nicht nur einmal, sondern gleich zweimal.[2] Ihre Mitschülerinnen erinnern sich an sie als ein hilfsbereites Wesen, das zu seinen beiden Hamstern Little Black und Little Black Puff »schrecklich lieb« war. Ihre Biografin Tina Brown schreibt: »Allein der Anblick der Prüfungsaufgaben war zu viel für sie ... Sie hatte allerdings ein Talent, das man bereits in West Heath bemerkt hatte: Sie verfügte über emotionale Intelligenz.«[3]

Der Historiker und Journalist Paul Johnson hielt ihre Empathie für eine einzigartige Gabe. »Sie glaubte, sie würde gar nichts wissen und sei sehr dumm«, meinte er.

»Sie erstickte jede Kritik im Keim, indem sie sagte: ›Ich bin völlig unterbelichtet und ungebildet‹. Doch ich sagte: ›Meiner Meinung nach sind Sie überhaupt nicht dumm‹, weil sie zwar nicht viel wusste, aber etwas hatte, was nur sehr wenige Menschen besitzen: Sie verfügte über eine außergewöhnliche Intuition und konnte die Leute erkennen, die nett waren, und sich für sie erwärmen und mit ihnen sympathisieren ... Sehr wenige Menschen konnten da mithalten.«[4] Nachdem Diana die Schule verlassen hatte, arbeitete sie, obwohl sie aus hohem Hause kam, als Nanny und als Putzhilfe.[5] Sie machte sich selbst häufig über ihren Mangel an Bildung lustig. »Dumm wie Bohnenstroh – das bin ich!«, hörte man sie oft ausrufen.[6]

Nachdem bekannt wurde, dass sie eine Affäre mit Prinz Charles hatte, fragte der Kommentator der britischen Zeitschrift »Tatler« zweifelnd: »Wie wird sie auf den Kurssturz an der Pariser Börse nach der Wahl Mitterands reagieren, wenn dieses Thema während der Vorspeise zur Sprache kommt? Wie wird sie sich in einer leidenschaftlichen Diskussion über die Gerechtigkeit der englischen Polizeigesetze im 19. Jahrhundert schlagen, wenn die Frage bei den Lammkoteletts diskutiert wird?«[7]

Nach ihrer Heirat mit Prinz Charles war sie gezwungen, sich auf dem vornehmen gesellschaftlichen Parkett zu bewegen, und dort »machte sich Dianas intellektueller Minderwertigkeitskomplex nun mit aller Macht bemerkbar«.[8] Während ihr Mann sehr gebildet war, anspruchsvolle Bücher las, sich auf vielen Gebieten auskannte und in

Gesprächen intellektuell brillierte, wurde Diana zum Missfallen der Königin immer schweigsamer. Ein Dinnergast berichtet, wie die Königin eines Abends in die Luft ging. »Sehen Sie nur, wie sie dasitzt und uns finstere Blicke zuwirft!«, sagte sie zu ihm.[9]

»Diana besaß eine ausgeprägte emotionale Intelligenz«, schreibt ihre Biografin, »aber aufgrund ihrer geringen Bildung tat sie sich mit gesellschaftlichen und politischen Angelegenheiten schwer.«[10] Dianas Lieblingslektüre waren Liebesromane von Barbara Cartland,[11] eine extrem erfolgreiche Schriftstellerin, die nicht weniger als 724 Herz-Schmerz-Geschichten schrieb. Am Ende ihrer Romane eroberte meist das scheue, unauffällige Mädchen das Herz und Vermögen eines Prinzen oder prinzenähnlichen Mannes. »In diesen Geschichten«, bekannte Diana, »war jeder so, wie ich ihn mir erträumte, und alles so, wie ich es mir erhoffte.«[12]

Schon früh träumte sie davon, einen richtigen Prinzen zu heiraten, Prinz Charles. Ihre spätere Enttäuschung war vielleicht auch dadurch bedingt, dass sie sich in ihrer Jugend durch die Lektüre der Romane in eine Fantasiewelt hineingesteigert hatte, mit der die Wirklichkeit schlicht nicht mithalten konnte. Barbara Cartland drückte es so aus: »Die einzigen Bücher, die sie jemals las, waren meine, und sie sind ihr nicht schrecklich gut bekommen.«[13]

Auch die Lektüre von Qualitätszeitungen war ihre Sache nicht. Beim Frühstück las sie die emotionsgeladene »Daily Mail«, sie war ein »Yellow-Press-Junkie« und verschlang die Klatschgeschichten über Prominente und die

Königshäuser, die man dort lesen kann.[14] Im Grunde war das rational aus ihrer Sicht – und jedenfalls half ihr die genaue Kenntnis dieser Medien sehr bei dem, worin sie Meisterin werden sollte: der Fähigkeit, sich selbst zu vermarkten, wozu insbesondere auch die genaue Kenntnis der (für sie) relevanten Presse gehörte.

Sie war nicht nur eine begeisterte Leserin von Boulevardblättern. Die Paparazzi, die ihr seit dem Beginn der Liaison mit Prinz Charles überall auflauerten, waren für sie keine gesichtslosen Fotografen oder Schreiberlinge. »Es waren Menschen, deren Storys sie las. Sie wusste sogar, wo sie wohnten.« Steve Wood vom »Daily Express« berichtet, wie er Diana einmal beobachtete, als sie vor seiner Haustür stand und seine Adresse überprüfte.[15]

Normalerweise interessieren sich Journalisten und Fotografen für Prominente, aber die Prominenten interessieren sich weniger für diese Journalisten und Fotografen. Das war bei Diana anders. Sie verstand es, die Journalisten und Fotografen ganz und gar für sich einzunehmen. Und sie wusste genau, welche Storys die Leser der Blätter lesen und welche Fotos sie sehen wollten. »Sie verstand die Massenblätter, weil sie zu ihrem Publikum gehörte. Sie kannte das Bedürfnis dieses Publikums, mit Bildern und Träumen gefüttert zu werden, kannte seinen Hunger nach Neuigkeiten und Überraschungen, seine Sehnsucht, eine Unbekannte zur Königin zu krönen. Wer brauchte schon die ›Times‹ und den ›Daily Telegraph‹, die Leib- und Magenblätter des Establishments?«[16]

Diana, so berichtet ihre Biografin, war »einer der geschicktesten Profis« weltweit im Umgang mit der Presse. »Sie war ihren Zeitgenossen weit voraus, indem sie eine Welt antizipierte, in der Berühmtheit praktisch als klingende Münze dient ... Diana, selbst Aristokratin, wusste, dass der erbliche Adel nichts mehr bedeutete. Allein der Publicity-Adel zählte.«[17] Die Kamera habe eine fatale Anziehungskraft auf sie ausgeübt, ja, man sagte ihr sogar einen sechsten Sinn nach, weil sie angeblich wusste, wann eine Kamera auf sie gerichtet war, auch wenn sie sie nicht sehen konnte. »Die Kamera hatte das Image geschaffen, das ihr so viel Macht verliehen hatte, und Diana war süchtig nach ihrer Magie, auch wenn es wehtat.«[18]

Einer jener Fotografen, die sie viele Jahre beobachtete, meinte, dass vieles bei Diana eine geschickte Inszenierung war, so auch ihre vermeintliche Schüchternheit. Tatsächlich sei die schüchterne Lady Di ein Mythos, der entstand, weil sie immer den Kopf gesenkt hielt, ihr die Haare ins Gesicht fielen und sie ab und zu aufschaute, um festzustellen, wo die Fotografen steckten.[19] Obwohl ansonsten kein analytischer Mensch, entwickelte sie, was die PR anlangt, analytische Schärfe. Dianas Schwester hatte mit Prinz Charles zuvor eine Affäre, die jedoch scheiterte. Diana hatte eingehend sämtliche Fehler analysiert, die ihre Schwester in dieser Affäre gemacht hatte.[20]

Sie vermied auch die Ungeschicklichkeit, manche Journalisten zu favorisieren, wodurch sich die anderen herabgesetzt fühlten. »Es gab keinerlei Bevorzugung, nachdem sie Charles geheiratet hatte«, meinte Ashley Walton vom »Daily Express«. »Sie redete mit uns allen, es war ihr wichtig, auf uns zuzugehen und mit allen zu reden.«[21]

Diana hatte es sich zur Aufgabe gemacht, die Herausgeber und Chefredakteure aller wichtigen Presseorgane persönlich gut zu kennen – genau wie sie als junge, unverheiratete Frau die einzelnen Reporter kannte.[22] Sie lud wichtige Journalisten zu einem privaten Mittagessen im Kensington-Palast ein. »Eine Begegnung mit der Prinzessin in ihrer eigenen Welt war eine perfekte Multimediaveranstaltung, bei der sie alles zeigte, was sie gelernt hatte und vermitteln wollte«, berichtet ihre Biografin. Und der Chefredakteur eines Society-Magazin berichtet: »Alles diente der Inszenierung ihrer Person.«[23]

Sie bediente sich immer neuer Methoden, um die Journalisten an sich zu binden und ein besonderes Verhältnis herzustellen. Eine dieser Methoden bestand darin, jemandem, den sie manipulieren wollte, ein Geheimnis anzuvertrauen. »Der oder die Betreffende (meist handelte es sich um Männer) fühlte sich dann als etwas Besonderes und war gleichzeitig bemüht, das in ihn gesetzte Vertrauen nicht zu enttäuschen.«[24]

Als die Berichte über ihre schwierige Ehe immer intensiver wurden, erkannte sie, dass die bisherige Art der Pressearbeit sie nicht weiterbringen würde. Das geeignete Instrument schien ihr vielmehr ein Buch zu sein, in dem ihre Ehe so dargestellt wurde, dass allein ihr Mann – Prinz Charles – die Schuld hatte und sie selbst als Opfer erschien. Als ungeliebte, sensible und betrogene Frau, die sich nach der Liebe des Prinzen gesehnt hatte, der ihr aber die kalte Schulter zeigte. Freilich konnte sie das Buch nicht selbst schreiben. Sie suchte sich einen Autor, dem sie Zugang zu all ihren Bekannten verschaffte. Sie selbst wurde jedoch nicht zitiert und leugnete öffentlich mehrfach, dass sie an dem Werk beteiligt war.[25] In Wahrheit hatte sie es vor Veröffentlichung Zeile für Zeile gelesen und am Rand der Manuskriptseiten sogar handschriftliche Korrekturen angebracht.[26] Anfang 1992 schrieb sie einem Freund: »Es [das Buch] wird einschlagen wie eine Bombe, aber ich fühle mich jetzt bestens gewappnet für alles, was auf uns zukommen mag.«[27]

Ihre Rechnung ging auf. Das von ihr initiierte Enthüllungsbuch von Andrew Morton *Diana: Ihre wahre Geschichte* erschien als Vorabdruck zuerst in der »Sunday Times«. »Diana von ›gefühllosem‹ Charles zu fünf Selbstmordversuchen getrieben« war die Headline. Darunter stand: »Ehedrama machte Prinzessin krank, Diana sagt, sie wird keine Königin.«[28] Diana hatte die Reaktionen des Publikums vorab richtig eingeschätzt. »Mithilfe von Mortons Enthüllungen war es ihr gelungen, Millionen von Menschen tief zu berühren und emotional an sich zu binden. Sie hatte eine Fangemeinde, eine solidarische weibliche Anhängerschaft.«[29]

Während Diana sehr professionell agierte, zeigte sich der weitaus gebildetere Ehemann Prinz Charles unprofessionell. Als er die Schlagzeilen las, ordnete er an: »Ich will diese Zeitung nie wieder in diesem Haus sehen! Und was die Boulevardblätter betrifft, so will ich auch von ihnen keines je wiedersehen. Falls jemand meint, sie lesen zu müssen, wird er sie sich selber besorgen müssen – das gilt auch für Ihre Königliche Hoheit!«[30] Er weigerte sich einfach, Nachrichten zu hören oder Zeitung zu lesen, und begründete das: »Ich habe keine Lust, morgens nach dem Aufstehen zu lesen, was meine verrückte Frau mal wieder angestellt hat.«[31]

Mit der Veröffentlichung des Buches hatte Diana eines der wichtigsten Tabus gebrochen: Sie hatte, was zuvor völlig undenkbar gewesen wäre, ihre privaten Verhältnisse und Interna aus der königlichen Familie öffentlich gemacht. Sie hatte dadurch die Deutungshoheit erzielt – ihre Interpretation der Ehe mit dem Thronfolger war nun die, welche die meisten Menschen überzeugte. Der geschickte Umgang mit den Medien, die Professionalität in der PR zeigen, dass die zwar wenig gebildete und sicher nicht mit einem hohen IQ ausgestattete Diana zu den Genies der Selbstvermarktung gehörte. »Charles«, so ihre Biografin, »mag zwar belesener sein, als Diana es war, aber sie war auch eine geschickte, resolute Managerin ihrer selbst ... Und in gewisser Weise war sie eine Regisseurin, nämlich die ihrer eigenen Inszenierung.«[32]

Mit 31 Jahren war sie von ihrem Mann getrennt, und nun machte sie sich daran, »ihre Berühmtheit wie einen Exportartikel zu vermarkten. Von nun an war ihr Leben einer Aufgabe gewidmet: die Erfolgsmarke ›Diana‹ zu pflegen und zu fördern.«[33] Dianas Büro glich mehr und mehr der Empfangshalle einer Werbeagentur: Zwei riesige Cliprahmen enthielten Fotoserien aus verschiedenen Zeitschriften, die ihre Triumphe dokumentierten. Sie hatte ein kleines Team, das professionelle PR-Strategien entwickelte und sich Gedanken über die richtige Positionierung machte.[34]

Doch diese Erfolgsmarke bekam Makel, als öffentlich bekannt wurde, dass Diana einen ihrer Liebhaber, einen verheirateten Mann, regelrecht telefonisch terrorisierte. Der war mit einer reichen Frau verheiratet, von der er sich auf keinen Fall trennen wollte, und Diana rief bis zu 20-mal am Tag bei ihm an, auch mitten in der Nacht. Das kam schließlich an die Öffentlichkeit. Die Presse war keineswegs insgesamt unkritisch zu ihr. Aber Diana ersann immer neue PR-Schachzüge, um sich ins rechte Licht zu setzen, was vor allem hieß: Sich als betrogenes Opfer darzustellen, als Frau, die sich nur nach der Liebe sehnte, die sie von ihrem kaltherzigen Mann nie bekam. Denn der betrog sie von Anfang an mit seiner Exfreundin Camilla Parker Bowles.

Dianas größter PR-Coup war ein Fernsehinterview, auf das sie sich wochenlang vorbereitet hatte und das am 14. November 1995 ausgestrahlt wurde. Am Abend der Ausstrahlung waren die Straßen von London wie leergefegt. 23 Millionen Briten saßen vor dem Fernseher[35] – und was sie sahen, war eine perfekte Inszenierung. Wie nach einem PR-Drehbuch hatte sie bestimmte Kernbotschaften herausgearbeitet, die ihre Wirkung nicht verfehlten:

»Ich möchte gerne die Königin der Herzen sein ... «

»In unserer Ehe waren wir zu dritt.« (Mit der dritten Person war Camilla gemeint.)

»Das Establishment, in das ich hineingeheiratet habe, hat beschlossen, dass ich eine Versagerin bin ... «[36]

(Über die Motive ihrer Gegner): »Ich glaube, es war Angst. Weil hier eine starke Frau war, die ihren Weg ging, und woher nahm sie die Stärke, diesen Weg fortzusetzen?«[37]

Jede betrogene Frau konnte sich mit ihr identifizieren. Auf ihre eigene Affäre angesprochen, vermied sie es, die sexuelle Beziehung zu dem Mann zuzugeben, sondern formulierte geschickt: »Ja, ich habe ihn angehimmelt. Ja, ich war verliebt in ihn. Aber ich bin schwer enttäuscht worden.«[38]

Auch alle »kleinen Leute«, der Normalbürger, konnte sich mit ihr identifizieren, wenn sie über das Establishment klagte, das »beschlossen« habe, sie als Versagerin zu sehen. Und obwohl sie ganz und gar keine Feministin war, hatte sie auch für Anhänger des feministischen Zeitgeistes die richtige Deutung parat, indem sie Kritik an ihr als Widerstand gegen eine eigenständige und starke Frau darstellte, »die ihren Weg ging«.

Diese Botschaften kamen an. Am Mittwoch nach der Ausstrahlung des Interviews zeigte eine Umfrage des »Daily Mirror« eine Zustimmung von 92 Prozent zu ihrem TV-Auftritt. Auch noch zwei Wochen später sagten bei einer von der »Sunday Times« in Auftrag gegebenen Befragung 67 Prozent, es sei richtig gewesen, dass sie dieses Interview gab. 70 Prozent waren der Meinung, sie solle als humanitäre Botschafterin im Ausland tätig werden, und nur nach Ansicht von 25 Prozent wäre es besser, wenn sie eine weniger aktive Rolle im öffentlichen Leben spielen würde.[39]

Mit der »Königin der Herzen« hatte sie die wichtigste Kernbotschaft für ihre Positionierung in einer einprägsamen Formulierung zusammengefasst – so, wie es auch ein Steve Jobs nicht besser konnte, wenn er sein iPhone vermarktete.

Was also war ihre Positionierung? Allein das gute Aussehen konnte es natürlich nicht sein. Und Diana hatte – in dieser Hinsicht sehr klug – frühzeitig erkannt, dass es völlig aussichtslos gewesen wäre, wenn sie versucht hätte, mit intellektuellen oder politischen Botschaften zu brillieren. Warum an einem Wettbewerb teilnehmen, bei dem sie nur verlieren und sich blamieren könnte? Ihre Positionierung, ihr USP, war die »Königin der Herzen«.

Diana war eine psychisch extrem labile Frau mit großen Problemen. Sie litt unter Bulimie. Sie brachte sich nach einem Streit mit ihrem Mann mit einem Taschenmesser an Brust und Schenkeln Schnitte bei. Sie war nicht in der Lage, zu einem ihrer Partner eine normale und harmonische Liebesbeziehung zu entwickeln, sondern war offenbar vollkommen beziehungsunfähig. Und auch normale Freundschaften waren für sie sehr schwierig. Die Zahl ihrer verstoßenen Freunde wurde fast täglich größer.

Eine Vertraute berichtete: »Es gab in ihrem ganzen Freundeskreis niemanden, mit dem sie sich nicht irgendwann zerstritten hatte.«[40]

Das Paradoxe an Diana, schreibt ihre Biografin, war, »dass diese Frau, die so viel Mitgefühl für Fremde aufbrachte, Menschen, die ihr sehr nahestanden, auf grausame Weise abfertigen konnte«.[41] Sie suchte Trost und Rat für ihre Probleme bei obskuren Astrologen, Parapsychologen, Handleserinnen, Grafologen. Diana stand ganz im Bann dieser Scharlatane.[42]

Doch dies war nur die eine Seite von Diana. Wie viele Menschen mit psychischen Problemen war sie extrem empathisch für die Nöte von anderen Menschen, vor allem von solchen, die sie nicht näher kannte. Ihre Biografin hat es treffend so formuliert: »Sie lotete das Unglück ihres eigenen Lebens aus und verwandelte es in Empathie.«[43]

Vermutlich litt sie an dem, was der Psychoanalytiker Wolfgang Schmidbauer in seinem Buch *Die hilflosen Helfer* als »Helfersyndrom« beschrieb. Der Begriff bezeichnet ein Modell seelischer Probleme, die häufig in sozialen Berufen anzutreffen sind. Ein vom Helfersyndrom Betroffener versucht, eigene Minderwertigkeitsgefühle durch eine extreme Fixierung auf eine Helferrolle zu kompensieren. Seine Hilfsbereitschaft geht bis zur Selbstschädigung und Vernachlässigung von Familie und Partnerschaft, als Folge kann es zu Burn-out oder Depressionen kommen.

Diana, so berichtet ihre Biografin, »blühte in der Gegenwart von Behinderten und Kranken regelrecht auf«.

Sie war in der Lage, von einer Sekunde zur anderen von der reizbaren und mit sich selbst beschäftigten Prinzessin umzuschalten zu einer tiefen Verbundenheit mit Menschen und einem Engagement für Notleidende.[44] Wenn sie ihre eigene Welt verließ, um ein Krankenhaus oder ein Obdachlosenasyl zu besuchen, dann tat sie dies »nie mit königlicher Herablassung«.[45] Im letzten Interview vor ihrem Tod, das sie der Zeitung »Le Monde« gab, sagte sie: »Ich bin den Menschen ganz unten viel näher als den Leuten ganz oben.«[46]

Im Umgang mit Intellektuellen hatte sie verständlicherweise Schwierigkeiten. Doch sie verstand es, ihr Defizit, nämlich den Mangel an Bildung und herkömmlicher Intelligenz, in einen Vorteil umzumünzen. »Ihre intellektuelle Unsicherheit erwies sich als unerwarteter Aktivposten. Überall, wo sie hinkam, ging sie sofort auf jene zu, die im Schatten standen: die Alten, die Schüchternen, die ganz Jungen.«[47] Ihre Mutter sagte über Diana: »Mit selbstbewussten Leuten tat sie sich im Gespräch nicht halb so leicht wie mit unsicheren ... Sie war nicht allzu selbstbewusst, aber ihr war klar, dass sie eine besondere Gabe hatte, auf Menschen zuzugehen, und sie nutzte diese Gabe reichlich.«[48]

Es gibt Hunderte von Berichten über die magische Ausstrahlung Dianas und ihre anscheinend grenzenlose Empathie für alle Armen, Schwachen und Kranken. Ein Augenzeuge erinnerte sich: »Sie war nicht nur schön, sondern strahlte auch Wärme aus. Man spürte ihre Verletzlichkeit. Ich war zutiefst beeindruckt, als ich sah, wie sie sich vorbeugte und einer der Pflegerinnen konzentriert zuhörte. Ein Jahr später war die Pflegerin immer noch gerührt. Für sie war es das wichtigste Ereignis ihres Lebens. Es war, als sei an diesem Vormittag jeder von einem besonderen Licht berührt worden.«[49]

Ein anderer Beobachter meinte, Diana habe die besondere Fähigkeit besessen, mit jungen Straftätern oder behinderten Kindern »Inseln der Intimität« zu schaffen, wenn sie sich mit ihnen unterhielt. Selbst in Gegenwart von Fernsehkameras habe sie durch ihren Blick und ihre Aufmerksamkeit ihren Gesprächspartnern das Gefühl persönlicher Vertrautheit vermittelt.[50]

Immer wieder gewann Diana skeptische Pressevertreter durch die besondere Art ihrer Empathie für sich. Eine Kriegsreporterin der »Sunday Times« bemerkte, wie nahe Diana an Landminenopfer herantrat. Es beeindruckte sie, dass Diana niemals den Kopf abwandte von Verletzungen, die so grauenhaft waren, dass sie selbst nicht hinsehen konnte, obwohl sie schon seit Jahren aus der Dritten Welt berichtete. »Sie hatte etwas, was ich zuvor nur bei Nelson Mandela beobachtet hatte«, schrieb die Reporterin, »eine Art Aura, die die Leute veranlasste, bei ihr sein zu wollen. Dazu ein vollkommen natürliches, allem Anschein nach direkt von Herzen kommendes Gefühl dafür, wie man jenen Hoffnung bringen kann, die wenig haben, wofür es sich zu leben lohnt.«[51]

Eine Freundin berichtete, wie Diana mit einer Frau ins Gespräch kam, die unzählige Fehlgeburten hinter sich hatte und so verzweifelt war, dass sie in Tränen ausbrach. »All ihre Trauer brach hervor. Und mit einem Mal verwandelte sich die so sehr mit sich selbst und der eigenen Zukunft beschäftigte Diana in eine mitleidende, warmherzige Frau. Sie hatte die außergewöhnliche Gabe, sich in andere Menschen hineinzufühlen und zu ihren durchzudringen.«[52] Eine australische Journalistin berichtet über eine Begegnung mit Kindern: »Diana ging in die Hocke oder beugte sich zu kleinen Kindern herunter und redete mit ihnen. Sie war so anders, dem Volk so viel näher. Für uns war das fantastisch – jeden Tag eine gute Story.«[53]

Jeden Tag eine gute Story – das war Dianas Erfolgsgeheimnis: Sie verband ihre besondere Gabe der Empathie mit der besonderen Gabe für PR. Sie war geradezu süchtig nach Artikeln über sich. Nach einer Reise begann sie jeden Morgen die Zeitungen nach Fotos von sich durchzublättern, zuerst die Regenbogenpresse, dann die seriösen Blätter.[54] »Sie war ein totaler Pressejunkie«, so ein Journalist des »Daily Express«. »Sie las alles über sich, von Anfang bis Ende, und sie behielt genau im Kopf, wer was geschrieben hatte. Das wissen wir, weil sie sich uns gegenüber oft zu einem bestimmten Artikel äußerte. Als sie noch auf Highgrove lebte, steckte sie regelmäßig Geld ein, fuhr nach Tetbury und holte stapelweise Zeitungen und Zeitschriften. Wir erwischten sie dann immer beim Zeitungshändler. Wenn ihr Bild auf der Titelseite war, kaufte sie das Blatt.«[55]

Einerseits beklagte sie sich über die Paparazzi, die sie umlagerten, andererseits empfand sie es als bedrückend, wenn es nicht so war. »Wenn sie nicht als ›Prinzessin des Volkes‹ unterwegs war, fühlte sie sich in ihrem Zuhause wie ein Tiger im Käfig. Sie wusste mit all ihrer Energie und ihrem Charisma nichts weiter anzufangen, als die Schar ihrer Bewunderer zu vergrößern.«[56]

Es ist schwer zu unterscheiden, was bei Diana natürlich war und was Inszenierung – vermutlich wusste sie es irgendwann selbst nicht mehr. »Ihr unnachahmlicher Augenaufschlag ist bald nicht mehr ihrer Schüchternheit geschuldet, die hat sie längst überwunden, sondern kamerabewusstem Kalkül. Ihr Engagement für die Zurückgelassenen der Gesellschaft – Aids-Kranke, Obdachlose – folgte ursprünglich einem echten Helferethos. Doch auch diese Herzenssache wird zur Waffe: Diana wählte für ihre Schirmherrschaften Projekte aus, um die andere Royals einen Bogen machen.«[57] Sie erschien damit menschlich und progressiv. Sie hätte auf diese Weise viele Menschen mit der britischen Monarchie versöhnen können, die diese bis dahin als überkommen, elitär und volksfern empfunden hatten.

Wie bei vielen anderen Menschen, die großen Ruhm genießen, entwickelte sie einen Hang zum Größenwahn, mit dem sie ihren Minderwertigkeitskomplex kompensierte. Einmal erzählte sie beiläufig bei einem Essen, sie glaube, sie könne die Konflikte in Nordirland lösen, wo seit Ende der 60er-Jahre ein Bürgerkrieg mit Tausenden von Opfern tobte. »Ich bin ziemlich gut darin, Leuten den Kopf zurechtzurücken«, begründete sie ihren Optimismus, den Konflikt beilegen zu können.[58]

Diana verstand es, ihre Minderwertigkeitskomplexe ebenso wie ihre psychischen Probleme in einen Vorteil zu verwandeln: Ihre mangelnde Bildung machte sie umso volksnäher, aus ihren psychischen Problemen entwickelte sie ein Helfersyndrom und ihre eigene Verletzlichkeit war die Basis für ihre Empathie – so wurde sie zur »Königin der Herzen«.

Instrumente der Selbstvermarktung, die Diana nutzte:

1. Sie ließ sich nicht auf einen Wettbewerb in Bereichen ein, in denen sie nur verlieren konnte (intellektuelle Themen bzw. Themen, bei denen es auf Wissen und Bildung ankam). Sie machte ihre Schwäche – die Verletzlichkeit und ihr Helfersyndrom – zur Stärke.

2. Sie betrieb von Anfang an sehr aktive Pressearbeit und baute persönliche Beziehungen zu Redakteuren und Fotografen auf. Sie interessierte sich für die Journalisten als Menschen.

3. Sie nutzte alle Instrumente der PR – vor allem ein Enthüllungsbuch, das sie in Auftrag gab, und ein großes Fernsehinterview. Sie kam Charles, der von ihrem Traumprinzen zu ihrem Gegner geworden war, mit ihrer Interpretation zuvor und setzte damit den Deutungsrahmen.

4. Sie brach immer wieder Tabus, indem sie offen über Schwierigkeiten und Probleme in ihrer Ehe und in ihrem Verhältnis zur königlichen Familie sprach.

5. Sie entwarf professionell einprägsame und wirksame Kernbotschaften für ihre PR, zum Beispiel »Ich möchte Königin der Herzen sein.«

6. Trotz ihrer hohen Position zeigte sie sich sehr volksnah und nicht arrogant. Sie macht ihre Empathie für die Schwachen zu ihrem USP.

7. Sie lieferte den Medien und der Öffentlichkeit ein Opfer-Framing für die Interpretation ihrer gescheiterten Ehe: »In unserer Ehe waren wir zu dritt«; »Das Establishment hat beschlossen, dass ich eine Versagerin bin«.

Kim Kardashian bei der Vanity Fair Oscar Party im Februar 2020 in Beverly Hills, Kalifornien. Ihr Biograf Sean Smith schreibt: »Es war, als ob Kim vorm Spiegel gestanden und entschieden hat, wie sie jedes Teil von sich von oben bis unten und von Kopf bis Fuß am besten vermarkten könne.« Quelle: Getty

12. Kim Kardashian West
Famous for being famous

Auf Instagram hat Kim Kardashian West 162 Millionen Follower, mehr als Lionel Messi (144 Millionen), der seit 2009 mit sechs Titeln Rekordgewinner des »FIFA-Weltfußballer des Jahres« ist. Und auf Twitter folgen Kim Kardashian mit 60 Millionen Menschen fast so viele wie dem amerikanischen Präsidenten Donald Trump (knapp 74 Millionen)[1] und mehr als den »Breaking News« des Nachrichtensenders CNN (56 Millionen). Was muss man tun, um in sozialen Medien einen Bekanntheitsgrad vergleichbar dem mächtigsten Politiker und dem besten Fußballer der Welt zu bekommen? Kim Kardashian gehört zur Familie Kardashian-Jenner, die inzwischen eine der reichsten Prominenten-Familien in den USA ist. Ihre Halbschwester Kylie Jenner wurde von »Forbes« zur bislang jüngsten Selfmade-Milliardärin erklärt.[2]

Oft wird von berühmten Menschen behauptet, sie hätten schon früh erklärt, dass sie später einmal berühmt werden wollten, überprüfbar ist das selten. Aber von Kim ist tatsächlich ein Video überliefert, das sie als 13-Jährige zeigt, die erklärt: »Macht jemand ein Video davon? Ich hoffe, denn wenn ich einmal berühmt und alt bin, könnt ihr mich immer noch als dieses schöne junge Mädchen in Erinnerung behalten.«[3] Davon, berühmt zu werden, träumen manche jungen Menschen. Aber wie gelang es Kim, den Traum Wirklichkeit werden zu lassen?

Ihr Vater, Robert Kardashian, erlangte eine gewisse Bekanntheit als Anwalt seines Freundes, des Footballspielers O. J. Simpson, den er in einem der aufsehenerregendsten Mordprozesse der Vereinigten Staaten verteidigte. Wenn die 1980 geborene Kim Anfang der 2000er-Jahre beiläufig erwähnt wurde, dann allenfalls als Tochter von O. J. Simpsons Anwalt.[4]

Ein Erfolgsmodell von Kim war von Anfang an, dass sie den Kontakt mit Menschen suchte, die wesentlich berühmter als sie selbst waren. Sie startete mit einer Geschäftsidee, die sie in Verbindung mit Prominenten bringen sollte: Kim brachte Ordnung in deren überquellende Kleiderschränke und versteigerte nicht mehr benötigte Klamotten bei eBay. Sie gewann prominente Kundinnen wie Cindy Crawford und Serena Williams[5] und wurde bekannt als »Queen of the Closet Scene«[6], eine Anspielung auf die zentrale »Closet-Szene« in Shakespeares Hamlet, bei der sich eine Person im Ankleideraum der Mutter des Prinzen versteckt. Eine von Kims prominenten Kundinnen, die bald schon Vorbild für sie werden sollte, war die wenige Monate jüngere Hotelerbin Paris Hilton.

Paris Hilton hatte 2003 zusammen mit ihrer Schwester einen Vertrag mit Fox television network für die neue Reality Show *The Simple Life* unterzeichnet. Die Show sollte im Dezember 2003 starten. Wenige Wochen zuvor wurde in der für ihre Gerüchte und Klatschgeschichten über Prominente bekannten »Page Six«-Kolumne der Boulevard-Zeitung »New York Post« erstmals erwähnt, dass es ein Sexvideo mit Paris Hilton gebe. Das Material, das die 23-Jährige und ihren Freund beim Sex und gegenseitigen Oralverkehr zeigt, war im Mai 2001 mit ihrem Freund Rick Salomon aufgenommen worden. Hiltons Freund, ein professioneller Poker-Spieler und ehemaliger Drogendealer, hatte häufiger auf Videos festgehalten, wenn er Sex mit seinen Freundinnen hatte. Die Bilder waren offensichtlich zunächst nicht für die Veröffentlichung, sondern den Privatgebrauch gedreht worden. Doch Salomon bot das Video auf seiner persönlichen Webseite für 50 Dollar an und verhandelte dann einen Vertriebsvertrag mit der Produktionsgesellschaft Red Light District Video. Es heißt, Paris Hilton sei gegen eine Zahlung von 400.000 Dollar und eine Gewinnbeteiligung einverstanden gewesen mit der Veröffentlichung des Videos. Das Video trug dazu bei, Hiltons Reality Show *The Simple Life*, die kurz darauf an den Start ging, populär zu machen.

Für Kim Kardashian, die Hilton als Vorbild bewunderte, war die PR um das Sexvideo, das half, die Reality-Show ins Gespräch zu bringen, ein wichtiges Lehrstück.

Zu dieser Zeit war sie noch völlig unbekannt, aber sie erschien nun häufiger als eine von Paris Hiltons Freundinnen auf Fotos, weil sie gemeinsame Nächte in den angesagten Clubs von Los Angeles verbrachten. Elliot

Mintz, der für Hilton als PR-Berater arbeitete (und in der Vergangenheit so prominente Musiker wie John Lennon, Yoko Ono und Bob Dylan vertreten hatte) beobachtete, dass sich Kim von anderen jungen Frauen in der Club-Szene deutlich unterschied: Sie war extrem höflich, trank nicht, nahm keine Drogen und war stets überpünktlich.[7] Und sie machte nie den Fehler, den Eindruck zu erwecken, als wolle sie Paris die Show stehlen. Aber Kim lernte begierig von Paris, und ihr Biograf Sean Smith beobachtete: »Vieles von dem, woran sie sich später probiert hat, hatte Paris schon zuvor versucht«.[8] Später wurde klar, so Smith, »wie viele Aspekte der Kim-Kardashian-Story – bewusst oder unbewusst – die Celebrity-Marke von Paris Hilton spiegelten«.[9] Auch die Prominentenkarriere von Kim Kardashian begann mit einem Sexvideo und einer darauf folgenden Reality-Show. Kims damaliger Freund, der Rapper Ray J, hatte im Oktober 2003 ebenfalls ein Video aufgezeichnet, das die beiden beim Sex zeigte. Zwar behaupteten sie, das Video sei nie dazu bestimmt gewesen, dass andere es sehen, aber Zweifel sind erlaubt. Eine Szene zeigt Kim beispielsweise, wie sie vom Badezimmer in das Schlafzimmer geht, die Kamera folgt ihr und sie sagt dann in die Kamera: »An alle da draußen, die glauben, meine Titten sind fake, sage ich: Sie sind echt.« Ein Statement, das offensichtlich nicht an Ray J adressiert ist.[10]

Im Winter 2006 begannen Gerüchte über die Existenz eines solchen Videos, die Kim zunächst dementierte.

Wie das Video in den Besitz der Gesellschaft *Vivid Entertainment* kam, eine der führenden Vertriebsgesellschaften für Pornografie in den USA, ist umstritten. Zu der Zeit, als das Video bekannt wurde, hatte Kims Mutter Kris Jenner einen Vertrag mit dem TV-Sender »E!« für eine Reality-Show über das Leben der Familie Kardashian ausgehandelt. Jerry Oppenheimer zitiert in seiner Biografie über *The Kardashians* einen Insider, der behauptet: »Kris [Kims Mutter] erkannte den Wert dieses Videos. Sie wusste, wie Paris Hilton durch ein Sexvideo zur Sensation geworden war, und dachte, dass das bei Kim auch funktionieren könnte. Auf direktem oder indirektem Wege gelangte das Video zu den Leuten von Vivid. Kris wusste genau, was sie tat, und Kim spielte das Spiel mit. Es ging hier nur um Geld und Ruhm.«[11] Kims Biograf Sean Smith berichtet dagegen, Kims Mutter sei entsetzt gewesen, als sie von der Existenz des Videos erfahren habe.[12]

Kim verklagte die Gesellschaft, die die Veröffentlichung des Videos unter dem Titel *Kim Kardashian Superstar* angekündigt hatte. »Ironischerweise lieferte das durch die Klage von Kim entstandene Medieninteresse an dem Sexvideo genau die Art von Publicity, die Garant für Erfolg ist.«[13] Ohne die Klage wäre das Video sicher kein so großer Erfolg geworden. Schließlich einigten sich die Firma Vivid, Kim sowie ihr Ex-Freund Ray J auf einen Vertrag, der ihr angeblich fünf Millionen Dollar als Ausgleichszahlung dafür brachte, dass sie die Klage zurückzog, sowie mehrere Hunderttausend Dollar und vor allem eine

Gewinnbeteiligung an den Einspielerlösen des Videos. Kim Kardashian wurde durch dieses Video, das eines der erfolgreichsten Sexvideos aller Zeiten wurde,[14] nicht nur Millionärin,[15] sondern vor allem war dies – genau wie bei Paris Hilton – der perfekte PR-Start für die Reality Show *Keeping up with the Kardashians*. Die Show wurde in dem Sender »E!« erstmals am 14. Oktober 2007 ausgestrahlt. Bis heute gab es 247 Episoden in 15 Staffeln.[16] Schon in den ersten vier Wochen kam die Show auf über 13 Millionen Zuschauer. Neben dem Sexvideo halfen Kim weitere PR-Aktionen: Im Dezember 2007 erschien sie auf der Titelseite des »Playboy«, und das Shooting für das Herrenmagazin wurde wiederum in einer Folge der TV-Serie dokumentiert.[17]

Das Timing hätte nicht perfekter für den Serienstart sein können: erst die Gerüchte über ein Sexvideo, dann die Klage dagegen, die die öffentliche Aufmerksamkeit richtig entfachte, schließlich die Veröffentlichung unter dem Titel *Kim Kardashian Superstar* und dann der Start der Reality-Serie und die Cover-Story im »Playboy«. Doch wie sollte es weitergehen mit Kims Plan, berühmt zu werden? Nach dem Start der Serie habe sie sich geschworen: »Ich gab mir selbst das Versprechen, dieses Jahr einige Dinge zu tun, die eigentlich außerhalb meiner Komfortzone liegen.«[18]

Zunächst wusste sie nur, *dass* sie unglaublich berühmt werden wollte, aber sie wusste noch nicht, *wie*. Naheliegend für eine junge und gut aussehende Frau wäre es gewesen, eine Karriere als Filmschauspielerin oder als Sängerin anzustreben, und beides versuchte Kim auch – doch ohne Erfolg. Ihr erster Film hatte ironischerweise den Titel *Disaster Movie* und eine Katastrophe sollte der Film in der Tat werden, denn er kam auf Platz 14 eines »Empire-Online«-Rankings der 50 schlechtesten Filme aller Zeiten.[19] Der »Observer« schrieb: »Es wäre der schlechteste Film aller Zeiten, wenn es denn überhaupt ein Film wäre.«[20] Kim wurde 2008 gar für den »Razzie for Worst Supporting Actress« nominiert, einen ironischen Preis für die schlechteste Nebendarstellerin.[21]

Nach dem erfolglosen Filmdebüt versuchte sie sich als Tänzerin – eine andere naheliegende Art für eine junge, attraktive Frau, berühmt zu werden. Sie nahm an der ABC-Show *Dancing with the stars* teil, aber schied schon nach einer Woche aus.[22] Kim gab jedoch nicht auf und versuchte es nun als Sängerin. Doch ihre Single *Jam (Turn it Up)* erwies sich ebenfalls als totaler Flop mit nur 14.000 Downloads in der ersten Woche auf iTunes.[23] Später räumte sie ein: »Mit welchem Recht glaubte ich, Sängerin werden zu können? Ich habe gar nicht die Stimme dafür.«[24]

Kim ließ sich von diesen Rückschlägen nicht beirren. Sie ordnete alles dem Ziel unter, berühmt zu werden. Der Musikproduzent Damon Thomas, mit dem sie drei Jahre lang verheiratet war, drückte es negativ so aus: »Kim ist besessen vom Streben nach Ruhm. Sie kann weder schreiben noch singen oder tanzen, also beschädigt sie sich auf andere Weise, um in die Medien zu kommen. Für mich ist das eine Ruhm-Hure.«[25]

Was Kim auszeichnete, waren eine unglaubliche Arbeitsdisziplin, Zielstrebigkeit und Frustrationstoleranz. Sie war als »workaholic« bekannt, ihre ältere Schwester Kourtney erklärte: »Sie dated ihre Arbeit.«[26] Trotz all der enttäuschenden Versuche als Schauspielerin, Tänzerin und Sängerin hielt sie an ihrem großen Traum vom Ruhm fest. »Man muss am Ball bleiben«, erklärte sie. »Einige Leute legen los und halten dann an oder werden faul. Meine Mutter und ich stellen jedes Jahr eine Liste mit Zielen auf«[27] – eine Technik, die sie mit vielen sehr erfolgreichen Menschen gemeinsam hat.

»Es war, als ob Kim vorm Spiegel gestanden und entschieden hat, wie sie jedes Teil von sich von oben bis unten, von Kopf bis Fuß am besten vermarkten könne. Sie würde jede sich ihr bietende Gelegenheit ergreifen und dafür sorgen, dass sie selbst mitmischen könnte und nicht bloß ein Celebrity-Roboter war.«[28]

Eine zentrale Rolle für ihren Erfolg spielten und spielen Social Media, deren Potenzial sie früher als viele andere erkannte und die sie geschickter zu nutzen verstand als viele Millionen junge Frauen, die als »Influencer« reich und berühmt werden wollen. Bereits Anfang 2010 hatte sie mehr als 2,7 Millionen Follower und erhielt schon damals 10.000 Dollar dafür, dass sie einen speziellen Salat auf Twitter empfahl: »Ich bin gerade auf dem Weg zum Lunch bei Carl's Jr. ... Seid ihr schon mal dagewesen?«[29] Sie startete eine sehr erfolgreiche Social-Media-Kampagne für CKE Restaurants und andere Marken und brachte im Februar 2010 schließlich ihre eigene Parfüm-Marke heraus.[30] Durch die Reality-Show *Keeping up with the Kardashians* wurde sie immer berühmter und führte Ende 2010 die Liste der am besten verdienenden Reality-TV-Stars mit sechs Millionen Dollar an. Im gleichen Jahr gab es mehr Online-Suchanfragen für Kim als für US-Präsident Barack Obama oder Superstar Justin Bieber.[31] Wenn sie in einem Club erschien, erhielt sie für die bloße Anwesenheit 100.000 Dollar.[32] Und bereits im Julie 2010 wurde eine Wachsfigur von Kim in Madame Tussauds Wachsfigurenkabinett in New York City ausgestellt.[33]

Wenn Kim zunächst geglaubt hatte, sie müsse besondere Leistungen bringen – als Schauspielerin, Sängerin oder Tänzerin –, so erkannte sie bald, dass es mit sozialen Medien heute möglich ist, berühmt dafür zu werden, dass man berühmt ist – »famous for being famous«, wie die Amerikaner spötteln. Man muss dafür den richtigen Initialstart geben – in ihrem Fall das Sexvideo und die Reality-Serie – und dann konsequent daran arbeiten, den Markennamen aufzubauen. »Die Markenphilosophie der Kardashians war einfach: Erstens die eigene Marke so weit wie möglich ausbauen und immer auf neue Situationen reagieren – wenn man zunimmt, schließt man einen Werbevertrag für Diätmittel ab. Zweitens: Sei so sichtbar wie möglich und teile so viel wie möglich – die Öffentlichkeit ist an den schlechten Zeiten genauso interessiert wie an den guten. Drittens Facebook, Twitter, Instagram und alle Online-Methoden nutzen, die einem einfallen, um Kontakt zur Öffentlichkeit zu halten.«[34]

Sie postet überwiegend Fotos, und so wie die meisten Selbstvermarkter hat sie ein bestimmtes äußeres Merkmal zu ihrem USP gemacht: Was bei Arnold Schwarzenegger der Bizeps war, bei Karl Lagerfeld Zopf, Sonnenbrille und Stehkragen, bei Donald Trump und Albert Einstein die Frisur, das ist bei Kim der Po. Als sie im Juni 2011 die Auszeichnung »Entrepreneur of the Year« bei den Glamour Women of the Year Awards in London gewann, wurde sogar ihr Po geröntgt, um festzustellen, ob er echt sei oder Implantate enthielt.[35] In einer Folge von *Keeping up with the Kardashians* wird gezeigt, wie sie beim Arzt ihr Hinterteil röntgen lässt und ihre Schwestern dann das Röntgenbild posten.[36] Es beweise, dass ihr Hintern echt sei, ließ Kim dazu wissen.

In den folgenden Jahren wurde im Internet und in den Medien dennoch immer und immer wieder darüber diskutiert, ob ihr Po echt oder ein Ergebnis einer Schönheitsoperation sei. Kim gelang es stets aufs Neue, durch Aufnahmen, in denen ihr Po im Mittelpunkt stand, Aufmerksamkeit zu erregen. Die seriöse Tageszeitung »Daily Telegraph« in London berichtete noch zwei Jahre danach über ein Foto, das besondere Aufmerksamkeit erregte: »Im September 2014 sorgte das Nischenblatt ›Paper Magazine‹ für eines der größten Kulturereignisse des Jahres, vielleicht sogar des Jahrzehnts, als es mithilfe einer nackten Kim Kardashian die Aktion ›Break The Internet‹ startete. Das Bild von Kim Kardashian mit einem Champagnerglas auf ihrem perfekt geformten Hinterteil neben dem Hashtag #BreakTheInternet löste eine riesige Sharing-Welle im Internet aus. Die Webseite verzeichnete über 50 Millionen Besuche an einem Tag – das entspricht 1 Prozent des gesamten Internet-Traffic in den USA an diesem Tag.«[37]

Mickey Boardman, Redakteur des Magazins »Paper«, meinte zu dem Cover: »Wir hielten es damals für ein tolles Titelbild. Wir hatten keine Vorstellung davon, was für ein gigantisches Kulturphänomen sich daraus entwickeln würde. Es gibt viele Celebrities, die keine zu großen Risiken eingehen möchten. Aber wir hatten das Gefühl, dass Kim etwas Wildes, Kultiges vorhatte – und genau das ist passiert.«[38] Kim hatte dabei keine Angst zu polarisieren, auch dies hat zum Markenaufbau beigetragen. »Jeder reagiert auf sie in der einen oder anderen Weise. Entweder Kim wird *geliebt* oder man hält sie für ein Symbol für *alles*, was in der Gesellschaft schiefläuft. Es gibt nur sehr wenige Menschen, die eine so starke Reaktion hervorrufen.«[39]

Ein Erfolgsmodell für Kim und die Kardashians war, dass es eben nicht nur um eine Person ging, sondern um eine ganze Familie. Der Wert der Gesamtmarke Kardashian wurde stets erhöht, wenn über eines der vielen Familienmitglieder berichtet wurde. Einen zentralen

Anteil an diesem Erfolg hatte Mutter Kris, die sich selbst »Momager« nennt. Die Kardashians, so formuliert es Erin Klazas in einer Analyse über das Phänomen, stehen als Familie für eine besondere Form des Individualismus: »Es ist eine Form von *kollektivem* Individualismus. Durch starke Bindungen untereinander fördern die Schwestern eine Marke, die auf Selbstbestimmung abzielt, und sind dabei das Produkt des kollektiven selbstständigen Unternehmertums.«[40]

Manchmal war nicht klar, was Wirklichkeit war oder nur für eine Reality-Show produziert wurde. Ein Beispiel dafür ist Kims Ehe mit dem Basketballstar Kris Humphries, der ihr im Mai mit einem Ring im Wert von zwei Millionen Dollar den Heiratsantrag machte. Eine zweiteilige Folge mit der Hochzeit wurde von 4,4 bzw. 4 Millionen Zuschauern verfolgt. Aber schon 72 Tage nach der Heirat reichte Kim wieder die Scheidung ein.[41]

Sie hatte sich von Anfang an ihre Freunde, Liebhaber und Ehemänner auch nach dem »Prominenten-Faktor« ausgewählt. Sie arbeitete sich quasi von unten nach oben auf der Promi-Leiter hoch, d.h. jeder neue Partner war noch etwas prominenter als der Vorgänger. Im April 2012 hatte Kim offiziell ihre Beziehung mit Kanye West bekanntgegeben,[42] im Mai 2014 heirateten sie. Kanye West war und ist einer der prägendsten Hip-Hop- und Popmusiker der Welt. Das Magazin »Time« hatte ihn bereits 2005 und erneut im Jahr 2015 in das Ranking der 100 einflussreichsten Menschen der Welt aufgenommen. Anders als andere Rapper war er kein Mann von der Straße, war weder Drogendealer noch kriminell, sondern hatte Englische Literatur in Chicago studiert, das Studium dann allerdings abgebrochen.[43] Die Heirat brachte Kim noch einmal einen enormen Publicity-Schub. Beide waren ständig in den Schlagzeilen. Im August 2014 berichteten die Medien, dass sie ein 20-Millionen-Dollar-Anwesen gekauft hatten und – um ihre Ruhe zu haben – gleich noch das Nachbargrundstück für 2,9 Millionen Dollar dazu.[44]

Kim Kardashian stand zunehmend für das Thema »berühmt werden«, und dies ist auch das Thema eines Videospiels (*Kim Kardashian: Hollywood*), das sie im Juli 2014 herausbrachte. So wie es bei Monopoly darum geht, reich zu werden, lautet das Ziel in Kims Spiel, berühmt zu werden. Jeder Spieler muss versuchen, im Status von einem »E-list« zu einem »A-list«-Prominenten aufzusteigen – so wie Kim dies im wirklichen Leben gelang.

Es heißt, Kim sei maßgeblich an der Entwicklung des Spiels beteiligt gewesen, die 18 Monate lang dauerte. Spieler können in dem Spiel mehr Fans gewinnen, wenn sie Model- oder Schauspieler-Jobs annehmen, in angesagten Club erscheinen oder Prominente daten.[45] In einer Analyse des Spiels heißt es: »Der Verkauf des eigenen Ichs über eine persönliche Marke ist der Weg zum Erfolg als Celebrity ... Auch das Ergebnis dieser Aktivitäten ist identisch – die allgegenwärtigen, beobachtenden Medien berichten positiv oder negativ über deine berufliche Aktivität ... Wirkungsvolle Selbstdarstellung und die Fähigkeit, den eigenen Auftritt auf den erforderlichen Medienplattformen zu verbreiten, sind das grundlegende Element von Ruhm ... «[46] Schon wenige Monate, nachdem *Kim Kardashian: Hollywood* herausgekommen war, hatte es fast 23 Millionen Spieler. Laut »Forbes« stieg Kims Einkommen von 2014 zu 2015 von 28 Millionen auf 53 Millionen Dollar. Der Erfolg ihres Spiels trug maßgeblich dazu bei.[47]

Die TV-Serie, ihr Videospiel und all die anderen Aktivitäten von Kim und der Familie Kardashian verstärkten sich gegenseitig, aber der Kern waren stets die Fernseh-Aktivitäten. Im Februar 2015 unterzeichneten die Kardashians einen 100-Millionen-Dollar-Vertrag für die nächsten vier Jahre der Serie, die inzwischen in 160 Länder ausgestrahlt wurde.[48] »Forbes« bezifferte allein das Vermögen von Kim im Jahre 2018 auf 350 Millionen Dollar,[49] wobei vor allem ihre Firma KKR Beauty zu ihrem Reichtum beigetragen hat. Wie stark ihr Markenname inzwischen war, so die »New York Times«, zeigte sich bei Gründung von KKR Beauty: »Als Kim 2017 ihre Beauty-Linie KKW vorstellte, verkaufte sie innerhalb der ersten Minuten Produkte im Wert von schätzungsweise 14,4 Millionen US-Dollar (oder rund 300.000 Artikel).«[50]

Schon 1968 hatte Andy Warhol vorhergesagt: »In the future, everyone will be world-famous for 15 minutes.«[51] Ruhm war in vorkapitalistischen Zeiten Adligen, Angehörigen von Königshäusern als Privileg vorbehalten. Im Kapitalismus wurde Ruhm demokratisiert – das Versprechen lautete nun, jeder könne, unabhängig von Geburt, Geschlecht oder Herkunft, berühmt werden, wenn er eine entsprechende Leistung vollbringe, so etwa als Schauspieler oder Popstar.

Doch es zeigte sich immer mehr, dass Leistung allein keinen Ruhm begründet, sondern sich verbinden muss mit der Kunst der Selbstvermarktung. Sie besteht darin, die Leistung ins rechte Licht zu rücken und alle davon wissen zu lassen. Diese Kunst der Selbstvermarktung hat sich, wie das Beispiel von Kim besonders deutlich zeigt, im Zeitalter des Internets entkoppelt von tatsächlichen Leistungen. Um es genauer zu sagen: Die eigentliche Leistung besteht heute in der Kunst der Selbstvermarktung.

Brandon Boileau bringt das in einem Aufsatz über Kims Erfolg so auf den Punkt: »Hollywood-Stars genossen früher hohes Ansehen als Helden der Normalisierung und exzessiven Präsenz der Unterhaltungsbranche in allen Bereichen des Lebens. Es ist heute immer mehr möglich, mithilfe des Internets und der enormen Reichweite der Unterhaltungsbranche über beliebige Zugänge ins Reich der Stars zu einzudringen.«[52] Kims Erfolg zeigt für ihre Fans: Man muss nicht erst Sängerin, Schauspielerin oder Tänzerin werden, um berühmt zu werden, sondern der Weg zum Ruhm hat sich verkürzt: Potenziell kann es jedem gelingen, berühmt zu werden, er muss es nur wollen, alles diesem Ziel unterordnen und die Mechanismen der Selbstvermarktung verstehen und beherrschen.

Die Attraktivität von Kim und anderen Social-Media-Stars (Influencer usw.) besteht darin, dass sich jede junge Frau mit ihnen identifizieren kann, weil der Ruhm scheinbar jeder offensteht, die ihn nur will und die bereit ist, den Preis dafür zu bezahlen. Für Kritiker erscheint dieser Ruhm als »unverdiente« Leistung, aber das beruht auf einem Missverständnis: Kim, so ihr Biograf Sean Smith, »legt in allem, was sie tut, vollkommene Professionalität an den Tag. Sie wird immer noch als talentlos verspottet – als ob der Sieg in einem TV-Tanzwettbewerb ihren Erfolg, ihren Reichtum, ihr schönes Zuhause und eine Familie, die sie liebt, in irgendeiner Form legitimieren würde. Wenn das, was sie tut, einfach wäre und es jeder könnte, gäbe es da draußen eine Million Kim Kardashians. Gibt es aber nicht. Es gibt nur eine.«[53]

Wenn Biograf Jerry Oppenheimer kritisch bemerkt, die Kardashians hätten »wenig oder kein erkennbares Talent außer der Selbstvermarktung«,[54] dann klingt dies so, als handle es sich bei der Kunst der Selbstvermarktung um kein »richtiges« Talent und als sei der darauf begründete Ruhm unverdient. Dies meinte auch die bekannte amerikanische TV-Moderatorin Barbara Walters, die Kim vorhielt: »Du bist keine Schauspielerin und du kannst weder singen noch tanzen ... Sorry, du hast überhaupt kein Talent!«[55] Aber das ist falsch. Bei vielen berühmten Menschen, die in diesem Buch porträtiert wurden, spielte die

Kunst der Selbstvermarktung eine mindestens so große Rolle wie die Leistungen, die sie in ihrem eigentlichen Metier erbracht hatten – etwa als Wissenschaftler oder Sportler. Selbstvermarktung ist eine Kunst *sui generis*, und das wird bei einer Familie wie den Kardashians besonders deutlich, weil eben hauptsächlich die Beherrschung der Gesetze von Marketing und PR ihren Erfolg begründet.

Instrumente der Selbstvermarktung, die Kim Kardashian West nutzt:

---

1. Kim suchte von Anfang an die Nähe von Prominenten wie Paris Hilton, um selbst prominent zu werden – sie studierte genau deren Erfolg und lernte, welche Methoden funktionieren, um Aufmerksamkeit zu gewinnen.

2. Millionen Frauen, die in Social Media posten, vermittelt sie die Hoffnung, auch sie könnten reich und berühmt werden – ohne irgendetwas anderes zu beherrschen als die Kunst der Selbstvermarktung, losgelöst von sonstigen Leistungen. »Die Kardashians sind zu Vorbildern geworden für junge Frauen auf der Suche nach Erfolg durch Selbstvermarktung.«[56]

3. Ausdauer plus Experimentierfreudigkeit ist eine Erfolgsformel von Kim: Sie versuchte zuerst auf traditionelle Form berühmt zu werden, aber ihre Bemühungen als Schauspielerin, Tänzerin und Sängerin scheiterten allesamt. Sie gab nicht auf und fand mit den Social Media und einer Reality-Show ihren eigenen Weg zum Ruhm.

4. Aufmerksamkeit erregen, ohne sich um gesellschaftliche Normen zu kümmern, war ein weiteres Erfolgsrezept. Mit einem Skandal um ein Sexvideo begann ihre Karriere.

5. Fokus, extreme Disziplin und Arbeitsethos: für junge Frauen in der Modewelt nicht unbedingt typische Merkmale, aber aus Sicht von Kim entscheidende Erfolgsfaktoren: »Als ich Anfang 20 war, hatten viele junge Leute nichts anderes im Kopf als zu feiern und sich zu betrinken. Ich glaube, dass ein großer Teil des Erfolgs darauf zurückzuführen ist, dass ich stets die Kontrolle über meinen Lebensstil behalten habe. Ich habe mich immer für irgendetwas engagiert. Ich bin sicher, dass das entmutigend sein kann. Es kann anstrengend sein. Aber man muss wirklich Zeit und Arbeit darin investieren. Und man muss immer fokussiert bleiben.«[57]

6. Der große Po als Markenzeichen und USP: Was bei Arnold Schwarzenegger der Bizeps war, bei Karl Lagerfeld Zopf, Sonnenbrille und Stehkragen, bei Donald Trump und Albert Einstein die Frisur, das ist bei Kim der Po, der durch Tausende Fotoaufnahmen und Videoeinstellungen in den Mittelpunkt gerückt wurde.

Über den Autor

Rainer Zitelmann wurde 1957 in Frankfurt am Main geboren. Er studierte von 1978 bis 1983 Geschichte und Politikwissenschaft und schloss sein Studium »mit Auszeichnung« ab. 1986 promovierte er bei Prof. Dr. Dr. h. c. K. O. Frhr. von Aretin mit einer Arbeit über *Hitler. Selbstverständnis eines Revolutionärs* zum Dr. phil. Die Studie, die mit summa cum laude bewertet wurde, fand weltweit Beachtung und Anerkennung (historiker-zitelmann.de).

Von 1987 bis 1992 arbeitete Zitelmann am Zentralinstitut für sozialwissenschaftliche Forschung der Freien Universität Berlin. Danach war er Cheflektor des Ullstein-Propyläen-Verlages, damals die drittgrößte Buchverlagsgruppe Deutschlands. Von 1993 bis 2000 leitete er verschiedene Ressorts der Tageszeitung Die Welt, bevor er sich im Jahr 2000 selbstständig machte. Er gründete das PR-Unternehmen Dr. ZitelmannPB. GmbH, das seitdem Marktführer für die Positionierungsberatung von Immobilienunternehmen in Deutschland ist. Im Jahr 2016 verkaufte er das Unternehmen. Zitelmann wurde als Unternehmer und Investor im Immobilienbereich vermögend.

Im Jahr 2016 promovierte er ein zweites Mal – diesmal in Soziologie zum Dr. rer. pol. – bei dem Reichtumsforscher Prof. Dr. Wolfgang Lauterbach an der Universität Potsdam. Diese zweite Dissertation befasste sich mit der *Psychologie der Superreichen.* Das Buch fand große Beachtung in den Vereinigten Staaten, China und Südkorea, wo es unter dem Titel *The Wealth Elite* erschien.

Zitelmann hat bislang 24 Bücher geschrieben und herausgegeben, die weltweit in zahlreichen Sprachen erfolgreich sind. Er ist ein gefragter Vortragsredner in Asien, den Vereinigten Staaten und Europa. In den vergangenen Jahren schrieb er Artikel oder gab Interviews in führenden Medien wie Le Monde, Frankfurter Allgemeine Zeitung, Die Welt, Neue Zürcher Zeitung, Daily Telegraph, Times und zahlreichen Medien in China und Korea. Wöchentlich schreibt er eine Kolumne für Forbes.com. Den Lesern dieses Buches sei vor allem sein weltweiter Bestseller *Setze dir größere Ziele!* empfohlen, der in zehn Sprachen erschienen ist. Mehr Informationen über den Lebensweg von Rainer Zitelmann finden Sie in seiner Autobiografie *Wenn du nicht mehr brennst, starte neu!* http://zitelmann-autobiografie.de/

Anmerkungen

Einleitung

1. Hawking, Meine kurze, S. 146.
2. Levy, S. 152.
3. Eig, S. 357
4. Schwarzenegger, S.640.
5. https://www.billboard.com/charts/greatest-hot-100-artists
6. http://content.time.com/time/specials/packages/article/0,28804,2029774_2029776_2031853,00.html
7. Camille Barbone, zitiert nach O'Brien, S. 84 f.
8. O'Brien, S. 321.
9. Stand vom 14. März 2020
10. https://www.denverpost.com/2011/12/15/people-you-dont-have-talent-barbara-walters-tells-kardashians/
11. Charlie Chaplin, zitiert nach Neffe, S. 403.
12. Einstein, zitiert nach Calaprice, S. 226.
13. Lagerfeld, zitiert nach Sahner, S. 228.
14. D'Antonio, S. 495f.
15. Neffe, S. 399.
16. Neffe, S. 325.
17. Neffe, S. 325.
18. Neffe, S. 411.
19. Spohn, S. 29.
20. Spohn, S. 45.
21. Smith, S. 273.
22. https://www.telegraph.co.uk/fashion/people/the-man-behind-kim-kardashians-paper-magazine-cover-on-how-to-br/
23. Hawking, Meine kurze, S. 146.

Anmerkungen

24 Hawking, Meine kurze, S. 119.
25 Hawking, Meine kurze, S. 116.
26 D'Antonio, S. 479 f.
27 Eig, S. 291 f,
28 Neffe, S. 32.
29 Jobs, zitiert nach Isaacson, Jobs, S. 380.
30 Madonna, zitiert nach O'Brien, S. 12.
31 Taraborrelli, S. 97.
32 O'Brien, S. 212.
33 O'Brien, S. 236.
34 O'Brien, S. 236.
35 Observer, zitiert nach O'Brien, S. 264.
36 Taraborrelli, S. 233.
37 O'Brien, S. 294.
38 Taraborrelli, S. 240
39 Kelley, S. 97.
40 Kelley, S. 11 – 13.
41 Kelley, S. 7.
42 Kelley, S. 6.
43 Winfrey, zitiert nach Kelley, S. 239.
44 Kelley, S. 239.
45 Winfrey, zitiert nach Kelley, S. 260.
46 Eig, S. 366.
47 Eig, S. 385f.
48 Ali, zitiert nach Eig, S. 441.
49 Eig, S. 590.
50 Eig, S. 621.
51 Indiana, S. 104.
52 Hawking, Kurze Antworten, S. 168.
53 Hawking, Meine kurze, S. 98.
54 Ali, zitiert nach Hauser, S. 44.
55 Schwarzenegger, S.78.
56 Schwarzenegger, S.403.

Anmerkungen

57 Schwarzenegger, S. 401.
58 Brown, S. 576.
59 Brown, S. 584.
60 Zitiert nach Brown, S. 578.
61 Brown, S. 584.
62 Schwarzenegger, zitiert nach Andrews, S. 69.
63 Schwarzenegger, zitiert nach Andrews, S. 82.
64 Diese und andere Beispiele zitert nach Goldsmith, S. xi f.
65 Warhol, zitert nach Goldsmith, S. xiii.
66 Warhol, zitert nach Goldsmith, S. xiv.
67 Einstein, zitiert nach Calaprice, S. 240.
68 Trump, zitiert nach Kranish / Fisher, S. 154.
69 Eig, S. 60.
70 Eig, S. 112.
71 Ali, zitiert nach Hauser, S. 61.
72 Graw, S. 21 f.
73 Winfrey, zitiert nach Kelley, S. 117.
74 Lagerfeld, zitiert nach Sahner, S. 11.
75 Hertzfeld, zitiert nach Isaacson, Jobs, S. 147.
76 So gibt Erica Bell einen Dialog mit Madonna wieder, zitiert nach Taraborrelli, S. 79.
77 Madonna, zitiert nach Taraborrelli, S. 9.
78 Madonna, zitiert nach Taraborrelli, S. 125.
79 Indiana, S. 12.
80 Indiana, S. 30.
81 Spohn, S. 29.
82 Spohn, S. 57 f.
83 Koestenbaum, S. 155.
84 Kranish / Fisher, S. 148.
85 Kelley, S. 189.
86 Lagerfeld, zitiert nach Sahner, S. 232.
87 Lagerfeld, zitiert nach Sahner, S. 312.
88 Der Spiegel Nr. 9 vom 23. 2. 2019

Albert Einstein

1 Neffe, S. 13.
2 Neffe, S. 13.
3 Neffe, S. 290.
4 Charlie Chaplin, zitiert nach Neffe, S. 403.
5 Einstein, zitiert nach Calaprice, S. 55.
6 Einstein, zitiert nach Calaprice, S. 226.
7 Isaacson, Einstein, S. 266.
8 Isaacson, Einstein, S. 267.
9 Neffe, S. 386.
10 Verse von Einstein, zitiert nach Neffe, S. 185.
11 Neffe, S. 15.
12 Neffe, S. 22 f.
13 Neffe, S. 440 f.
14 Isaacson, Einstein, S. 5.
15 Neffe, S. 399.
16 Neffe, S. 325.
17 Neffe, S. 325.
18 Neffe, S. 411.
19 Neffe, S. 404.
20 Neffe, S. 300.
21 Neffe, S. 300.
22 Botschafter Solf, zitiert nach Neffe, S. 304.
23 Botschafter Solf, zitiert nach Neffe, S. 305.
24 Berliner Tageblatt, zitiert nach Neffe, S. 302.
25 Neffe, S. 398.
26 Neffe, S. 396.
27 Einstein, zitiert nach Neffe, S. 398.
28 Einstein, zitiert nach Neffe, S. 401.
29 Einstein, zitiert nach Neffe, S. 21.
30 Zitiert nach Neffe, S. 412.
31 New York Times, zitiert nach Isaacson, Einstein, S. 266.

Anmerkungen

32 Isaacson, Einstein, S. 266.
33 Isaacson, Einstein, S. 268.
34 C.P. Snow, zitiert nach Isaacson, Einstein, S. 268. f.
35 Freeman Dyson, zitiert nach Isaacson, Einstein, S. 269.
36 Isaacson, Einstein, S. 270.
37 Isaacson, Einstein, S. 270 f.
38 Isaacson, Einstein, S. 273.
39 Abraham Flexner, zitiert nach Isaacson, Einstein, S. 429.
40 Abraham Flexner, zitiert nach Isaacson, Einstein, S. 430.
41 Isaacason, Einstein, S. 431.
42 Neffe, S. 32.
43 Einstein, Über den Frieden, zitiert nach Calaprice, S. 267.
44 Einstein, zitiert nach Calaprice, S. 167.
45 Einstein, zitiert nach Calaprice, S. 151.
46 Einstein, zitiert nach Calaprice, S. 242.
47 Einstein, zitiert nach Calaprice, S. 258.
48 Einstein, zitiert nach Calaprice, S. 240.
49 Gustav Bucky, zitiert nach Neffe, S. 35.
50 Neffe, S. 130.
51 Neffe, S. 130.
52 Neffe, S. 170.
53 Zitiert nach Neffe, S. 33.
54 Einstein an Max Born, zitiert in: Calaprice, S. 49.

Andy Warhol

1 Skiena / Ward, S. 293.
2 Indiana, S. 104.
3 Spohn, S. 82.
4 Spohn, S. 127.
5 John Perrault, zitiert nach Spohn, S. 117.
6 Warhol, zitiert nach Goldsmith, S. 196.
7 Spohn, S. 70.

Anmerkungen

8 Spohn, S. 126.
9 Indiana, S. 14.
10 Indiana, S. 84.
11 Indiana, S. 132.
12 Indiana, S. 133.
13 Koestenbaum, S. 42.
14 Warhol, zitiert nach Spohn, S. 37.
15 Indiana, S. 138.
16 Indiana, S. 131.
17 Indiana, S. 33.
18 Valerie Solands, zitiert nach Spohn, S. 49.
19 Warhol, zitiert nach Spohn, S. 50.
20 Warhol, zitiert nach Spohn, S. 52.
21 Spohn, S. 19.
22 Spohn, S. 29.
23 Spohn, S. 45.
24 Spohn, S. 59.
25 Victor Bockris, zitiert nach Spohn, S. 26.
26 Vito Giallo, zitiert nach Spohn, S. 30.
27 Koestenbaum, S. 5.
28 Indiana, S. 166.
29 Indiana, S. 14.
30 Indiana, S. 84 f.
31 Indiana, S. 111.
32 Indiana, S. 177.
33 Diese und andere Beispiele zitiert nach Goldsmith, S. xi f.
34 Warhol, zitiert nach Goldsmith, S. xiii.
35 Warhol, zitiert nach Goldsmith, S. xiv.
36 Warhol, zitiert nach Goldsmith, S. xv.
37 Goldsmith, S. xvi.
38 Indiana, S. 147.
39 Indiana, S. 68.
40 Indiana, S. 12.

Anmerkungen

41 Indiana, S. 30.
42 Spohn, S. 29.
43 Spohn, S. 57 f.
44 Koestenbaum, S. 155.
45 Koestenbaum, S. 147.
46 Indiana, S. 154 f.
47 Indiana, S. 176.

Karl Lagerfeld

1 Lagerfeld, zitiert nach Sahner, S. 224.
2 Sahner, S. 16.
3 Sahner, S. 10.
4 Lagerfeld, zitiert nach Sahner, S. 324.
5 Lagerfeld, zitiert nach Sahner, S. 11.
6 Lagerfeld, zitiert nach Sahner, S. 490.
7 Lagerfeld, zitiert nach Sahner, S. 312.
8 Lagerfeld, zitiert nach Sahner, S. 84.
9 Lagerfeld, zitiert nach Sahner, S. 101.
10 Lagerfeld, zitiert nach Sahner, S. 40.
11 Lagerfeld, zitiert nach Sahner, S. 466.
12 Lagerfeld, zitiert nach Sahner, S. 83.
13 Lagerfeld, zitiert nach Sahner, S. 68.
14 Lagerfeld, zitiert nach Sahner, S. 78.
15 Lagerfeld, zitiert nach Sahner, S. 170.
16 Sahner, S. 311.
17 Maillard, S. 198.
18 Maillard, S. 199.
19 Sahner, S. 332.
20 Lagerfeld, zitiert nach Sahner, S. 228.
21 Sahner, S. 458.
22 Lagerfeld, zitiert nach Sahner, S. 207.
23 Lagerfeld, zitiert nach Sahner, S. 232.

24 Lagerfeld, zitiert nach Sahner, S. 151.
25 Sahner, S. 181.
26 Lagerfeld, zitiert nach Sahner, S. 26.
27 Sahner, S. 26.
28 Wolfgang Joop, zitiert nach Sahner, S. 183f.
29 Lagerfeld, zitiert nach Sahner, S. 308.
30 Lagerfeld, zitiert nach Sahner, S. 315.
31 Sahner, S. 362.
32 Lagerfeld, zitiert nach Sahner, S. 121.
33 Lagerfeld, zitiert nach Sahner, S. 361.
34 Lagerfeld, zitiert nach Sahner, S. 361.
35 Lagerfeld, zitiert nach Sahner, S. 19 f.
36 Maillard, S. 206.
37 Lagerfeld, zitiert nach Sahner, S. 83.
38 Lagerfeld, zitiert nach Sahner, S. 282.
39 Lagerfeld, zitiert nach Sahner, S. 145.
40 Der Spiegel Nr. 9 vom 23.2.2019
41 Maillard, S. 197 f.
42 Lagerfeld, zitiert nach Sahner, S. 397.
43 Lagerfeld, zitiert nach Sahner, S. 464.
44 Lagerfeld, zitiert nach Sahner, S. 472.
45 Lagerfeld, zitiert nach Sahner, S. 406.
46 Lagerfeld, zitiert nach Sahner, S. 463.

Stephen Hawking

1 Hawking, Meine kurze, S. 57.
2 Levy, S. 24 f.
3 Levy, S. 25.
4 Hawking, Meine kurze, S. 59.
5 Hawking, Meine kurze, S. 60.
6 Hawking, Meine kurze, S. 146.
7 Hawking, Meine kurze, S. 148 f.

Anmerkungen

8 White / Gribbin, S. 191.
9 Hawking, Kurze Antworten, S. 40
10 Hawking, Meine kurze, S. 146.
11 Levy, S. 152.
12 Levy, S. 134.
13 Hawking, Meine kurze, S. 146.
14 Hawking, Meine kurze, S. 52f.
15 White / Gribbin, S. 155f.
16 Hawking, Kurze Antworten, S. 43.
17 Levy, S. 92.
18 Levy, S. 93.
19 White / Gribbin, S. 188.
20 Hawking, Meine kurze, S. 12.
21 White / Gribbin, S. 233.
22 White / Gribbin, S. 234.
23 White / Gribbin, S. 236.
24 Hawking, Meine kurze, S. 111.
25 Hawking, Meine kurze, S. 112.
26 White / Gribbin, S. 255.
27 White / Gribbin, S. 259.
28 Hawking, Meine kurze, S. 112 f.
29 White / Gribbin, S. 272.
30 Hawking, Meine kurze, S. 116.
31 Hawking, Meine kurze, S. 118.
32 Hawking, Meine kurze, S. 118.
33 Hawking, Meine kurze, S. 119.
34 Hawking, Meine kurze, S. 118 f.
35 Peter Guzzardi, zitiert nach White / Gribbin, S. 272.
36 Hawking, Meine kurze, S. 119 f.
37 White / Gribbin, S. 275.
38 White / Gribbin, S. 276.
39 Hawking, zitiert nach White / Gribbin, S. 276.
40 Levy, S. 136.

41 White / Gribbin, S. 282.
42 Hawking, Kurze Antworten, S. 105.
43 Hawking, Kurze Antworten, S. 171.
44 Levy, S. 123.
45 Hawking, Kurze Antworten, S. 168.
46 Hawking, Meine kurze, S. 98.
47 Levy, S. 115.
48 Levy, S. 106 f.
49 Levy, S. 6.

Muhammad Ali

1 Time, zitiert nach Eig, S. 129.
2 Eig, S. 357.
3 Eig, S. 356.
4 Eig, S. 127.
5 Eig, S. 82.
6 Hauser, S. 22.
7 Hauser, S. 168 f.
8 Eig, S. 608.
9 Ali, zitiert nach Eig, S. 54.
10 Eig, S. 128.
11 Eig, S. 127.
12 Ali, zitiert nach Hauser, S. 44.
13 Neil Leifer, zitiert nach Hauser, S. 321.
14 Dick Schaap, zitiert nach Hauser, S. 43.
15 Mike Katz, zitiert nach Hauser, S. 327 f.
16 Ed Schuyler, zitiert nach Hauser, S. 328.
17 Eig, S. 107.
18 Eig, S. 92.
19 Eig, S. 133.
20 Eig, S. 164.
21 Hauser, S. 67.

22 Eig, S. 60.
23 Eig, S. 112.
24 Ali, zitiert nach Hauser, S. 61.
25 Ali, zitiert nach Hauser, S. 65.
26 Mort Sharnik, zitiert in Hauser, S. 80.
27 Ali, zitiert nach Eig, S. 130.
28 Eig, S. 177.
29 Aus der LP von Ali, zitiert nach Hauser, S. 63.
30 Izenberg, zitiert nach Hauser, S. 143.
31 Eig, S. 145.
32 Wilfrid Sheed, zitiert nach Hauser, S. 329.
33 Ali, zitiert nach Eig, S. 110.
34 Eig, S. 138
35 Eig, S. 144.
36 Ali, zitiert nach Eig, S. 191 f.
37 Eig, S. 247.
38 Martin Luther King, zitiert nach Eig, S. 198.
39 Eig, S. 312.
40 Hauser, S. 118.
41 Eig, S. 232.
42 Ali, zitiert nach Hauser, S. 182.
43 Arthur Daley, zitiert nach Hauser, S. 173.
44 Eig, S. 291 f,
45 Eig, S. 349.
46 Elijah Muhammad, zitiert nach Hauser, S. 227.
47 Jim Jacobs, zitiert nach Hauser, S. 239 f.
48 Jim Jacobs, zitiert nach Hauser, S. 240.
49 Eig, S. 365.
50 Eig, S. 366.
51 So erinnerte sich Dave Wolf, zitiert in Hauser, S. 251.
52 Joe Frazier, zitiert nach Hauser, S. 264.
53 Eig, S. 451 f.
54 Vgl. dazu S. 219 ff. in diesem Buch.

55 Ali, zitiert nach Eig, S. 449.
56 So erinnerte sich Gene Kilroy, zitiert nach Hauser, S. 300.
57 Eig, S. 366.
58 Eig, S. 385 f.
59 Jim Brown, zitiert nach Eig, S. 430.
60 Ali, zitiert nach Eig, S. 441.
61 Eig, S. 441 f.
62 Eig, S. 590.
63 Eig, S. 621.
64 Ali, zitiert nach Eig, S. 603.

Donald Trump

1 Kranish / Fisher, S. 9.
2 Kranish / Fisher, S. 14 f.
3 D'Antonio, S. 43.
4 D'Antonio, S. 37.
5 D'Antonio, S. 28.
6 D'Antonio, S. 27.
7 Harold Seneker, zitiert nach Kranish / Fisher, S. 419.
8 Zitiert nach D'Antonio, S. 356.
9 Kranish / Fisher, S. 430.
10 D'Antonio, S. 37.
11 Kranish / Fisher, S. 163.
12 Kranish / Fisher, S. 175.
13 Kranish / Fisher, S. 176.
14 Trump/Zanker, S. 250.
15 Trump, zitiert nach Kranish / Fisher, S. 154.
16 Trump, zitiert nach Kranish / Fisher, S. 155.
17 D'Antonio, S. 311.
18 D'Antonio, S. 479 f.
19 Kranish / Fisher, S. 193.
20 George Rush, zitiert nach Kranish / Fisher, S. 162.
21 Kranish / Fisher, S. 148.

Anmerkungen

22 D'Antonio, S. 485.
23 Trump, zitiert nach Kranish / Fisher, S. 273.
24 Trump zitiert nach D'Antonio, S. 259.
25 Kranish / Fisher, S. 274 f.
26 Kranish / Fisher, S. 328.
27 Kranish / Fisher, S. 345.
28 Trump, zitiert nach Graw, S. 21 f.
29 Trump, zitiert nach D'Antonio, S. 238.
30 Trump, zitiert nach D'Antonio, S. 26.
31 Trump, Die Kunst des Erfolges, zitiert nach Kranish / Fisher, S. 155.
32 Kranish / Fisher, S. 156.
33 Trump/Zanker, Nicht kleckern, klotzen, S. 117.
34 Trump/Zanker, Nicht kleckern, klotzen, S. 45f.
35 Trump/Zanker, Nicht kleckern, klotzen, S. 211f.
36 Trump/Zanker, Nicht kleckern, klotzen, S. 196f.
37 Trump, zitiert nach Kranish / Fisher, S. 67.
38 D'Antonio, S. 90.
39 Kranish / Fisher, S. 148.
40 Trump, zitiert nach Kranish / Fisher, S. 306.
41 D'Antonio, S. 42.
42 Kranish / Fisher, S. 313.
43 Kranish / Fisher, S. 321.
44 Kranish / Fisher, S. 370.
45 Kranish / Fisher, S. 412.
46 D'Antonio, S. 333 f.
47 D'Antonio, S. 364.
48 D'Antonio, S. 494.
49 D'Antonio, S. 495f.

Arnold Schwarzenegger

1 Andrews, S. 221.
2 Schwarzenegger, S.638.
3 Hujer, S. 23.

Anmerkungen

4 Schwarzenegger, zitiert nach Andrews, S. 19.
5 Schwarzenegger, zitiert nach Andrews, S. 20.
6 Schwarzenegger, S. 355 f.
7 Schwarzenegger, S. 24.
8 Schwarzenegger, zitiert nach Lommel, S. 25.
9 Schwarzenegger, S. 39.
10 Schwarzenegger, S. 78.
11 Schwarzenegger, S. 112 f.
12 Schwarzenegger, S. 78.
13 Hujer, S. 47.
14 Schwarzenegger, S. 164.
15 Andrews, S. 71 f.
16 Schwarzenegger, S.166.
17 Schwarzenegger, S.171.
18 Schwarzenegger, S.174.
19 Lommel, S. 13.
20 Schwarzenegger, S. 175 f.
21 Schwarzenegger, S. 188.
22 Andrews, S. 64.
23 Andrews, S. 41.
24 Hujer, S. 105.
25 Schwarzenegger, zitiert nach Andrews, S. 69.
26 Schwarzenegger, zitiert nach Andrews, S. 82.
27 Schwarzenegger, S. 217.
28 Schwarzenegger, S. 217 f.
29 Schwarzenegger, S. 227.
30 Schwarzenegger, S. 241.
31 Andrews, S. 80 f.
32 Andrews, S. 80.
33 Andrews, S. 253.
34 Schwarzenegger, S. 277.
35 Schwarzenegger, S. 327.
36 Schwarzenegger, S. 303.

37 Schwarzenegger, S. 292.
38 Schwarzenegger, S. 293.
39 Schwarzenegger, S. 352.
40 Schwarzenegger, S. 293.
41 Schwarzenegger, S. 293.
42 Schwarzenegger, S. 352.
43 Schwarzenegger, S. 353.
44 Schwarzenegger, S. 373.
45 Andrews, S. 167.
46 Schwarzenegger, S. 388.
47 Schwarzenegger, S. 403.
48 Schwarzenegger, S. 401.
49 Schwarzenegger, S. 402.
50 Schwarzenegger, S. 404.
51 Schwarzenegger, S. 482.
52 Schwarzenegger, zitiert nach Hujer, S. 174.
53 Schwarzenegger, S. 513.
54 Schwarzenegger, S. 528.
55 Schwarzenegger, S. 531.
56 Schwarzenegger, S. 536.
57 Schwarzenegger, S. 538.
58 Schwarzenegger, S. 539.
59 Schwarzenegger, S. 534.
60 Schwarzenegger, S. 640.
61 Schwarzenegger, zitiert nach Lommel, S. 120.
62 Schwarzenegger, zitiert nach Hujer, S. 27.
63 Schwarzenegger, S. 653f.

Oprah Winfrey

1 Zitiert nach Kelley, S. 274.
2 Kelley, S. 348.
3 Kelley, S. 18 ff.

4   Kelley, S. 44.
5   Kelley, S. 43f., 66.
6   Winfrey, zitiert nach Kelley, S. 162.
7   Kelley, S. 46.
8   Kelley, S. 52.
9   Kelley, S. 69.
10 Kelley, S. 79.
11 Bob Turk, zitiert nach Kelley, S. 81.
12 Kelley, S. 81.
13 Kelley, S. 83.
14 Kelley, S. 83.
15 Bill Baker, zitiert nach Kelley, S. 91.
16 Kelley, S. 92.
17 Winfrey, zitiert nach Kelley, S. 94.
18 Kelley, S. 95.
19 Kelley, S. 96.
20 Clarence Petersen, zitiert nach Kelley, S. 116.
21 Winfrey, zitiert nach Kelley, S. 117.
22 Kelley, S. 130.
23 Kelley, S. 134.
24 Kelley, S. 2.
25 Kelley, S. 161.
26 Kelley, S. 139.
27 Kelley, S. 158f.
28 Kelley, S. 97.
29 Kelley, S. 11–13.
30 Kelley, S. 6.
31 Kelley, S. 7.
32 Kelley, S. 6.
33 Kelley, S. 193f.
34 Kelley, S. 5.
35 Kelley, S. 34 f.
36 Kelley, S. 182.

Anmerkungen

37 Andy Behrman, zitiert nach Kelley, S. 182.
38 Chicago Tribune, zitiert nach Kelley, S. 112.
39 Kelley, S. 197.
40 Kelley, S. 296 f.
41 Kelley, S. 241 ff.
42 Phil Dinahue, zitiert nach Kelley, S. 197.
43 Winfrey, zitiert nach Kelley, S. 239.
44 Kelley, S. 239.
45 Winfrey, zitiert nach Kelley, S. 260.
46 Winfrey, zitiert nach Kelley, S. 334.
47 Winfrey, zitiert nach Kelley, S. 337.
48 Winfrey, zitiert nach Kelley, S. 270.
49 Peck, S. 12.
50 Winfrey, zitiert nach Kelley, S. 223.
51 Winfrey, zitiert nach Peck, S. 8.
52 Winfrey, zitiert nach Peck, S. 9.
53 Winfrey zitiert nach George / Mc Lean, S. 4.
54 Crosby, S. 47. Sie analysierte je fünf Sendungen aus dem Jahr 1998 und fünf aus den Jahren 2007 bis 2009.
55 Crosby, S. 74.
56 Winfrey, zitiert nach Crosby, S. 104.
57 Kelley, S. 224.
58 Kelley, S. 347.
59 Kelley, S. 345.
60 Kelley, S. 329.
61 Stedman Graham, zitiert nach Kelley, S. 330.
62 Winfrey, zitiert nach Kelley, S. 227.
63 Kelley, S. 228.
64 Kelley, S. 227.
65 Kelley, S. 228.
66 Kelley, S. 280.
67 Kelley, S. 274.

68 http://www.oprah.com/entertainment/the-oprah-winfrey-show-by-the-numbers-oprah-show-statistics/all
69 Peck, S. 10.
70 Kelley, S. 189.
71 Crosby, S. 14.
72 Kelley, S. 123.
73 Kelley, S. 329.
74 Whoopi Goldberg, zitiert nach Kelley, S. 333.
75 Jonathan Demme, zitiert nach Kelley, S. 333.
76 Kelley, S. 383.
77 Kelley, S. 380.
78 Kelley, S. 379.

Steve Jobs

1 Hertzfeld, zitiert nach Isaacson, Jobs, S. 147.
2 Schlender / Tetzeli, S. 36.
3 Schlender / Tetzeli, S. 59.
4 Jobs, zitiert nach Isaacson, Jobs, S. 174.
5 Bill Gates, zitiert nach Isaacson, Jobs, S. 209 f.
6 Hawkins, zitiert nach Gallo, Was wir ..., S. 92.
7 Alvy Ray Smith, zitiert nach Isaacson, Jobs, S. 285 f.
8 Alvy Ray Smith, zitiert nach Isaacson, Jobs, S. 291.
9 Jobs, zitiert nach Isaacson, Jobs, S. 185.
10 Jobs, zitiert nach Isaacson, Jobs, S. 187.
11 Jobs, zitiert nach Isaacson, Jobs, S. 120 f.
12 So zitiert Trip Hawkins Steve Jobs, zitiert nach Gallo, Was wir, ..., S. 92 f.
13 Jobs, zitiert nach Isaacson, Jobs, S. 380.
14 Gallo, Was wir ..., S. 28.
15 Isaacson, Jobs, S. 416.
16 Isaacson, Jobs, S. 429 f.
17 Isaacson, Jobs, S. 194.
18 Jobs, zitiert nach Isaacson, Jobs, S. 201.

Anmerkungen

19 Isaacson, Jobs, S. 165 f.
20 Gallo, Überzeugen, S. 29.
21 Gallo, Überzeugen, S. 133.
22 Isaacson, Jobs, S. 175.
23 Ive, zitiert nach Isaacson, Jobs, S. 408.
24 Schlender / Tetzeli, S. 69 f.
25 Schlender / Tetzeli, S. 261.
26 Time, zitiert nach Isaacson, Jobs, S. 169.
27 Jobs, zitiert nach Isaacson, Jobs, S. 170.
28 Isaacson, Jobs, S. 170.
29 Cook, zitiert nach Isaacson, Jobs, S. 539.
30 Isaacson, Jobs, S. 360.
31 Young / Simon, S. 89.
32 Michael Dell, zitiert nach Schlender / Tetzeli, S. 247.
33 Schlender / Tetzeli, S. 253.
34 Jobs, zitiert nach Gallo, Was wir ..., S. 156.
35 Zitiert nach Isaacson, Jobs, S. 387.
36 Schlender / Tetzeli, S. 137.
37 Hertzfeld, zitiert nach Isaacson, Jobs, S. 151.
38 Isaacson, Jobs, S. 151.
39 Isaacson, Jobs, S. 154.
40 Jobs, zitiert nach Isaacson, Jobs, S. 162.
41 Atkinson, zitiert nach Isaacson, Jobs, S. 163.
42 Jobs, zitiert nach Isaacson, Jobs, S. 403.
43 Jobs, zitiert nach Isaacson, Jobs, S. 662.
44 Jobs, zitiert nach Isaacson, Jobs, S. 56.
45 Isaacson, Jobs, S. 60 f.
46 Isaacson, Jobs, S. 53.
47 Jobs, zitiert nach Isaacson, Jobs, S. 150.
48 Isaacson, Jobs, S. 425 f.
49 Isaacson, Jobs, S. 278.
50 Isaacson, Jobs, S. 278.
51 Isaacson, Jobs, S. 197.

52 Isaacson, Jobs, S. 281.
53 Schlender / Tetzeli, S. 189.
54 Schlender / Tetzeli, S. 18.
55 Schlender / Tetzeli, S. 124.
56 Gallo, Überzeugen, S. 84.
57 Gallo, Überzeugen, S. 87 f.
58 Schlender / Tetzeli, S. 295.
59 Schumpeter, S. 118.
60 Schumpeter, S. 119.
61 Schumpeter, S. 120.
62 Schumpeter, S. 121.
63 Schumpeter, S. 128.
64 Schumpeter, S. 132.
65 Schumpeter, S. 152.
66 Schumpeter, S. 163 f.

Madonna

1 https://www.billboard.com/charts/greatest-hot-100-artists
2 http://content.time.com/time/specials/packages/article/0,28804,2029774_2029776_2031853,00.html
3 Taraborrelli, S. 447.
4 Taraborrelli, S. 479.
5 Camille Barbone, zitiert nach O'Brien, S. 84 f.
6 Anthony Jackson, zitiert nach O'Brien, S. 111.
7 O'Brien, S. 321.
8 Taraborrelli, S. 257.
9 Taraborrelli, S. 258.
10 O'Brien, S. 322, Taraborrelli, S. 258.
11 Taraborrelli, S. 69.
12 Madonna, zitiert nach Taraborrelli, S. 8.
13 Madonna, zitiert nach Taraborrelli, S. 110.
14 Taraborrelli, S. 8.
15 O'Brien, S. 174.

16 Taraborrelli, S. 36
17 So gibt Erica Bell einen Dialog mit Madonna wieder, zitiert nach Taraborrelli, S. 79.
18 Madonna, zitiert nach Taraborrelli, S. 9.
19 Madonna, zitiert nach Taraborrelli, S. 125.
20 Madonna, zitiert nach O'Brien, S. 65.
21 O'Brien, S. 65.
22 O'Brien, S. 74.
23 Madonna, zitiert nach Taraborrelli, S. 47.
24 Johnny Dynell, zitiert nach O'Brien, S. 132.
25 Madonna, zitiert nach O'Brien, S. 134.
26 Madonna, zitiert nach Taraborrelli, S. 28.
27 Madonna, zitiert nach Taraborrelli, S. 28.
28 Madonna, zitiert nach Taraborrelli, S. 36.
29 Madonna, zitiert nach O'Brien, S. 12.
30 Taraborrelli, S. 97.
31 O'Brien, S. 212.
32 O'Brien, S. 138 f.
33 O'Brien, S. 236.
34 O'Brien, S. 236.
35 O'Brien, S. 253.
36 Washington Post, zitiert nach Taraborrelli, S. 233.
37 Observer, zitiert nach O'Brien, S. 264.
38 Taraborrelli, S. 233.
39 O'Brien, S. 264.
40 Taraborrelli, S. 237.
41 Taraborrelli, S. 237.
42 O'Brien, S. 294.
43 O'Brien, S. 294.
44 Taraborrelli, S. 240.
45 O'Brien, S. 301.
46 O'Brien, S. 301.
47 O'Brien, S. 302.

48 Madonna, zitiert nach Taraborrelli, S. 246 f.
49 Anonymes Mitglied ihres Management-Teams, zitiert nach Taraborrelli, S. 247.
50 Taraborrelli, S. 252.
51 Taraborrelli, S. 254.
52 Taraborrelli, S. 286.
53 O' Brien, S. 327.
54 Taraborrelli, S. 302.
55 Taraborrelli, S. 303.
56 Nile Rodgers, zitiert nach O'Brien, S. 131.
57 Zitiert nach O'Brien, S. 152.
58 Taraborrelli, S. 125, 134, 341.
59 Taraborrelli, S. 420, 431.
60 Taraborrelli, S. 125 f.
61 Sean Penn, zitiert nach Taraborrelli, S. 137.
62 Madonna, zitiert nach Taraborrelli, S. 137.
63 Taraborrelli, S. 138.
64 Taraborrelli, S. 226.
65 O'Brien, S. 289.
66 Madonna, zitiert nach St. Michael, S. 126.
67 https://womeninmusic.voices.wooster.edu/wp-content/uploads/sites/123/2017/12/Paglia-Madonna-Finally-a-Real-Feminist.pdf
68 Camille Paglin, zitiert nach Taraborrelli, S. 479.
69 https://www.stern.de/lifestyle/leute/madonna--ihr-neuer-freund-ist-taenzer-und-36-jahre-juenger-als-sie-9051276.html
70 Madonna, zitiert nach Norton, S. 46.

Prinzessin Diana

1 Ruth Rudge, zitiert nach Brown, S. 92.
2 Brown, S. 100.
3 Brown, S. 100.
4 Paul Johnson, zitiert nach Brown, S. 100 f.
5 Brown, S. 109.

Anmerkungen

6 Diana, zitiert nach Brown, S. 90.
7 Diana, zitiert nach Brown, S. 198.
8 Brown, S. 268.
9 Zitiert nach Brown, S. 268 f.
10 Brown, S. 351.
11 Brown, S. 47.
12 Diana, zitiert nach Brown, S.48.
13 Barbara Cartland, zitiert nach Brown, S. 123.
14 Brown, S. 200.
15 Brown, S. 200.
16 Brown, S. 200.
17 Brown, S. 36.
18 Brown, S. 36.
19 Brown, S. 199.
20 Brown, S.200.
21 Ashley Walton, zitiert nach Brown, S. 305.
22 Brown, S. 562.
23 Zitiert nach Brown, S. 563.
24 Brown, S. 563.
25 Brown, S. 484.
26 Brown, S. 477.
27 Diana, zitiert nach Brown, S. 467.
28 Brown, S. 469.
29 Brown, S. 518,
30 Prinz Charles, zitiert nach Brown, S. 470 f.
31 Prinz Charles, zitiert nach Brown, S. 471.
32 Brown, S. 353.
33 Brown, S. 515.
34 Brown, S. 515.
35 Brown, S. 576.
36 Diana, zitiert nach Brown, S. 584.
37 Diana, zitiert nach Brown, S. 578.
38 Brown, S. 584.

39 Brown, S. 586 f.
40 Vivienne Parry, zitiert nach Brown, S. 544.
41 Brown, S. 425.
42 Brown, S. 545.
43 Brown, S. 413.
44 Brown, S. 103.
45 Brown, S. 104.
46 Diana, zitiert nach Brown, S. 104.
47 Brown, S. 327.
48 Frances Shand Kydd, zitiert nach Brown, S. 327.
49 Zitiert nach Brown, S. 414 f.
50 Brown, S. 414.
51 Christiana Lamp, Sunday Times, zitiert nach Brown, S. 27.
52 Vivienne Parry, zitiert nach Brown, S. 489.
53 Judy Wade, zitiert nach Brown, S. 287
54 Brown, S. 330.
55 Ashley Walton, zitiert nach Brown, S. 330.
56 Brown, S. 537.
57 Patricia Dreyer, Vorwort zu Brown, S. XIV f.
58 Brown, S. 630 f.

Kim Kardashian West

1 Stand vom 14. März 2020
2 https://www.harpersbazaar.com/celebrity/latest/a22117965/kardashian-family-net-worth/
3 Kim Kardashian, zitiert nach Smith, S. 52.
4 Smith, S. 99.
5 Smith, S. 106.
6 Smith, S. 105.
7 Smith, S. 113.
8 Smith, S. 114.
9 Smith, S. 112.
10 Sastre, S. 125.

Anmerkungen

11 Oppenheimer, S. 245 f.
12 Smith, S. 120.
13 Smith, S. 125.
14 Smith, S. 270.
15 Smith, S. 128.
16 Zahlen vom Januar 2020.
17 Smith, S. 270.
18 Kim, zitiert nach Smith, S. 146.
19 Smith, S. 147.
20 Oberserver, zitiert nach Smith, S. 148.
21 Smith, S. 148.
22 Smith, S. 150.
23 Smith, S. 153.
24 Kim, zitiert nach Smith, S. 153.
25 Damon Thomas, zitiert nach Oppenheimer, S. 250.
26 Kourtney Kardashian, zitiert nach Smith, S. 155.
27 Kim, zitiert nach Smith, S. 155.
28 Smith, S. 156.
29 Kim, zitiert nach Smith, S. 156.
30 Smith, S. 157.
31 Smith, S. 158.
32 Smith, S. 158
33 Smith, S. 272.
34 Smith, S. 158.
35 Smith, S. 273.
36 Sastre, S. 132.
37 https://www.telegraph.co.uk/fashion/people/the-man-behind-kim-kardashians-paper-magazine-cover-on-how-to-br/
38 Mickey Boardman, zitiert nach Oppenheimer, S. 270.
39 Mickey Boardman, zitiert nach Oppenheimer, S. 265.
40 Klazas, S. 20.
41 Smith, S. 272 f.
42 Smith, S. 202.

43 Smith, S. 187.
44 Smith, S. 275.
45 Harvey, S. 653.
46 Harvey, S. 656 f.
47 Smith, S. 232.
48 Smith, S. 276,
49 https://www.forbes.com/sites/natalierobehmed/2018/07/11/why-kim-kardashian-west-is-worth-350-million/#5c3a1104f7b6
50 https://www.nytimes.com/2019/03/30/style/kardashians-interview.html
51 Zitiert nach Guinn, Jeff and Douglas Perry (2005). *The Sixteenth Minute: Life In the Aftermath of Fame*. New York, Jeremy F. Tarcher/Penguin, S. 4
52 Boileau, S. 5.
53 Smith, S. 247.
54 Oppenheimer, S. 257.
55 https://www.denverpost.com/2011/12/15/people-you-dont-have-talent-barbara-walters-tells-kardashians/
56 Alice Leppert, zitiert nach Klazas, S. 19.
57 https://www.byrdie.com/kim-kardashian-career-tips-4775501

Literatur

Andrews, Nigel, Arnold Schwarzenegger. Mythos und Wahrheit eines amerikanischen Traums, Hannibal-Verlag, Andrä-Wördern 1997.

Beahm, iSteve. Steve Jobs erklärt Steve Jobs, Börsenbuchverlag, Kulmbach 2011.

Boileau, Brandon, Construction the Self in Selfish: a journey into the celebrification of Kim Kardashian West, Final Research Paper CMCT 6135, May 9, 2017.

Brown, Tina, Diana. Die Biografie, Droemer-Knaur Verlag, München 2007.

Calaprice, Alice (Hg.), Albert Einstein. Einstein sagt. Zitate, Einfälle, Gedanken. Vorwort von Freeman Dyson, Piper Verlag, München, Zürich 2007.

Crosby, Marianne Jeanette, Viewing the World through Oprah's Eyes. A Framing Analysis of the Spiritual Views of Oprah Winfrey. Presented to the Faculty Liberty University School of Communication. In Partial Fulfillment Of the Requirements for the Master of Arts in Communication, Mai 2009.

D'Antonio, Michael, Die Wahrheit über Donald Trump, Econ Verlag, Düsseldorf 2017.

Eig, Jonathan, Ali. Ein Leben, Deutsche Verlags-Anstalt, München 2018.

Gallo, Carmine, Was wir von Steve Jobs lernen können. Verrückt querdenken – Strategien für den eigenen Erfolg, Redline Verlag, München 2011.

Gallo, Carmine, Steve Jobs. Das Erfolgsgeheimnis seiner Präsentationen, Ariston Verlag, Genf 2011.

George, Bill; McLean, Andrew N., Oprah! Harvard Business School, 9-405-087, Rev: April 11, 2007.

Goldsmith, Kenneth (Ed.), I'll be Your Mirror. The Selected Andy Warhol Interviews 1962–1987, Carroll & Graf Publishers, New York 2004.

Graw, Ansgar, Trump verrückt die Welt. Wie der US-Präsident sein Land und die Geopolitik verändert, Herbig-Verlag, Stuttgart 2017.

Harvey, Alison, The Fame Game: Working Your Way Up the Celebrity Ladder in Kim Kardashian: Hollywood, in: Games and Culture 2018, Vol. 13 (7), S. 652–670.

Hauser, Thomas, Muhammad Ali. Ich. Mein Leben, meine Kämpfe, Bombus-Verlag, München 2011.

Hawking, Stephen, Kurze Antworten auf große Fragen, Klett-Cotta Verlag, Stuttgart 2018.

Hawking, Stephen, Meine kurze Geschichte, Rowohlt Taschenbuch Verlag, Reinbek bei Hamburg 2018.

Hawking, Jane, Die Liebe hat elf Dimensionen. Mein Leben mit Stephen Hawking, Piper Verlag, München, Zürich 2015.

Hujer, Marc, Arnold Schwarzenegger. Die Biografie, Deutsche Verlags-Anstalt, München 2009.

Indiana, Gary, Andy Warhol oder der Siegeszug der Suppendose, Albino Verlag, Berlin 2016.

Isaacson, Walter, Steve Jobs. Die autorisierte Biografie des Apple-Gründers, C. Bertelsmann Verlag, München 2011.

Isaacson, Walter, Einstein. His Life and Universe, Pocket Books, London, Sydney, New York, Toronto 2007.

Kelley, Kitty, Oprah. A Biography, Crown Publishers, New York City 2010.

Klazas, Erin B., Selfhood, Citizenship ... and All Things Kardashian: Neoliberal and Postfeminist Ideals in Reality Television (2015). Ursinus College, Media and Communication Studies Summer Fellows. 2.

Koestenbaum, Wayne, Andy Warhol, Weidenfeld & Nicolson, London 2001.

Kranish, Michael; Fisher, Marc, Die Wahrheit über Trump. Die Biografie des 45. Präsidenten, Plassen Verlag, Kulmbach 2019.

Leamer, Laurence, Fantastic. The Life of Arnold Schwarzenegger, Sidgwick & Jackson, London 2005.

Levy, Joel, Stephen Hawking, Sein Leben. Seine Forschung. Sein Vermächtnis, Langen Müller Verlag, Stuttgart 2019.

Lommel, Cookie, Schwarzenegger. A Man with a Plan, Wilhelm Heyne Verlag, München 2004.

Maillard, Arnaud, Karl Lagerfeld und ich. 15 Jahre an der Seite des Modezaren, Wilhelm Heyne Verlag, München 2009.

Neffe, Jürgen. Einstein. Eine Biografie, Rowohlt Taschenbuch Verlag, Reinbek bei Hamburg 2018.

Norton, Kelley Robyn, Personal Branding im Musikbusiness, Bachelorarbeit, Hochschule Mittweida, 2014.

Oppenheimer, Jerry, The Kardashians. An American Dream, St. Martin's Press, New York City 2017.

O'Brien, Lucy, Madonna. Like an Icon. Die Biografie, Goldmann Verlag, München 2008.

Parsons, Paul; Dixon, Gail, Stephen Hawking im 3-Minuten-Takt. Sein Leben, sein Werk, sein Einfluss, Springer Spektrum Verlag, Berlin, Heidelberg 2013.

Peck, Janice, The Secret of Her Success: Oprah Winfrey and the Seductions of Self-Transformation, in: Journal of Communication Inquiry 34 (1), S. 7–14.

Sahner, Paul, Karl. Mit Ergänzungskapiteln von Katharina Pfannkuch, mvg Verlag, München 2009.

Sastre, Alexandra, Hottentot in the age of reality TV: sexuality, race, and Kim Kardashian's visible body, in: Celebrity Studies, 2014, Vol. 5, Nos. 1-2, S. 123–137.

Schlender, Brent; Tetzeli, Rick, Becoming Steve Jobs. Vom Abenteurer zum Visionär, Siedler Verlag, München 2015.

Schumpeter, Joseph, Theorie der wirtschaftlichen Entwicklung, Duncker & Humblot, Leipzig 2012.

Schwarzenegger, Arnold, mit Petre, Peter, Total Recall. Die wahre Geschichte meines Lebens, Hoffmann und Campe Verlag, Hamburg 2012.

Skiena, Steven; Ward, Charles B., Who's Bigger? Where Historical Figures Really Rank, Cambridge University Press, New York City 2014.

Smith, Sean, Kim, Dey St. (William Morrow Publishers), New York City 2015.

Spohn, Annette, Andy Warhol, Suhrkamp Verlag, Frankfurt am Main 2008.

St. Michael, Mick, Madonna. Selbstbekenntnisse, Goldmann Verlag, München 1991.

Taraborrelli, J. Randy, Madonna. An Intimate Biography of an Icon at Sixty, Sidgwick & Jackson, London, updated edition, 2018.

Trump, Donald; Zanker, Bill, Nicht kleckern, klotzen. Der Wegweiser zum Erfolg aus der Feder eines Milliardärs, Börsen Medien, Kulmbach 2016.

White, Michael; Gribbin, John, Stephen Hawking. Die Biografie, Rowohlt Verlag, Reinbek bei Hamburg 1994.

Young, Jeffrey S., Simon, William L., Steve Jobs und die Geschichte eines außergewöhnlichen Unternehmens, S. Fischer Verlag, Frankfurt am Main 2006.

Personenverzeichnis

A

Albrecht, Karl und Theo 145
Ali, Muhammad 7f., 8, 17, 22, 25f., 31f., 37, 54, 67, 120, 121–142
Archer, Jeffrey 105
Atkinson, Bill 225
Avedon, Richard 65

B

Baker, Bill 194
Barbone, Camille 10, 235
Behrmann, Andy 198
Bell, Erica 33, 238
Boardman, Mickey 287
Bohr, Niels 45
Boileau, Brandon 291
Born, Max 56
Brown, Drew »Bundini« 131
Brown, Jim 139
Brown, Tina 256, 258
Bucky, Gustav 53
Buffett, Warren 147, 162, 184
Busek, Albert 26, 170
Bush, George H. W. 26f., 181
Bush, George W. 23, 140

C

Cardin, Pierre 35, 73
Carson, Johnny 196
Carter, Jimmy 35, 73, 199
Cartland, Barbara 260
Chanel, Coco 84
Chaplin, Charlie 11f., 34, 42, 49, 83, 223
Cicero, Marcus Tullius 158
Clay, Cassius, s. Ali, Muhammad
Clinton, Bill 167, 199
Clinton, Hillary 191
Coates, George 228
Coleman, Ronnie 9
Cook, Tim 221
Cosby, Bill 196
Cranach, Lucas der Ältere 61
Crawford, Cindy 278
Crosby, Marianne Jeanette 202, 206

Personenverzeichnis

D

D'Antonio, Michael 13, 147, 153, 160

Dalai Lama 223

Daley, Arthur 134

Dell, Michael 222

Demme, Jonathan 208

Donahue, Phil 198 ff.

Dylan, Bob 223, 280

Dyson, Freeman 49

E

Eastwood, Clinton »Clint« 180

Eddington, Sir Arthur 44

Edison, Thomas 223

Eig, Jonathan 122 f., 130, 133

Einstein, Albert 6, 11, 13 ff., 18, 30 f., 33 ff., 37 f., 40, 41–57, 100 f., 103 f., 112 f., 117 f., 119, 131, 213, 223, 286, 295

Erikson, Erik 54

F

Fisher, Marc 145

Flexner, Abraham 50 f.

Fontane, Theodor 52

Ford, Henry 62

Foreman, George 137 f.

Frazier, Joe 122, 136 f.

Friedland, Robert 226

G

Galilei, Galileo 111, 118 f., 104

Gallo, Carmine 219, 230

Gandhi, Mahatma 33, 213, 223

Gardner, Howard 53, 257

Gates, Bill 147, 214, 224, 228

Goldberg, Whoopi 208

Goldsmith, Kenneth 70

Gorgeous George 131

Giallo, Vito 67

Graham, Stedman 204

Gribbin, John 99, 102

H

Halberstam, David 199

Hawking, Jane 99

Hawking, Stephen 7, 15 f., 24, 35, 37, 96, 97–119

Hawkins, William M. »Trip« 214

Hertzfeld, Andy 213, 224

Hewlett, Bill 221

Hilton, Paris 278 ff., 293

Hitler, Adolf 51, 184

Hujer, Marc 167, 171

Humphries, Kris 288

I

Indiana, Gary 62, 69

Isaacson, Walter 42, 45, 49, 212, 217 f., 225 f.

Izenberg, Jerry 130
Ive, Jonathan 219

J

Jackson, Anthony 235
Jackson, Michael 199, 249
Jacobs, Jim 135 f.
Jagger, Mick 34, 72
Jenner, Kristen »Kris« Houghton 281, 288
Jenner, Kylie 277
Jobs, Steve 14, 18, 27, 35, 37 f., 54, 138, 147, 212, 213–233, 268
Johns, Jasper 71
Johnson, Paul 258
Johnson, Philip 16, 64
Joop, Wolfgang 87

K

Kardashian, Kourtney 284
Kardashian, Robert 278
Kardashian West, Kim 6, 10, 12, 14 f., 34, 38, 251, 276, 277–295
Katz, Mike 126
Kelly, Kitty 191
King, Larry 183
King, Martin Luther 17, 132 f., 223
Kissinger, Henry 35, 73
Klazas, Erin 288

Koestenbaum, Wayne 62, 67
Kranish, Michael 145

L

Lagerfeld, Karl 12, 14, 31, 33, 35 ff., 38, 78, 79–94, 131, 204, 286, 295
Lader, Joan 236
Land, Edwin 221
Leifer, Neil 120, 125
Lennon, John 35, 73, 223, 280
Leno, Jay 183, 244
Leonard, Pat 249
Letterman, David 183, 244
Lichtenstein, Roy 60
Liston, Sonny 8, 121, 127, 129
Lloyd Webber, Andrew 236
Lommel, Cookie 173

M

MacLaine, Shirley 35, 73
Madonna 9 f., 15, 19 f., 33, 35, 37, 149, 167, 234, 235–255
Maillard, Arnaud 82, 89, 91
Maples, Marla 148 f., 159
Matthews, Chris 183
Mayer, John 153
McKenna, Regis 228
Messi, Lionel 10, 277
Michelangelo 172, 225

Midgette, Allen 63
Mintz, Elliot 280
Miyake, Issey 14, 227
Monroe, Marilyn 73, 252
Morrison, Toni 207
Morton, Andrew 264
Moses, Robert 16, 64
Muhammad, Elijah 22, 134f., 139

N
Neel, Alice 65, 76
Neffe, Jürgen 13, 41, 44ff., 54
Newman, Barnett 30, 71
Newton, Isaac 49, 101, 112, 118f.
Norris, Chuck 180

O
Obama, Barack 151, 285
Ochs, Adolph 48
Onassis, Jackie 35, 73
Ono, Yoko 280
Oppenheimer, Jerry 281, 292
Orwell, George 61, 218

P
Packard, David 221
Paglia, Camille 252
Park, Reg 169
Parker, Alan 246

Parker Bowles, Camilla 28, 266f.
Patterson, Floyd 127, 139
Penn, Sean 250f.
Perón, Evita 247
Perrault, John 60
Perry, Kate 153
Pfeiffer, Michelle 246
Picasso, Pablo 30, 62, 71, 168, 223
Picasso, Paloma 30, 35, 71, 73
Planck, Max 45
Presley, Elvis 12, 73
Prinz Charles 27, 257, 259ff.
Prinzessin Diana 7, 27f., 256, 257–275

R
Ray J 280f.
Reagan, Ronald 23, 140, 162, 199
Rice, Tim 236
Robbins, Tony 161
Rockefeller, Nelson 64
Rodgers, Nile 248
Rosenquist, James 60
Ross, Diana 35, 73
Rush, George 152

S
Sahner, Paul 79, 83ff.
Saint Laurent, Yves 35, 73

Salomon, Rick 279
Schaap, Dick 126
Schiffer, Claudia 87, 90
Schlender, Brent 213, 219, 228 f.
Schmidbauer, Wolfgang 269
Schumpeter, Joseph 231 f.
Schuyler, Ed 126
Schwarzenegger, Arnold 8 f., 12, 14, 26 f., 29, 34, 38, 67, 129, 166, 167–188, 286, 295
Sculley, John 215
Senker, Harold 147
Sheed, Wilfrid 131
Simon, William L. 221
Simpson, O.J. 278
Smith, Alvy Ray 214
Smith, Sean 280 f., 276, 292
Snow, C.P. 49
Soros, George 162
Spencer, Diana, s. Prinzessin Diana
Spielberg, Steven 195
Spohn, Annette 60 f.
Springer, Jerry 200
Stallone, Sylvester 180
Stewart, Kristen 153
Susskind, Leonard 115

T
Taraborrelli, J. Randy 236 f.

Taylor, Elizabeth »Liz« 35, 73, 196
Tetzeli, Rick 213, 219
Thalberg, Irving 62
Thomas, Damon 283
Thorne, Kip 24, 115
Thunberg, Greta 12
Trump, Donald 8, 10, 12 ff., 17, 19, 30, 32, 35 f., 54, 141, 144, 145–165, 195, 206, 241, 277, 286, 295
Trump, Ivana 150, 163
Trump, Melania 144
Turner, Kay 252

V
Vanderbilt, Alfred G. 154
Vinci, Leonardo da 61, 225

W
Wałęsa, Lech 146
Wallace, George 133
Walters, Barbara 10, 292
Walton, Ashley 263
Warhol, Andy 11, 12, 14, 16, 23, 29 f., 34 f., 37 f., 58, 59–77, 290
Weider, Joe 170, 172
West, Kanye 34, 288
White, Michael 99, 102
Williams, Serena 278
Winfrey, Oprah 21 f., 32, 35 f., 167, 183, 190, 191–211, 216, 251

Wise, Rabbi Stephen 52
Wood, Steve 261
Wozniak, Steve 224

Y
Young, Jeffrey S. 221

Z
Zane, Frank 9
Zanker, Bill 158
Zarem, Robert »Bobby« 175 f.
Zuckerberg, Mark 216

Auch als Hörbuch erhältlich

»Setze dir größere Ziele« kann junge Menschen motivieren, Unternehmer zu werden. Man braucht dafür nicht unbedingt ein Studium, wie Zitelmann in dem Buch zeigt – und wie ich selbst aus eigener Lebenserfahrung weiß. Viel wichtiger sind gute unternehmerische Ideen – Ideen, die Nutzen stiften und anderen Menschen helfen.«

Dirk Roßmann. Roßmann begann als Unternehmer mit einer Drogerie, heute besitzt er fast 4000 Läden in sieben Ländern und ist Multimilliardär.

»Anhand interessanter biografischer Informationen über erfolgreiche Persönlichkeiten arbeitet der Autor heraus, wie auch andere Menschen erfolgreich sein können. Zitelmann ist selbst erfolgreicher Unternehmer und Doktor der Soziologie – ein Hintergrund, der ihm besondere Glaubwürdigkeit verleiht.«

Dr. Richard Smith, Professor für Psychologie, University of Kentucky.

»Dieses Buch enthält jede Menge sinnvolle Ratschläge von jemandem, der weiß, wovon er redet, und der das, was er da predigt, auch nachweislich selbst praktiziert. Obendrein lernt man so einiges über die Geschichte erfolgreicher Unternehmen, und über die unternehmerischen Persönlichkeiten, die hinter diesen stecken.«

Dr. Kristian Niemietz, Head of Political Economy, Institute of Economic Affairs, London

Auch als Hörbuch erhältlich

»Das Buch macht Spaß, denn am Ende jedes Kapitels wird der Leser dazu aufgefordert, selbst aktiv zu werden. Es geht darum, sich zum jeweiligen Thema etwas aufzuschreiben, um so die eigene Situation besser zu erfassen. Dieses Buch ist somit nicht Ratgeber oder Sprüche-Katalog, sondern bietet einen spielerischen Weg, um die Reise zum ›Ich‹ anzutreten. Dabei geht es nicht nur um Vermögen, als Weg zu mehr Zufriedenheit, aber es könnte passsieren, dass der erwünschte Erfolg sich schneller einstellt, als erwartet.«

Wallstreet-online